U1021389

编 译 技 术

（第三版）

主　编　王力红
副主编　霍　林
吴晓红　姜　瑛　丛　松　编著

重庆大学出版社

内 容 简 介

本书全面、系统地介绍了编译程序的基本结构及编译技术的一般理论和常用方法。主要内容包括：文法和形式语言、有限自动机、语法分析、词法分析、语法制导翻译和中间代码生成、优化、目标代码生成、存储组织与分配、错误的诊察和处理、词法分析与语法分析程序的自动生成等。在语法分析方法中介绍了 LL(1)方法、递归子程序法、算符优先分析法和 LR(K)分析法等。本书大多数算法采用 C 语言描述，并采用 C 编写的 TINY 语言为样例语言。

本书在内容组织上循序渐进，叙述简洁明了、条理清楚，重点突出，算法详尽，例题和习题丰富，易于教学和自学。并有《编译技术课程设计指导》一书与之配套。

本书可作为各类高等学校计算机专业的教材，也可供从事计算机开发和研究的科技人员参考。

图书在版编目(CIP)数据

编译技术/王力红主编．—3 版．—重庆：重庆大学出版社，2001.9(2021.1 重印)
计算机科学与技术专业本科系列教材
ISBN 978-7-5624-2357-7

Ⅰ.编…　Ⅱ.王…　Ⅲ.编译技术—高等学校—教材　Ⅳ.TP314

中国版本图书馆 CIP 数据核字(2001)第 057761 号

编 译 技 术
(第三版)
主　编　王力红
副主编　霍　林
责任编辑：周　立　　版式设计：周　立
责任印制：张　策
*
重庆大学出版社出版发行
出版人：饶帮华
社址：重庆市沙坪坝区大学城西路 21 号
邮编：401331
电话：(023) 88617190　88617185(中小学)
传真：(023) 88617186　88617166
网址：http://www.cqup.com.cn
邮箱：fxk@cqup.com.cn (营销中心)
全国新华书店经销
POD：重庆新生代彩印技术有限公司
*
开本：787mm×1092mm　1/16　印张：16.25　字数：406 千
2001年9月第1版　2016年12月第3版　2021年1月第7次印刷
ISBN 978-7-5624-2357-7　定价：45.00 元

第三版前言

近年来，随着程序设计语言的快速发展，编译课程的新教材也不断出现，但还是跟不上编译技术的发展，满足不了日益增多的读者的需要。

本书自 2001 年 9 月出版以来，已被不少院校采用，收到了比较好的效果。这次再版主要对第 3 章正则文法与有限自动机的相互转换一节的内容进行了修改补充，对全书文字和排版的错漏进行了修改更正，没有涉及系统性的改动。

本书是在作者对编译技术多年教学实践的基础上，参考各种参考资料完成的，在此谨对这些参考文献的作者致以诚挚的谢意。

希望本书第三版继续得到同行专家和读者的关心支持，对书中仍然存在的错误和不妥之处请同行和读者不吝指正。我们期待着您对全书提出批评和进一步修改的建议。

编　者

前言

编译技术是计算机专业的一门重要专业课。其中所涉及的编译程序构造的基本原理、实现技术以及抽象问题和解决问题的方法，不仅适用于编译程序的设计，也广泛应用于其他软件的开发。因此，本书除了可作为各类高等学校计算机专业的教材，还可供从事计算机开发和研究的科技人员参考。

本书介绍了将高级程序设计语言翻译成低级语言的一般原理、主要方法和实现技术。包括文法和形式语言、有限自动机、词法分析、语法分析、语法制导翻译和中间代码生成、优化、目标代码生成、存储组织与分配、错误的诊察和处理、词法分析与语法分析程序的自动生成等内容。本书的主要特点是条理清楚，重点突出，算法详尽，例题和习题丰富，易于教学和自学。同时结合当前计算机专业的教学实际和发展趋势，书中大多数算法采用 C 语言描述，并采用 C 语言编写的 TINY 语言为样例语言。

本教材的参考课堂教学时数为 50~72 学时。各章节既有联系，又相对独立，可以根据具体情况取舍。

编译技术是一门实践性较强的课程，建议另安排 10 学时左右的实验课。本书另有《编译技术课程设计指导》一书与之配套。

本书由王力红主编，霍林任副主编，吴晓红、姜瑛和丛松参加编写。第 7、10 章和附录由霍林编写，第 4、5、8 章由吴晓红编写，第 3、11 章由姜瑛编写，第 12、13 章由丛松编写，第 1、2、6、9 章由王力红编写。全书由王力红统稿。

本书是在作者对编译技术多年教学实践的基础上，参考各种参考资料完成的，在此谨对这些参考文献的作者致以诚挚的谢意。

由于水平有限，书中定有不妥之处，恳请读者批评指正。

编　者

2001 年 7 月

目录

第1章 概论

计算机系统是由硬件和软件组成的。硬件是计算机赖以存在的物质基础，而软件则是计算机与使用者沟通的工具和桥梁。可以说软件的功能和质量在很大程度上左右着整个计算机系统的功能。软件的种类很多，按照其在人机交互中的地位和作用，可以分为系统软件和应用软件。其中系统软件是一类处于底层的支持各种具体应用的软件，如操作系统、编译程序和诊断程序等都属于系统软件。其中，编译程序与操作系统一样，已成为当今任何计算机系统最重要的系统程序之一。

本书将就编译程序的基本结构及编译技术的一般理论和常用方法作系统介绍。

1.1 程序设计语言及编译程序

程序设计语言是程序编写工具的总称，可分为两大类：一类为低级语言，包括机器语言、汇编语言等面向机器的语言；一类为高级语言，如 C、PASCAL、FORTRAN、BASIC 等语言。低级语言是计算机最早的语言，由于它对机器的依赖性强、直观性差、编写强度大、对编写人员的要求高，因而只适合于在计算机结构方面具有相当水平并经过专门训练的程序设计人员。于是，为充分发挥计算机的作用，便于使用计算机，高级语言应运而生。20 世纪 50 年代中叶，第一个高级语言 FORTRAN 问世。高级语言具有更接近于自然语言的语法结构，可移植性强，且易读易用易维护，一出现便得到广泛应用。

但是，原本只能读懂自己的指令系统，只能直接执行用相应机器语言编写的代码程序的计算机硬件，如何运行高级语言编写的程序呢？答案是将高级语言程序翻译成机器语言指令代码。完成这种翻译工作的程序就称为翻译程序。具体地说，所谓翻译程序，就是指能够把一种语言（源语言）编写的程序（源程序），翻译成与之等价的另一种语言（目标语言）的程序（目标程序）的程序。

通常，翻译程序可分为解释程序、汇编程序和编译程序。所谓解释程序是一种将源程序按动态顺序逐句进行分析解释翻译，边解释边执行、不产生目标程序的一种翻译程序。这种翻译程序结构简单、占用内存较少，易于在执行过程中对源程序进行修改，但工作效率低，只适合一些规模较小的语言，如解释 BASIC 等。汇编语言也是一种翻译程序，它的源语言和目标语言分别是汇编语言和机器语言。而编译程序（也称编译器）是源语言为某种高级语言，目标语言为相应于某一计算机的汇编语言或机器语言的一种翻译程序。这种编译程序将源程序翻译成执行时可完全独立于源程序的经优化的目标语言代码，因而运行效率高。更重要的是，它使工作于高级语言环境下的程序设计人员，不必考虑与机器有关的繁琐细节，却能完成机器语言所能完成的绝大多数工作。编译程序的功能如图 1.1 所示。

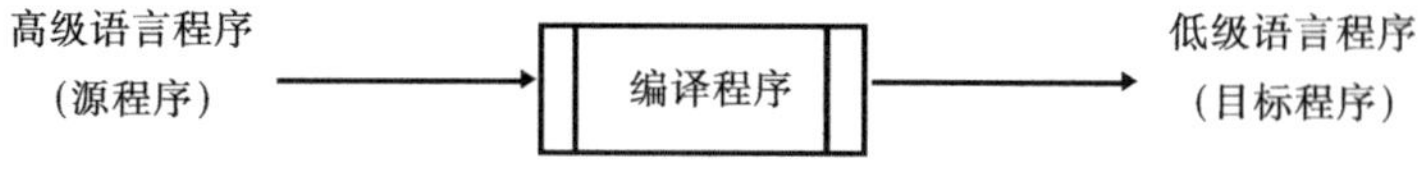

图 1.1　编译程序的功能

由定义可知,高级语言程序按编译方式的执行过程一般可分为两个阶段:编译阶段和运行阶段。其中,编译阶段完成由源程序到目标程序的翻译,若目标程序是汇编语言程序,还需再通过汇编程序进一步翻译成机器语言程序。而运行阶段的任务是在目标计算机上执行编译阶段所得到的目标程序。但目标程序往往不能由计算机直接执行,一般还应有运行系统进行配合,这个运行系统包括链接程序和由这样一些子程序组成的系统库,如标准函数计算子程序、数组动态存储子程序等。由链接程序将目标程序和系统库连接在一起,最终形成一个可执行程序,在计算机上直接执行。当然,系统库中的子程序越多,功能越强,编译程序本身就越简明紧凑。图 1.2 示出了编译程序的一般执行过程。

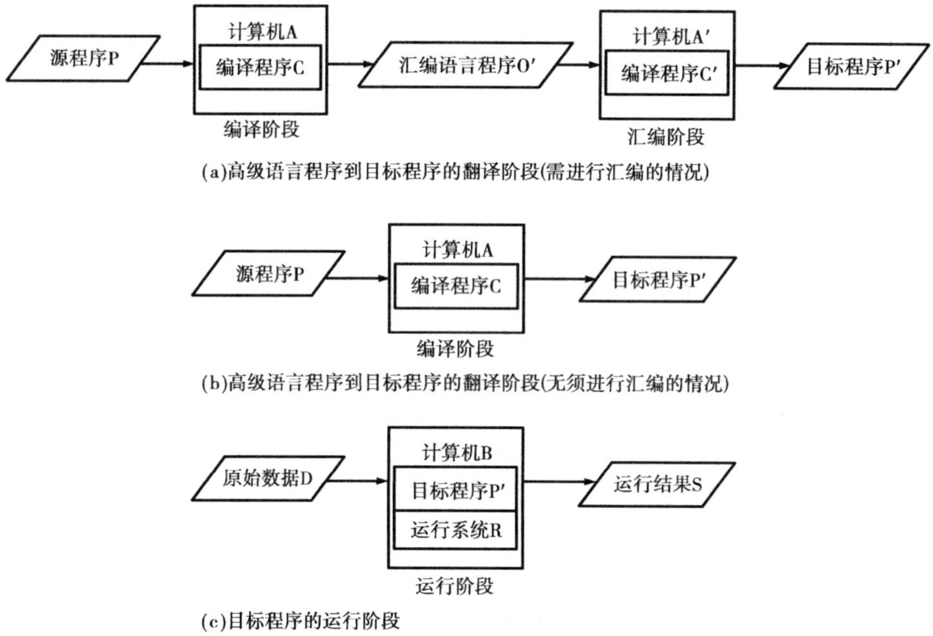

图 1.2　高级语言程序按编译方式的执行过程

通常将编译程序、链接程序、系统库、源程序编辑程序等软件组成的系统称为编译系统。

1.2　编译过程和编译程序结构

1.2.1　编译程序的编译过程

由前面已经知道了编译程序是一种将高级语言程序翻译成机器语言程序或汇编语言程序的翻译器,那么编译程序是如何实现对高级语言的翻译的呢?下面对照自然语言翻译来讨论编译程序的编译过程。

考虑一篇英文文章。如果要将其翻译成汉语，必须进行两方面的工作：首先要对原文进行分析，理解其所要表达的思想，然后再根据这一思想进行综合，构造出恰当的汉语表达。

具体地说，自然语言的书面翻译应包括这样几步：第 1 步应从认识单词入手，通过查词典等手段逐行逐字识别文中所有的单词，了解各单词的词性、意义和用法；第 2 步根据英语的语法规则，分析各句子的语法成分，检查语法的正确性；第 3 步推敲出原文所表达的语义，根据该语义拟定汉语的初步译稿；第 4 步则对译稿进行修辞润色加工；最后写出译文。

因此，相应地，程序设计语言的编译过程一般也可以分为词法分析、语法分析、语义分析和中间代码生成、代码优化、目标代码生成 5 个阶段。

此外，由于语言本身的一些信息和编译过程中所收集到的源程序的各种信息需要被保留在各种表格里供随时调用，因而编译过程中需要有建表、查表、更新数据等有关表格的管理工作。在编译过程中发现源程序有错误时，需要准确报告错误种类和错误出现的位置，并应有一定的“校错”能力，因而在编译过程中还需要进行专门的错误处理。

(1)词法分析

词法分析是编译过程的第一个阶段。该阶段的主要任务是从构成源程序的字符串中识别出一个个具有独立意义的最小语法单位——单词，并指出其属性。因此词法分析阶段的输入是源程序的字符串序列，而输出则是源程序的一种等价程序——单词序列，供语法分析阶段进一步处理。

词法分析输出的单词常用形如

(类别码,值)

的二元组表示。

如 C 语言的赋值语句

x=a+b*2

经词法分析后被识别出有 7 个单词，组成如下的单词序列(设标识符、运算符、整常数的类别码分别为 1、2、5)：

(1,“x”)
(2,“=”)
(1,“a”)
(2,“+”)
(1,“b”)
(2,“*”)
(5,“2”)

此外，词法分析在将源程序由字符串序列转换成单词串序列的同时，还可以检查出源程序中的词法错误，如拼写错误等。

(2)语法分析

语法分析阶段的主要任务是在词法分析的基础上，根据相应程序设计语言的语法规定进行语法分析，在源程序的单词串中识别出各种语法成分，如“程序”、“语句”、“表达式”等，并确定整个输入串是否构成一个语法上正确的程序，检查出语法错误。

如上述赋值语句的单词串经语法分析后，表明其语法结构是正确的，即它是一个左部为简单变量、右部为算术表达式的赋值语句。

(3)语义分析和中间代码生成

与自然语言一样,任何程序设计语言都具有两方面的特征,即语法特征和语义特征。前者用来定义各语法成分的形式或结构,后者则用来规定其含义和功能。实际上所谓程序的语义就是它的“意思”。

因此顾名思义,语义分析和中间代码生成阶段的主要任务有两个,其一是进行相应的语义检查,以保证源程序在语义上的正确性,其二是确定各语法成分的含义、用途,收集类型信息,确定应进行的运算和操作,并将其转换为某种内部表示形式,即生成中间代码。

例如,对前面的赋值语句,如果收集到的类型信息为:x,a,b 为整型变量,且 a,b 已被赋值,则该语句的语义正确。同时该语句的含义是将表达式 a+b*2 的值赋给 x,设采用四元式为中间代码,则可翻译为如图 1.3 的四元式序列。

```
①(*,b,2,T1)        /* 相当于 T1=b*2   */
②(+,a,T1,T2)       /* 相当于 T2=a+T1  */
③(=,T2,_,x)        /* 相当于 x=T2     */
```

图 1.3　赋值语句 x=a+b*2 的中间代码

语义正确性检查的项目十分繁杂,常见的项目有,说明句中是否有矛盾的类型说明,表达式的运算符是否有类型不匹配的运算对象,在过程调用中实在参数与形式参数在个数、次序、类型等方面是否匹配,等等。

由于到目前为止,对程序设计语言的语义还没有一个公认的形式化描述系统,因此常采用一种半机械化的方法解决语义分析问题,如本书将要介绍的“语法制导翻译方法”,该方法将语义分析与语法分析有机地结合起来,在语法分析的同时进行语义分析,产生中间代码。

(4)代码优化

代码优化阶段的任务是对上一阶段产生的中间代码进行变换和改造,以期获得高质量的目标代码。所谓高质量,是指程序的时空效率高,即程序所占存储空间小,运行时间少。

例如,如图 1.3 的四元式序列可优化为图 1.4 的四元式。

```
①(*,b,2,T1)        /* 相当于 T1=b*2   */
②(+,a,T1,x)        /* 相当于 x=a+T1   */
```

图 1.4　赋值语句 x=a+b*2 优化后的中间代码

代码优化的方法很多,将在第 11 章作详细介绍。

应该指出,优化处理常常是以增加编译程序本身的时空复杂度和可靠性为代价的。对于某些优化项目,时空效率本身也是相互矛盾的。因此在设计一个编译程序时,究竟应考虑哪些优化项目,每个优化项目应进行到何种程度,均应权衡利弊,视具体情况而定。

(5)目标代码生成

目标代码生成阶段是编译过程的最后阶段。这一阶段的任务是把优化后的中间代码转换成特定机器上的绝对指令代码,或可重定位的指令代码,或汇编指令代码,由于这种转换工作与具体的目标计算机的系统结构及其指令系统有关,涉及各种变量的存储空间分配、寄存器的调度、各种硬件功能部件的使用等,因此工作比较复杂。

例如,图 1.4 所示的四元式可以转换为图 1.5 所示的目标代码。

```
MOV  B,R0
MUL  #2,R0
ADD  A,R0
MOV  R0,X
```

图 1.5 赋值语句 x=a+b*2 的目标代码

在上述 5 个阶段中，前 3 个阶段属于对源程序进行分析的范畴，而后 2 个阶段的工作则属于综合的范畴。

应该说明的是，上面只是按一种典型处理模式对编译过程各阶段进行了划分。实际上并非所有的编译程序都分成上述 5 个阶段。如有的编译器，编译过程不产生中间代码，因而没有中间代码优化这一阶段。有的编译器，优化不仅在中间代码级进行而且还在目标代码级进行，因而多了目标代码优化阶段。而 PL/0 语言编译程序，语法分析后直接产生目标代码，因而其编译过程可分为：词法分析、语法分析、目标代码生成 3 个阶段。但对于大多数实用的编译程序，其编译过程通常包括上述 5 个阶段。

1.2.2 编译程序的结构

(1)编译程序的逻辑结构

前面讨论了编译过程的 5 个阶段及表格处理和错误处理的工作，这些工作通常由相应的程序或模块来完成。因此编译程序通常由词法分析程序、语法分析程序、语义分析和中间代码生成程序、代码优化程序、目标代码生成程序、表格处理程序和错误处理程序 7 个程序组成，其逻辑结构如图 1.6 所示。

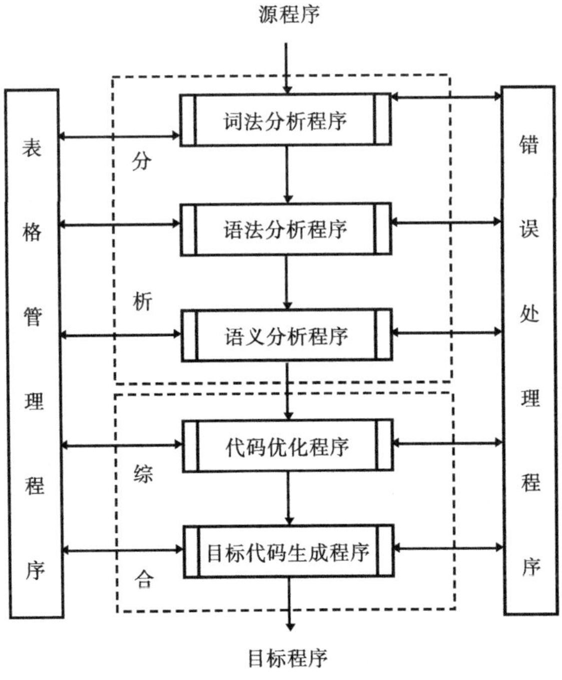

图 1.6 编译程序的逻辑结构

(2)编译程序的组织

图 1.6 给出了编译程序的逻辑结构，但这并不表明各部分之间实际执行的先后顺序。编

译程序的执行流程与编译过程中对源程序的扫描遍数有很大关系。

编译程序按其扫描次数可分为单遍(趟)扫描和多遍(趟)扫描。所谓一遍(pass)或一趟，是指在编译过程中对源程序或与之等价的中间程序从头到尾扫描一遍，并将其转换成下一个中间程序的整个过程。

PL/0 语言是一个典型的单遍(趟)扫描程序，其编译程序的结构是以语法分析程序作为主程序，词法分析程序和代码生成程序作为独立的子程序。每当语法分析程序需要一个单词时，便调用词法分析程序，每当经语法分析确认语法正确需要产生目标代码时，便调用代码生成程序。图 1.7 示出了 PL/0 编译程序的结构。

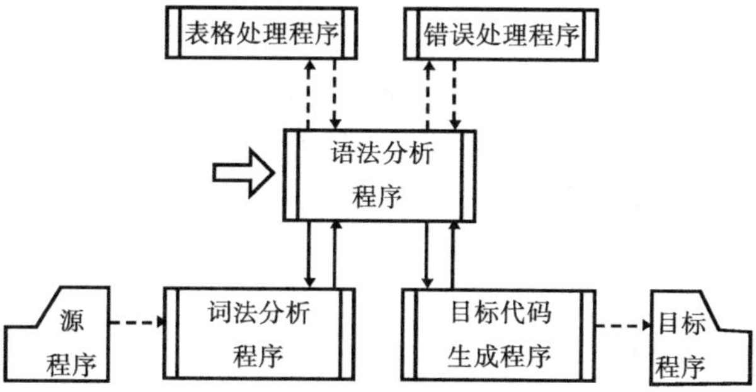

图 1.7　PL/0 语言编译程序的结构

大多数带有优化的编译程序都需要多遍扫描，如 IBM DOS PASCAL 就是一个多遍扫描的编译程序。典型的三遍扫描程序可以这样安排：第一遍专为词法和语法分析，可检测出绝大部分语法错误；第二遍用于语义分析和中间代码优化；第三遍生成目标代码(及目标代码的优化)。更深层的优化可能需要更多的遍。

采用多遍扫描方式，各遍的工作分工明确，便于多人合作开发，缩短开发周期，同时节省运行时的内存空间，易于提高目标程序的质量。但各遍之间的重复工作多，编译效率低。而单遍(趟)扫描的编译程序，编译速度快、效率高，但运行时占用空间大，目标程序质量低。

至于在设计一个编译程序时，究竟采用几遍扫描的方式，应根据语言的结构、目标计算机的规模、设计技术指标、设计人员多少等具体因素而定。

1.3　编译程序的实现途径

编译程序的开发是一个非常艰巨耗时的过程。最早人们使用机器语言或汇编语言用手工方式来开发编译程序，效率非常低。随着编译技术的发展和软件自动化水平的提高，编译程序的开发周期正在缩短。本节将分别讨论编译程序的开发技术和自动生成问题。

1.3.1　编译程序的开发技术

在本节之前只提到源语言和目标语言对编译器结构的影响。实际上任何一个编译程序都涉及 3 个语言：源语言、目标语言和编译器的编写语言。由于编写第一个编译器时不存在任何其他编译器，因而该编译程序只能用机器语言编写，而现在各种编译器的存在，为用高级语言编写编译程序提供了可能，从而大大提高了编译程序的可读性、可维护性、可移植性和可靠性，提高了开发效率。

假定一个编译程序的源语言为 A，目标语言为 B，编写语言为 C，则用如图 1.8 的 T 型图可以方便地表示一个编译程序所涉及的 3 个语言的关系：

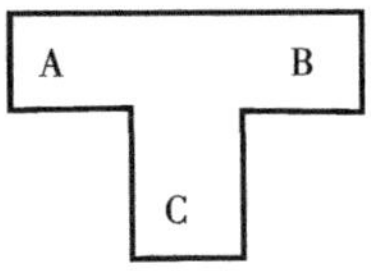

图 1.8　T 型图

下面利用 T 型图，讨论自展、交叉编译、自编译和移植等编译器的主要开发技术。

(1)自展

自展（也称自举）的基本思想是：若要编写语言 L 的编译程序，首先用目标机的机器语言或汇编语言编写一个 L 的核心子集 L_1 的编译程序，然后再以 L_1 为编写语言，编写 L 的一个更大子集 L_2 的编译程序，$L_1 \subset L_2$，…，依此类推，像滚雪球一样，最后生成语言 L 的编译程序。即经过 n 级编译程序后，有

$$L_1 \subset L_2 \subset \cdots \subset L_n = L$$

编译程序的自展过程如图 1.9 所示。

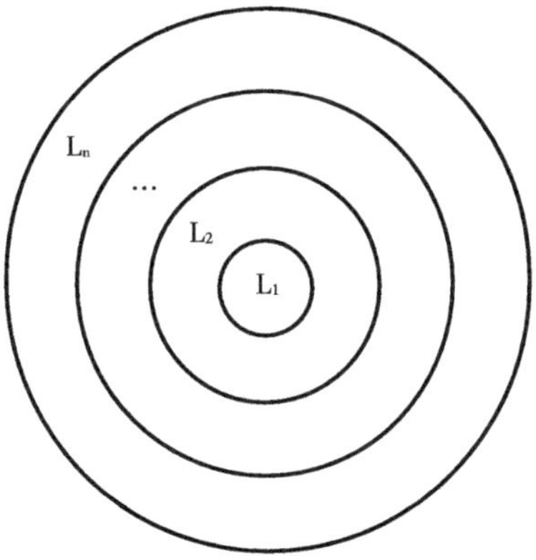

图 1.9　编译程序的自展

现在用 T 型图表示自展。设语言 L 的目标语言为某计算机上的机器语言 A，编写 L_1 的编译程序的机器语言也为 A，则自展的第一步可以用图 1.10(a)的 T 型图表示。自展的第二步是用语言 L_1 编写 L_2 的编译程序，相应的 T 型图如图 1.10(b)所示。自展的第 n 步是用语言 L_{n-1} 编写 L_n（即语言 L）的编译程序，相应的 T 型图如图 1.10(c)所示。

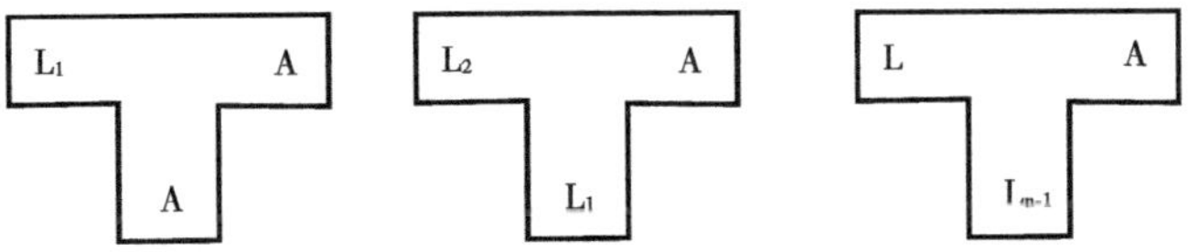

(a)自展的第 1 步　(b)自展的第 2 步　(c)自展的第 n 步(最后一步)

图 1.10　编译程序自展过程的 T 型图

如果把自展过程的各 T 型图组合起来，可以得到图 1.11 的组合 T 型图。图中“⇒”后的 T 型图为前面两级编译程序的等价 T 型图。

(2)交叉编译与自编译

前面利用自展技术在目标机器上实现了语言 L 的编译程序，语言 L 的编译程序可以运行于目标机并产生该机器的目标代码。现在的问题是，希望能够利用该目标机上的语言 L 的编译程序产生另一机器的目标代码。这种由 A 机器上的编译程序产生 B 机器上的目标代码的技术称为交叉编译。

交叉编译的 T 型图如图 1.12 所示，设 A 和 B 分别为机器 A 和机器 B 上的机器语言或汇编语言。

与交叉编译对应，如果用某语言书写其自身的编译程序，这种技术称为自编译。机器 A 上实现的语言 L 的自编译，其 T 型图如图 1.13 所示。

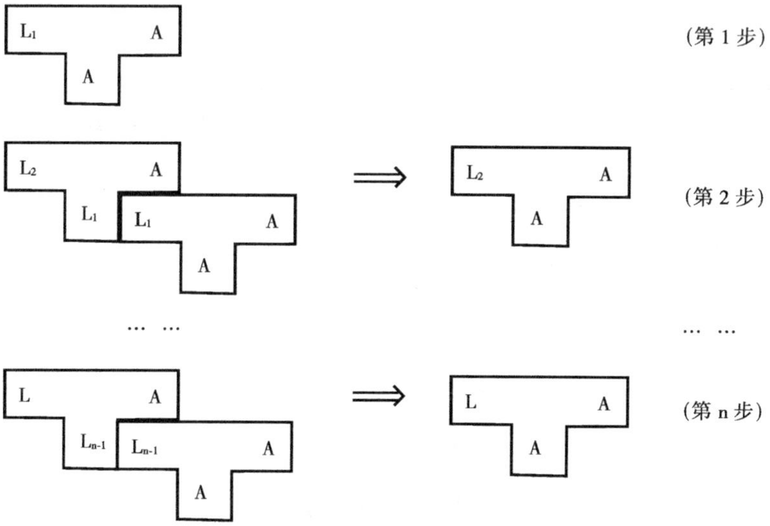

图 1.11　自展过程的组合 T 型图

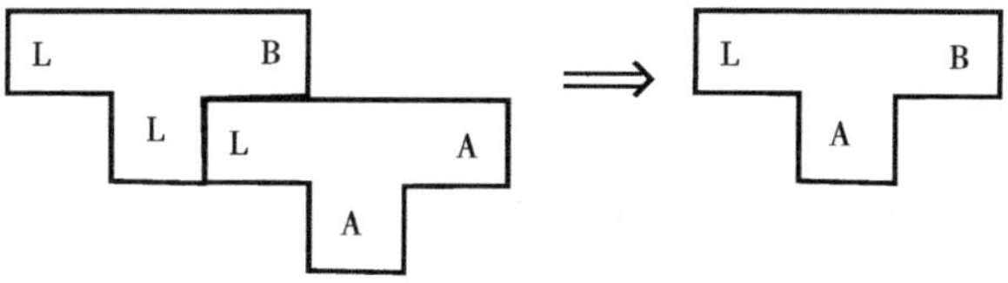

图 1.12　交叉编译的 T 型图

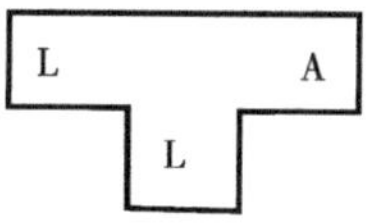

图 1.13　自编译的 T 型图

(3)移植

前面的交叉编译是利用 A 机器上的编译程序为 B 机器产生目标代码。但是在更多的情况下，更希望将 A 机器上的某语言的编译程序搬到 B 机器上运行，这种技术称为移植。

将 A 机器上的语言 L 移植到 B 机器上，可以通过以下两步实现：

①实现如图 1.12 所示的 A 机器上的语言 L 到 B 机器上的交叉编译，这种交叉编译器的源语言 L 将作为下一步的编写语言。

②利用①中的交叉编译器的源语言 L 编写 B 机器上的自编译程序，从而使语言 L 可在机器 B 上运行，即实现语言 L 的移植，如图 1.14 所示。

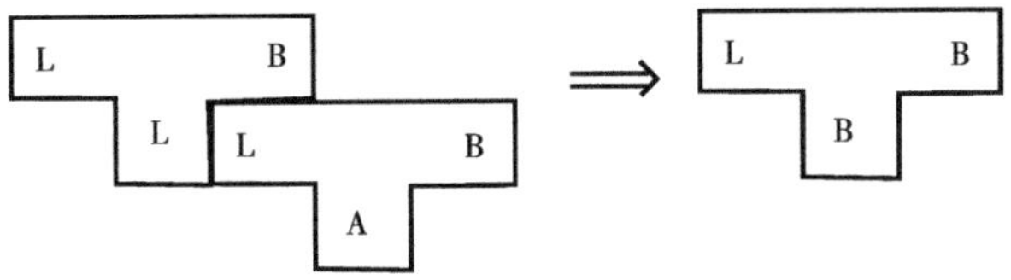

图 1.14　移植过程②的 T 型图

1.3.2　编译程序的自动生成问题

前面介绍了编译程序的实现技术。借助于这些技术，可以大大提高编译程序的开发效率和编译程序的质量。但是尽管如此，目前研制一个编译程序仍然是十分艰巨和耗时的，因此实现开发过程的自动化一直是人们追求的目标，并首先在一些领域取得了突破。由于形式语言的文法解决了程序设计语言的词法和语法的形式化描述的问题，因而与编译程序的后端相比，编译程序的前端，词法分析程序和语法分析程序的自动生成更容易实现。

最有代表性的自动生成工具是 20 世纪 70 年代由 Bell 实验室推出的基于 UNIX 操作系统的 LEX 和 YACC，目前已得到广泛应用。其中 LEX 是词法分析程序的自动构造工具，而 YACC 是语法分析程序的自动构造工具。本书将在第 5 章和第 7 章分别介绍它们的使用。

习 题 1

1-1　说明解释程序和编译程序的区别。

1-2　简述高级语言程序按编译方式的执行过程。

1-3　什么是编译系统？

1-4　编译过程通常有哪几个阶段？简述各阶段的主要任务。

1-5　什么是编译程序的遍？对编译程序来说，遍多和遍少各有什么优缺点？

1-6　一个最简单的编译程序至少要包含哪几个组成部分(程序)？

1-7　构造一个编译程序有哪些途径？

1-8　如果在 A 机器上已有 PASCAL 语言的编译程序，希望利用它实现

①在 A 机器上的 C 语言的编译程序；

②在 B 机器上的 C 语言的编译程序。

试分别设计实现方案，并给出各步骤的 T 型图。

1-9　LEX 和 YACC 分别是什么软件工具？

第2章

文法和形式语言

与操作系统等其他系统软件的开发类似，在构造程序设计语言的编译程序之前，首先必须制定该程序设计语言的标准规范，然后根据该规范，进一步确定分析方法、实现编译程序。这就需要对程序设计语言本身有一个确切的描述。因此编译理论首先就要解决程序设计语言的描述问题。

1956 年著名语言学家 N. Chomsky 提出了一种用来描述语言的数学系统——形式语言，为程序设计语言甚至自然语言语法结构的形式化描述(形式语法)提供了数学工具。尽管到目前为止，语义的形式化描述(形式语义)还未能完全解决，但形式语言已成为计算机科学的重要组成部分，对程序设计语言的设计与编译实现产生了极为深远的影响。

所谓形式化描述是指采用一整套带有严格规定的符号体系来描述问题的理论和方法，与非形式化描述相比，其优点是描述准确严密且便于符号间的推演。由于形式语义学尚不成熟，本书将不涉及语义的形式化描述。以后凡提到定义语言均是指对语言语法结构的描述。按 Chomsky 理论，描述语言语法结构的主要工具是文法，这是形式语言和编译理论的基础。本章将围绕文法和语言的概念介绍形式语法。

2.1 符号和符号串

符号和符号串是构成语言的基本单位。在自然语言中，英语的基本符号是 26 个字母符号由若干基本符号按一定要求组成的符号串构成了英语单词，而由若干单词和数字符号、标点符号按一定语法结构组成的符号串序列则构成英文句子，所有英文句子的集合便是英语。汉语的组成也类似，只不过中文的基本符号是汉字、数字和标点符号而已。在程序设计语言中，C 语言的基本符号是字母、数字、运算符、标点符号等各类符号，保留字、标识符、函数名、程序名等是“单词”，语句、函数、程序是“句子”，所有句子的集合构成 C 语言。所以，与自然语言一样，程序设计语言是具有一定语法结构的符号串序列的集合。因此，符号和符号串是形式语言和编译理论中最基本的概念。为此首先讨论符号、符号串的有关概念。

2.1.1 字母表和符号串

1)字母表　元素的非空有穷集合。习惯上用大写字母表示。

例如，字母表 Σ={a,b,c}

　　　字母表 V={0,1}

2)符号或字符　字母表中的元素。

例如，字母表 $\Sigma=\{a,b,c\}$ 中的元素 a，b，c 是字母表 Σ 上的符号；

字母表 $V=\{0,1\}$ 中的元素 0，1 是字母表 V 上的符号。

3）符号串　符号的有穷序列。

例如，字母表 $\Sigma=\{a,b,c\}$ 上的符号串有

a，b，c，aa，ab，ac，ba，bb，…，aaa，…

注意，符号串与符号的组成顺序有关，如，ab 与 ba 是两个不同的符号串。

4）空符号串　不含任何符号的符号串，记为 ε。

5）符号串集合　字母表 Σ 上的符号串组成的集合。

例如，若字母表 $\Sigma=\{a,b,c\}$，则

$A=\{a,ab\}$，$B=\{aa,ab,ac\}$

均为该字母表上的符号串集合。

2.1.2　符号串的运算

1）符号串的长度　符号串中所包含的符号个数。设符号串为 x，则 x 的长度记为 $|x|$。

例如，$|a|=1$，$|abc|=3$，

$|\varepsilon|=0$。

2）符号串的连接　设有符号串 x 和 y，把 y 的所有符号相继写在 x 的符号之后所得到的符号串称为 x 与 y 的连接，记为 xy。

例如，若 $x=We$，$y=are$，则

$xy=Weare$，$yx=areWe$。

且有，$|xy|=|yx|=|x|+|y|$。

此外，显然有　$\varepsilon x=x\varepsilon=x$。

但一般来说，$xy\neq yx$。

若 x 和 y 都是字母表 Σ 上的符号串，则 xy 和 yx 也是 Σ 上的符号串。

3）符号串的方幂　设 x 是符号串，则 x 的 n 次连接称为 x 的 n 次方幂，记为 x^n。即

$x^0=\varepsilon$，$x^1=x$，$x^2=xx$

……

一般地，若 $n>0$，有　$x^n=x^{n-1}x=xx^{n-1}$。

例如，若 $x=abc$，则

$x^0=\varepsilon$，$x^1=abc$，$x^2=abcabc$，…，$x^n=abcabc\cdots abc$（n 个 abc 相连接）。

4）符号串的前缀、后缀和子串　设 x 是一个符号串，则从 x 尾部截去若干个（含 0 个）符号之后所余下的部分称为 x 的前缀，从 x 头部截去若干个（含 0 个）符号之后所余下的部分称为 x 的后缀，而从 x 中截去一个前缀和一个后缀之后所余下的部分称为 x 的子串。

例如，若 $x=abcd$，则

ε，a，ab，abc，abcd 是 x 的前缀，

abcd，bcd，cd，d，ε 是 x 的后缀，

而 ε，a，ab，abc，abcd，bcd，cd，d，bc，b，c 是 x 的子串。

可见，符号串 x 的所有前缀和后缀都是 x 的子串，但 x 的子串不一定是其前缀或后缀。

特别地，ε 和 x 既是 x 的前缀和后缀，也是 x 的子串。

2.1.3 符号串集合的运算

(1)符号串集合的乘积

设 A,B 为符号串集合,则

$$AB=\{xy \mid x\in A, y\in B\}$$

称为符号串集合 A 和 B 的乘积。即 AB 是 x 属于 A、y 属于 B 的所有符号串 xy 所构成的集合。

例如,若 $A=\{a,b\}$,$B=\{c,d,e\}$,则

$$AB=\{ac,ad,ae,bc,bd,be\}$$

因为有 $\varepsilon x=x\varepsilon=x$ 所以有 $\{\varepsilon\}A=A\{\varepsilon\}=A$

(2)符号串集合的方幂

设 A 为符号串集合,则符号串集合的幂运算为:

$$A^0=\{\varepsilon\}$$
$$A^1=A$$
$$A^2=AA$$
$$\cdots\cdots$$
$$A^n=A^{n-1}A=AA^{n-1}\ (n>0)$$

例如,若 $A=\{ab,cd\}$,则

$$A^0=\{\varepsilon\}$$
$$A^1=A=\{ab,cd\}$$
$$A^2=AA=\{ab,cd\}\{ab,cd\}=\{abab,abcd,cdab,cdcd\}$$
$$A^3=AA^2=\{ababab,ababcd,abcdab,abcdcd,cdabab,cdabcd,cdcdab,cdcdcd\}$$
$$\cdots\cdots$$

(3)符号串集合的闭包与正闭包

设 A 为符号串集合,则 A 的闭包 A^* 定义为:

$$A^*=A^0\cup A^1\cup A^2\cup\cdots=\bigcup_{k\geqslant 0}A^k$$

A 的正闭包 A^+ 定义为:

$$A^+=A^1\cup A^2\cup A^3\cup\cdots=\bigcup_{k>0}A^k$$

由定义,显然有 $A^*=A^0\cup A^+=\{\varepsilon\}\cup A^+$

此外,还可证明,$A^+=AA^*=A^*A$。

例如,设 $A=\{a,b\}$,则

$$A^*=\{\varepsilon,a,b,aa,ab,ba,bb,aaa,\cdots\}$$
$$A^+=\{a,b,aa,ab,ba,bb,aaa,\cdots\}$$

事实上,A^* 是符号串集合 A 上的所有可能的符号串(含 ε)的集合,而 A^+ 是符号串集合 A 上的除 ε 外的所有可能的符号串的集合。

2.2 文法和语言

语言是特定字母表上具有一定语法结构的符号串序列的集合。若语言用 L 表示,字母表

用 Σ 表示，则

$$L \subset \Sigma^*$$

那么如何定义语言的语法结构呢？一般而言，视不同情况，可采用以下两种方法：

①当语言是符号串的有限集时，可采用枚举法表示。

例如，若某语言 L 只含有 3 个符号串“本科生”、“硕士生”、“博士生”，则可以表示为：

L＝{本科生，硕士生，博士生}

②采用有限个规则进行定义，即后面将要介绍的用文法定义语言的方法。该方法既可以定义有限的语言，也可定义无限的语言。

显然采用文法定义语言更为合适。

2.2.1　文法及文法的 BNF 表示

前面提到可采用文法定义语言。下面就给出形式语言中文法的相关定义。

(1)规则

规则，也称产生式，是一有序对(U，x)，通常记为

U→x　或　U∷＝x

其中 U 为规则的左部，是一个符号，x 为规则的右部，为有穷符号串。

规则 U→x(或　U∷＝x)表示符号 U 由符号串 x 组成，或 U 定义为 x。

例如，设有一组规则：

<数字>→0

<数字>→1

……

<数字>→9

该组规则定义了<数字>是由 0，或由 1，…，或由 9 组成的。

(2)文法和字汇表

定义 2.1　文法 G[S]可表示为形如(V_N，V_T，P，S)的四元组。

其中，V_N为非终结符号集，V_T为终结符号集，P 为产生式集(规则集)，S 为文法的识别符号或开始符号，V_N、V_T和 P 均为非空有穷集。$V＝V_N \cup V_T$称为文法 G[S]的字汇表。

所谓非终结符号是指在文法的产生式集 P 中，出现在规则左部的符号，通常用大写字母或用“<”、“>”括起符号串来表示。而终结符号是指在文法的产生式集 P 中，不出现在规则左部的其他符号，通常是小写字母、数字、运算符、标点符号等。

由此可见，非终结符号是被说明、被定义的语法成分，终结符号是说明语法成分的基本符号，文法 G[S]是定义在字汇表 V 上的，$V_N \cap V_T = \varnothing$，$S \in V_N$。

例 2.1　文法 G[<数字串>]＝(V_N，V_T，P，S)，

其中V_N＝{<数字串>，<数字>}

V_T＝{0，1，2，…，9}

P＝{<数字串>→<数字>

<数字串>→<数字串><数字>

<数字>→1

……

<数字>→9}

S=<数字串>

字汇表 V={<数字串>,<数字>,0,1,2,…,9}

该文法定义的是由 0,1,…,9 所组成的所有符号串的集合。

应该说明的是,在很多情况下为方便起见,表示文法时只列出相应的产生式,而不以四元组显式地表示出来。如例 2.1 中的文法可表示为:

文法 G[<数字串>]:

<数字串>→<数字>

<数字串>→<数字串><数字>

<数字>→1

……

<数字>→9

(3)文法的 BNF(巴科斯范式)表示

文法还可以采用 BNF(即 Backus Normal Form,巴科斯范式)法表示,使其结构更为紧凑。即在规则中引入符号"|"(表示"或者"),将左部相同的规则缩写在一起。

如例 2.1 中的文法,采用 BNF 表示,可缩写为:

文法 G[<数字串>]:

<数字串>→<数字串><数字>|<数字>

<数字>→1|2|…|9

(4)递归规则与递归文法

在例 2.1 中,文法 G[<数字串>]含有规则:

<数字串>→<数字串><数字>

这种左部和右部含有相同非终结符号的规则称为递归规则,至少含有一条递归规则的文法称为递归文法。

递归的概念在编译技术中非常重要。递归规则实际上是在定义某语法成分的时候用到了该语法成分本身。正是由于递归规则与递归文法的应用,才使人们有可能用有限的文法定义无限的语言。

例如,例 2.1 中的文法所描述的语言是任意数字串的集合,该语言为无限的语言。

2.2.2 推导和归约

(1)直接推导和直接归约

定义 2.2 设文法 $G[S]=(V_N, V_T, P, S)$,若

规则 $U \to u \in P$,

符号串 $x, y \in V^*$,

则符号串 $xUy \in V^*$。

对于符号串 xUy,若用规则 U→u 的右部替换左部符号 U,可得到一新符号串 $xuy \in V^*$。此时称 xuy 是 xUy 的直接推导,xUy 是 xuy 的直接归约,或称 xUy 直接推导到 xuy,xuy 直接归约到 xUy。分别记为

$xUy \Rightarrow xuy$　和　$xuy \underset{\triangle}{\Rightarrow} xUy$

若令 $v=xUy$，$w=xuy$，则以上两个式子可记为

$v \Rightarrow w$　和　$w \underset{\triangle}{\Rightarrow} v$

由定义可以看出，直接推导与直接归约互为逆过程。就被推导的符号串而言，直接推导就是用某个规则的右部直接替换规则左部的符号的过程，而就被归约的符号串而言，直接归约就是用规则的左部符号替换规则右部符号串的过程。

例如，已知文法 G[S]：

$S \rightarrow aSb \mid ab$

看看几个直接推导、直接归约的例子：

①采用规则 $S \rightarrow aSb$，符号串 S 可直接推导出 aSb，或符号串 aSb 可直接归约到 S。即

$S \Rightarrow aSb$　或　$aSb \underset{\triangle}{\Rightarrow} S$；

②采用规则 $S \rightarrow aSb$，符号串 aSb 可直接推导到 aaSbb，或符号串 aaSbb 可直接归约到 aSb。即　$aSb \Rightarrow aaSbb$　或　$aaSbb \underset{\triangle}{\Rightarrow} aSb$　；

③采用规则 $S \rightarrow ab$，符号串 aaSbb 可直接推导到 aaabbb，或符号串 aaabbb 可直接归约到 aaSbb。即　$aaSbb \Rightarrow aaabbb$　或　$aaabbb \underset{\triangle}{\Rightarrow} aaSbb$。

(2)推导和归约

定义 2.3　如果文法 G 存在一直接推导序列

$$v=u_0 \Rightarrow u_1 \Rightarrow u_2 \Rightarrow \cdots \Rightarrow u_n = w \quad (n>0)$$

则称 v 推导出 w，或 w 归约到 v，也可称 v 经＋推导到 w，或 w 经＋归约到 v，分别记为

$v \overset{+}{\Rightarrow} w$　或　$w \underset{\triangle}{\overset{+}{\Rightarrow}} v$

其中 n 为推导长度。

特别地，若符号串 v 到 w 经过 0 步或多步直接推导（n＞＝0），即

$v=w$　或　$v \overset{+}{\Rightarrow} w$

则称 v 经 * 推导到 w，或 w 经 * 归约到 v，分别记为

$v \overset{*}{\Rightarrow} w$　或　$w \underset{\triangle}{\overset{*}{\Rightarrow}} v$

可见，n＞0 的推导和 n＞＝0 的推导分别称为“＋推导”和“* 推导”。

例 2.2　已知文法 G[S]：

$S \rightarrow aSb \mid ab$

因为　$S \Rightarrow aSb \Rightarrow aaSbb \Rightarrow aaabbb$

所以　S 与以上各符号串的推导关系可记为：

$S=S$	或	$S \overset{''}{\Rightarrow} S$	(n=0)
$S \overset{+}{\Rightarrow} aSb$	或	$S \overset{*}{\Rightarrow} aSb$	(n=1)
$S \overset{+}{\Rightarrow} aaSbb$	或	$S \overset{*}{\Rightarrow} aaSbb$	(n=2)
$S \overset{+}{\Rightarrow} aaabbb$	或	$S \overset{*}{\Rightarrow} aaabbb$	(n=3)

事实上，由于“* 推导”是 0 步或多步的直接推导，因此原则上任何两符号串之间的推导都

属于“ * 推导”。

(3)规范推导和规范归约

下面考查从文法的开始符号出发,符号串的推导过程是否惟一。

例如,已知标识符文法 G[S]:

$$S \rightarrow SL|SD|L$$
$$L \rightarrow a|b|\cdots|z$$
$$D \rightarrow 0|1|\cdots|9$$

①由文法的开始符号 S 出发,符号串 S2L 只有惟一的推导过程:

$$S \Rightarrow SL \Rightarrow SDL \Rightarrow S2L$$

②由文法的开始符号 S 出发,符号串 Sx2 可以有以下不同的推导过程:

$$S \Rightarrow SD \Rightarrow S2 \Rightarrow SL2 \Rightarrow Sx2$$
$$S \Rightarrow SD \Rightarrow SLD \Rightarrow SxD \Rightarrow Sx2$$
$$S \Rightarrow SD \Rightarrow SLD \Rightarrow SL2 \Rightarrow Sx2$$

可见,对同一文法来说,某些符号串只有一种推导序列,而某些符号串可以有多种不同的推导序列。因此,对后者来说,就存在一个推导顺序的选择问题。

1)最左(右)推导和规范推导:如果在一个推导序列中,每一步直接推导替换的都是当前符号串中最左(右)的非终结符,则称该推导为最左(右)推导。通常用“ $\overset{l}{\Rightarrow}$”(“ $\overset{r}{\Rightarrow}$”)表示。最右推导又称规范推导。

2)最左(右)归约和规范归约:如果在一个归约序列中,每一步直接归约替换的都是当前符号串中最左(右)的可归约串,则称该归约为最左(右)归约。通常用“ $\underset{\triangle}{\overset{l}{\Rightarrow}}$” (“ $\underset{\triangle}{\overset{r}{\Rightarrow}}$”)表示。最左归约又称规范归约。

例 2.3 已知算术表达式文法 G[E]:

$$E \rightarrow E+T|T$$
$$T \rightarrow T*F|F$$
$$F \rightarrow (E)|i$$

则由开始符号 E 到符号串 i+i 的最左推导、最右推导、最左归约、最右归约如下:

最左推导: $E \overset{l}{\Rightarrow} E+T \overset{l}{\Rightarrow} T+T \overset{l}{\Rightarrow} F+T \overset{l}{\Rightarrow} i+T \overset{l}{\Rightarrow} i+F \overset{l}{\Rightarrow} i+i$

最右推导: $E \overset{r}{\Rightarrow} E+T \overset{r}{\Rightarrow} E+F \overset{r}{\Rightarrow} E+i \overset{r}{\Rightarrow} T+i \overset{r}{\Rightarrow} F+i \overset{r}{\Rightarrow} i+i$

最左归约: $i+i \underset{\triangle}{\overset{l}{\Rightarrow}} F+i \underset{\triangle}{\overset{l}{\Rightarrow}} T+i \underset{\triangle}{\overset{l}{\Rightarrow}} E+i \underset{\triangle}{\overset{l}{\Rightarrow}} E+F \underset{\triangle}{\overset{l}{\Rightarrow}} E+T \underset{\triangle}{\overset{l}{\Rightarrow}} E$

最右归约: $i+i \underset{\triangle}{\overset{r}{\Rightarrow}} i+F \underset{\triangle}{\overset{r}{\Rightarrow}} i+T \underset{\triangle}{\overset{r}{\Rightarrow}} F+T \underset{\triangle}{\overset{r}{\Rightarrow}} T+T \underset{\triangle}{\overset{r}{\Rightarrow}} E+T \underset{\triangle}{\overset{r}{\Rightarrow}} E$

容易证明,如果两符号串之间的规范推导是惟一的,则规范归约也是惟一的,且规范推导和规范归约互为逆过程。

由于语法分析时,通常总是从左到右扫描源程序,因此,采用自上而下(推导)的分析方法时,往往最关心最左推导,而采用自下而上(归约)的分析方法时,最关心最左归约。

2.2.3　句型、句子和语言

(1)语言的有关概念

有了文法及推导、归约的概念，可以进一步给出有关语言的定义。

定义 2.4　设 G[S]是字汇表 V 上的一个文法，如果符号串 x 是由文法的开始符号推导出来的，则称 x 是文法 G[S]的句型。若 x 仅由终结符号组成，则称 x 是文法 G[S]的句子。即，

若　　　$S \overset{*}{\Rightarrow} x,\ x \in V^*$　则 x 是文法 G[S]的句型；

若　　　$S \overset{+}{\Rightarrow} x,\ x \in V_T^*$　则 x 是文法 G[S]的句子。

此外，由规范推导所得的句型称为规范句型。

显然，对任何文法来说，由开始符号出发推导出来的所有符号串(包括开始符号本身)都是该文法的句型，而句子是仅由终结符号组成的句型。句子是句型的特例。

例如，在例 2.2 中，符号串 S、aSb、aaSbb 和 aaabbb 是 G[S]的句型，而符号串 aaabbb 是 G[S]的句子。

需注意的是，由于每个句子都可以有规范推导，因此，可以说所有句子都是规范句型，如在例 2.3 中，句子 i+i 是规范句型。但是，并非每个句型都有规范推导，例如，对例 2.3 中的文法，句型 F+F 的惟一的推导序列如下：

$$E \overset{r}{\Rightarrow} E+T \overset{r}{\Rightarrow} E+F \Rightarrow T+F \Rightarrow F+F$$

显然，最后两步推导不是最右推导。故句型 F+F 没有最右推导，不是规范句型。

定义 2.5　文法 G[S]产生的所有句子的集合称为该文法所定义的语言，记为 L(G[S])。即

$$L(G[S]) = \{x \mid S \overset{+}{\Rightarrow} x,\ x \in V_T^*\}$$

由语言的定义可看出，定义在字汇表 V 上的文法，其描述的语言是 V_T^* 的子集。即

$$L(G[S]) \subset V_T^*$$

例 2.4　已知例 2.2 中的文法

　　G[S]：$S \to aSb \mid ab$

求 G[S]所定义的语言。

因为　$S \Rightarrow aSb \Rightarrow aaSbb \Rightarrow \cdots \Rightarrow a^{n-1}Sb^{n-1} \Rightarrow a^n b^n$　$(n \geqslant 2)$

又因为　$S \Rightarrow ab$

所以　$S \overset{+}{\Rightarrow} a^n b^n$　$(n \geqslant 1)$

而由 S 出发不可能再推导出其他的符号串，

所以文法 G[S]所定义的语言为：$L(G[S]) = \{a^n b^n \mid n \geqslant 1\}$

可见，文法 G[S]用有限的文法定义了无限的语言。

另外，需提醒的是，由文法 G[S]求其所定义的语言 L(G[S])时，一定要注意所求语言的完整性，即该语言要包括由文法的开始符号出发所能推导出来的所有符号串。

(2)文法和语言的关系

一个文法可以定义某种语言，而一个特定的语言也可由文法来描述。但文法和语言间是否存在一一对应的关系呢？形式语言理论已经证明了以下两点：

①对于一给定的文法，可以惟一地确定它所产生的语言；

②对于一给定的语言，可以找到若干不同的文法定义它。

因此，由文法到语言，是一个一对一的关系，即 $G \to L(G)$；而由语言到文法，是一个一对多的关系，即 $L \to G_1, G_2, G_3, \cdots$。

例 2.5　已知在例 2.4 中，文法 G[S]：

$$S \to aSb \mid ab$$

所定义的语言为 $L(G[S])=\{a^n b^n \mid n \geqslant 1\}$

现在反过来考查，对于语言 $L=\{a^n b^n \mid n \geqslant 1\}$，除了可用 G[S]描述外，是否还可以找到其他文法来描述。

构造文法 $G_1[S]$：$S \to aT \mid ab$

$T \to Sb$

$G_2[S]$：$S \to aT$

$T \to Sb \mid b$

显然，对这两个文法都可以建立推导：

$$S \overset{+}{\Rightarrow} aSb \overset{+}{\Rightarrow} aaSbb \Rightarrow \cdots \Rightarrow a^{n-1}Sb^{n-1} \overset{+}{\Rightarrow} a^n b^n \quad (n \geqslant 2)$$

和 $S \overset{+}{\Rightarrow} ab$，

而且由 S 出发都不可能再推导出其他的符号串，

因此，$L(G_1[S])=L(G_2[S])=\{a^n b^n \mid n \geqslant 1\}=L(G[S])$，尽管 $G_1[S] \neq G_2[S] \neq G[S]$。

可见，同一种语言可用多个不同的文法定义。

当然，对上述语言，还可以构造出其他更多的不同文法，读者可以自己练习。

定义 2.6　设 G_1 和 G_2 是两个不同的文法，若 $L(G_1)=L(G_2)$，则称文法 G_1 和 G_2 是等价的，或称 G_1 和 G_2 为等价文法。

在例 2.5 中，$G_1[S]$、$G_2[S]$ 和 G[S]是等价文法。

需要说明的是，正如本章开头所指出的，本书所涉及的对语言的描述均是指对语言语法结构的描述，因此文法所定义的只是语言的语法结构，而不是语义（当然，后面将看到，文法在定义语言语法结构的同时，也不可避免地会隐含对语义的部分说明）。故上述定义中，文法 G_1 和 G_2 等价的充分条件：$L(G_1)=L(G_2)$，只是指两文法所定义的语言必须在语法上相同，而并不指定一定要在语义上也等价。

等价文法的存在，使人们有可能在不改变文法所定义的语言的前提下，根据不同需要对文法进行改造。例如，后面将看到的消除文法的左递归等。

2.2.4　文法的递归性

前面提到，在某些文法中，某些规则的左部和右部具有相同的非终结符号。也就是说，在定义规则左部的语法成分时用到了该语法成分本身。在编译技术中具有这种性质的文法、规则和非终结符号是很重要的。下面将就此进行讨论。

定义 2.7　设文法 $G[S]=(V_N, V_T, P, S)$，符号串 $x, y \in V^*$，若

规则　$U \to xUy \in P$，　且 $xy \neq \varepsilon$，

则称 $U \to xUy$ 为直接递归规则，称 U 为直接递归的非终结符。

特别,若 $x=\varepsilon$,则称 $U\rightarrow xUy$ 为直接左递归规则,称 U 为直接左递归的非终结符;若 $y=\varepsilon$,则称 $U\rightarrow xUy$ 为直接右递归规则,称 U 为直接右递归的非终结符。

若文法 G[S]存在推导 $U\overset{+}{\Rightarrow}xUy$,则称 U 为递归的非终结符。

特别地,若 $x=\varepsilon$ 或 $y=\varepsilon$,则分别称 U 为左递归或右递归的非终结符号。

如果文法 G[S]至少含有一个递归的非终结符号,则称此文法为递归文法。

特别地,若文法中含有左(右)递归的非终结符号,则此文法为左(右)递归文法。

正是由于递归文法的存在,使人们有可能用有限的文法描述无限的语言。可以证明,只要文法是有限的,非递归文法描述的语言就是有限的;而只要文法是递归的,其所描述的语言必定是无限的。

例 2.6　已知文法 G[A]:

$A\rightarrow BaB|aBc|a$

$B\rightarrow b|bc$

考查 G[A]的递归性及其所定义的语言。

由于非终结符号 A 是由 a 或含 B 的符号串所定义,而 B 又是完全由终结符号串所组成,故对于 A,不可能存在形如 $A\overset{+}{\Rightarrow}xAy$ 的推导,所以 A 不是递归的非终结符号。对于 B,由于只存在由终结符号定义的规则,故 B 也不是递归的非终结符号。因此 G[A]为非递归文法。

现在求 G[A]所描述的语言 L(G[A]):

由规则 $A\rightarrow a$ 可得:$A\Rightarrow a$,故 $a\in L(G[A])$;

由规则 $A\rightarrow aBc$ 及 $B\rightarrow b|bc$ 可得:$A\overset{+}{\Rightarrow}abc$ 和 $A\overset{+}{\Rightarrow}abcc$,所以

$$abc,abcc\in L(G[A])$$

由规则 $A\rightarrow BaB$ 及 $B\rightarrow b|bc$ 可得:$A\overset{+}{\Rightarrow}bab$、$A\overset{+}{\Rightarrow}babc$、$A\overset{+}{\Rightarrow}bcab$、$A\overset{+}{\Rightarrow}bcabc$,所以

$$bab,babc,bcab,bcabc\in L(G[A])$$

$L(G[A])=\{a,abc,abcc,bab,babc,bcab,bcabc\}$

可见,尽管文法 G[A]所含规则不少,但由于是非递归的,其所定义的语言是有限的。

再如,由定义可知,前面的例 2.1 、例 2.2 中的文法、算术表达式文法 G[E]、标识符文法 G[S]都是递归文法,且除例 2.2 中的文法外,均为左递归文法。

以算术表达式文法 G[E]为例,可以得出,L(G[E])是由 i,+,*,(,)组成的所有算术表达式的集合,是无限的集合。

以后将看到,对自上而下的语法分析来说,文法的左递归性是必须避免的。而等价文法的存在,使有可能在不改变文法所定义的语言的前提下,对文法进行改造,消除左递归。

2.2.5　短语、简单短语和句柄

定义 2.8　设有文法 G[S],xuy 是一个句型,$x,y\in V^*$,$u\in V^+$,若存在推导序列:

$$S\overset{*}{\Rightarrow}xUy\overset{+}{\Rightarrow}xuy,且\ U\in V_N$$

则称 u 是句型 xuy 相对于非终结符 U 的短语。

特别地,若存在推导序列:

$S\overset{*}{\Rightarrow}xUy\Rightarrow xuy$,且 $U\in V_N$

则称 u 是句型 xuy 相对于非终结符 U 或规则 U→u 的简单短语或直接短语。

句型的最左简单短语称为该句型的句柄。

由短语的定义可知：

(a)短语、简单短语和句柄都是针对具体的句型而言的，不能脱离句型而存在，它们是句型满足一定条件的子串。一个句型可有多个短语或简单短语；

(b)如果 u 是某句型相对于非终结符 U 的短语，则必然有 $U \stackrel{+}{\Rightarrow} u$；

(c)要由定义求某句型 x 的短语，首先应在句型 x 的所有可能的推导序列中，找到所有满足下列条件的"前驱"句型 y：即如果用某个符号串 u 替换 y 中的某个非终结符 U，便能得到 x。则 u 为 x 相对于 U 的短语。

例 2.7　已知算术表达式文法 G[E]：

E→E+T|T

T→T * F|F

F→(E)|i

求句型 F * i+F 的短语、简单短语和句柄。

①首先求句型 F * i+F 的所有可能的推导序列：

E ⇒E+T ⇒E+F ⇒T+F ⇒T * F+F ⇒T * i+F ⇒F * i+F

或 ⇒F * F+F ⇒F * i+F

E ⇒E+T ⇒T+T ⇒T+F ⇒T * F+F ⇒T * i+F ⇒F * i+F

或 ⇒F * F+F ⇒F * i+F

E ⇒E+T ⇒T+T ⇒T * F+T ⇒T * F+F ⇒T * i+F ⇒F * i+F

或 ⇒F * F+F ⇒F * i+F

E ⇒E+T ⇒T+T ⇒T * F+T ⇒T * i+T ⇒T * i+F ⇒F * i+F

或 ⇒F * i+T ⇒F * i+F

E ⇒E+T ⇒T+T ⇒T * F+T ⇒F * F+T ⇒F * F+F ⇒F * i+F

或 ⇒F * i+T ⇒F * i+F

②求所有满足条件的"前驱"句型：

由①，可得句型 F * i+F 的所有"前驱"句型如下：

E、E+T、E+F、T+F、T * F+F、T * i+F、F * F+F、T+T、T * F+T、T * i+T、F * i+T、F * F+T。

而其中，只替换一个非终结符号就可得到句型 F * i+F 的有：

E、E+F、T+F、T * i+F、F * F+F、F * i+T

③求短语、简单短语和句柄：

分别考查以上每个句型中，用什么符号串替换其中的某个非终结符可得到句型 F * i+F。则这些符号串就是句型 F * i+F 的短语；如果这种替换可以通过直接推导(n=1)完成，则该符号串为简单短语。

为便于区分，对相同的符号加注上标，如，以 $F^{(1)} * i+F^{(2)}$ 表示句型 F * i+F，以 $E^{(1)}$ 表示文法的开始符号 E。

由 $E^{(1)} \stackrel{*}{\Rightarrow} E^{(1)} \stackrel{+}{\Rightarrow} F^{(1)} * i+F^{(2)}$ 可知，符号串 $F^{(1)} * i+F^{(2)}$ 为句型 $F^{(1)} * i+F^{(2)}$ 相对于非终结

符 $E^{(1)}$ 的短语；

由 $E^{(1)} \overset{+}{\Rightarrow} E^{(2)} + F^{(2)} \overset{+}{\Rightarrow} F^{(1)} * i + F^{(2)}$ 可知，符号串 $F^{(1)} * i$ 为句型 $F^{(1)} * i + F^{(2)}$ 相对于非终结符 $E^{(2)}$ 的短语；

由 $E^{(1)} \overset{+}{\Rightarrow} T^{(1)} + F^{(2)} \overset{+}{\Rightarrow} F^{(1)} * i + F^{(2)}$，$F^{(1)} * i$ 为句型 $F^{(1)} * i + F^{(2)}$ 相对于非终结符 $T^{(1)}$ 的短语；

由 $E^{(1)} \overset{+}{\Rightarrow} T^{(2)} * i + F^{(2)} \Rightarrow F^{(1)} * i + F^{(2)}$，$F^{(1)}$ 为句型 $F^{(1)} * i + F^{(2)}$ 相对于非终结符 $T^{(2)}$ 的短语，且为简单短语；

由 $E^{(1)} \overset{+}{\Rightarrow} F^{(1)} * F^{(3)} + F^{(2)} \Rightarrow F^{(1)} * i + F^{(2)}$，i 为句型 $F^{(1)} * i + F^{(2)}$ 相对于非终结符 $F^{(3)}$ 的短语，且为简单短语；

由 $E^{(1)} \overset{+}{\Rightarrow} F^{(1)} * i + T^{(3)} \Rightarrow F^{(1)} * i + F^{(2)}$，$F^{(2)}$ 为句型 $F^{(1)} * i + F^{(2)}$ 相对于非终结符 $T^{(3)}$ 的短语，且为简单短语；

因此，句型 $F^{(1)} * i + F^{(2)}$ 的短语有 $F^{(1)} * i + F^{(2)}$、$F^{(1)} * i$、$F^{(1)}$、i、$F^{(2)}$，其中，$F^{(1)}$、i、$F^{(2)}$ 为简单短语，$F^{(1)}$ 为句柄。

在上例中如果从倒序观察③中的每个推导序列，则“前驱”句型可看做是用某个非终结符 U 替换句型 $F^{(1)} * i + F^{(2)}$ 的短语 u 的结果。事实上，从广义来看，句型的短语、简单短语和句柄都可归约到某个非终结符。而句型的简单短语可直接用规则进行归约，称为句型的可归约串，句柄则是句型的最左可归约串。

在编译技术中，短语、简单短语和句柄的概念非常重要。今后将看到，如果采用自下而上的方法（即归约的方法）进行句子分析，如何确定句型的可归约串特别是最左可归约串是分析的难点。

2.3　语法树和二义性

前面详细讨论了句型的推导、归约及短语、简单短语、句柄的概念。下面，将介绍形式语言的一个重要工具——语法树（或推导树）。借助于语法树，可更直观地、更清晰地描述句子或句型的推导，更直观地理解短语、简单短语、句柄的概念。

2.3.1　语法树

(1)语法树及其与推导的关系

定义 2.9　设有文法 $G[S]=(V_N, V_T, P, S)$，满足以下条件的树称为 G 的语法树或推导树：

①每一结点均有一标记，该标记是 $V=V_N \cup V_T$ 中的一个符号；

②树的根结点的标记是文法的开始符号 S；

③所有的非叶结点（至少有一后继的结点）上的标记均为 V_N 中的符号，即均为文法的非终结符；

④若标记为 U 的非叶结点，其直接后继结点从左到右依次标记为 $x_1, x_2, \cdots, x_n$，则 $U \rightarrow x_1$

$x_2 \cdots x_n$必为文法 G[S]的一个规则。

例 2.8 已知文法 G[S]=(V_N,V_T,P,S),其中 P 为:

S→a|∧|(T)

T→T·S|S

判断图 2.1 所示的树是否为 G[S]的语法树。

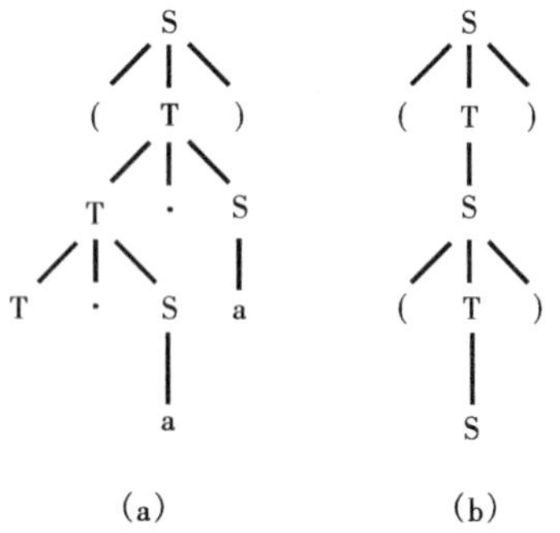

图 2.1 例 2.8 的树

考察树(a)的结点标记与文法 G[S]的关系:树的根结点 S 为文法的开始符号,树的各结点标记 S,T,·,(,),a∈V,树的所有非叶结点 S,T ∈V_N,且 S,T 与各自的直接后继结点组成的规则 S→(T),T→T·S,S→a∈P。故由定义,树(a)是 G[S]的语法树。

同理,树(b)也是 G[S]的语法树。

下面从图 2.1 中的语法树,分析语法树与推导的关系。从语法树的构造过程看,语法树是从根结点开始逐步"生长"起来的,语法树每"生长"一步,就是用相应产生式的右部各符号依次建立左部符号的各后继结点的过程,实际上也就对应句型的一步直接推导,一旦语法树"生长"完毕,句型推导也就完毕。最后生成的语法树,端末结点从左到右排列起来就构成了所推导的句型。因此,可以说语法树是对句型推导的形象描述。

虽然同一棵语法树可以有各种不同的生长顺序,如某些部位先"长",某些部位后"长",也就是说可以对应句型的不同推导过程,如最左(最右)推导等,但是语法树反映的是一种静态的结构特征,即句型推导的轨迹:在推导过程中用哪个产生式的右部替换哪个非终结符,而并不反映推导的先后顺序。

另外,既然语法树是对句型推导的形象描述,因此语法树必然与文法和句型密切相关。给定文法和该文法的句型,便可根据文法构造句型的语法树。因此,同一文法的不同句型必然有不同的语法树,如图 2.1 中,树(a)是句型(T.a.a)的语法树,树(b)是句型((S))的语法树。那么,同一文法的同一句型是否存在多棵不同的语法树呢?在后面将看到,对某些特殊文法,可能存在这样的句子:该句子对应两棵或两棵以上不同的语法树。

(2)语法树与短语、简单短语和句柄的关系

前面已经了解了短语、简单短语和句柄的概念。下面将看到,通过语法树,可以更形象、更容易地理解这些概念。

定义 2.10 语法树的任一非叶结点连同它向下射出的部分称为语法树的子树,仅有父子两代的子树称为简单子树。

在 2.2.5 中,借助推导的概念定义了句型的短语、简单短语和句柄,由于语法树是推导的形象描述,因此同样可以给出句型的短语、简单短语和句柄基于语法树的描述:

首先构造句型的语法树,则

①该语法树每一子树的末端结点从左到右排列起来所组成的符号串,是该句型相对于子树根的短语;

②该语法树每一简单子树的末端结点从左到右排列起来所组成的符号串,是该句型相对于简单子树根(或相应产生式)的简单短语;

③该语法树的最左简单子树的末端结点从左到右排列起来所组成的符号串，是该句型的句柄。

容易证明，这种基于语法树的描述与基于推导的形式定义是等价的。下面将看到，通过语法树求句型的短语、简单短语和句柄更为简便且不容易出错。

例 2.9 已知算术表达式文法 G[E]：

$E \rightarrow E+T \mid T$

$T \rightarrow T*F \mid F$

$F \rightarrow (E) \mid i$

通过语法树求句型 $F*i+F$ 的短语、简单短语和句柄。

首先，构造句型 $F^{(1)}*i+F^{(2)}$ 的语法树如图 2.2(为便于区分，对相同的符号加了上标)，然后，画出该语法树的所有子树，如图 2.3(a)(b)(c)(d)(e)(f)。其中，子树(d)(e)(f)是简单子树，子树(d)是最左简单子树。因此，

①由子树(a)(b)(c)(d)(e)(f)可得：

符号串 $F^{(1)}*i+F^{(2)}$ 是句型 $F^{(1)}*i+F^{(2)}$ 相对于子树根 $E^{(1)}$ 的短语；

符号串 $F^{(1)}*i$ 是句型 $F^{(1)}*i+F^{(2)}$ 相对于子树根 $E^{(2)}$ 的短语；

符号串 $F^{(1)}*i$ 是句型 $F^{(1)}*i+F^{(2)}$ 相对于子树根 $T^{(1)}$ 的短语；

符号串 $F^{(1)}$ 是句型 $F^{(1)}*i+F^{(2)}$ 相对于子树根 $T^{(2)}$ 的短语，且为简单短语；

符号串 i 是句型 $F^{(1)}*i+F^{(2)}$ 相对于子树根 $F^{(3)}$ 的短语，且为简单短语；

符号串 $F^{(2)}$ 是句型 $F^{(1)}*i+F^{(2)}$ 相对于子树根 $T^{(3)}$ 的短语，且为简单短语；

②由子树(d)可得，符号串 $F^{(1)}$ 是句型 $F^{(1)}*i+F^{(2)}$ 的句柄。

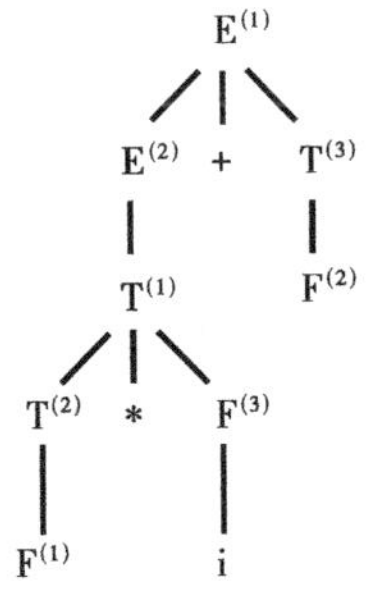

图 2.2 句型 $F*i+F$ 的语法树

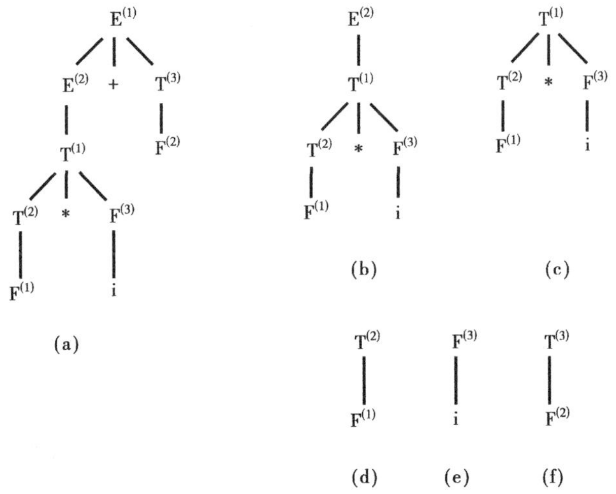

图 2.3 句型 $F*i+F$ 语法树的子树

我们看到，与例 2.7 所得结果相同，句型 $F^{(1)}*i+F^{(2)}$ 的短语有 $F^{(1)}*i+F^{(2)}$、$F^{(1)}*i$、$F^{(1)}$、i、$F^{(2)}$，其中，$F^{(1)}$、i、$F^{(2)}$ 为简单短语，$F^{(1)}$ 为句柄。与直接用定义的方法相比，采用语法树求句型的短语更为简单易行，且易于理解。

2.3.2 文法的二义性

(1)文法的二义性及其危害

前面提到对某些特殊文法，可能存在这样的句子，该句子对应两棵或两棵以上不同的语法树。下面看一个例子。

例 2.10　设有文法 G[E]：

$$E \rightarrow E+E \mid E*E \mid (E) \mid i$$

求句子 i+i*i 的最左推导及其对应的语法树。

若采用最左推导，可得：$E \overset{1}{\Rightarrow} E+E \overset{1}{\Rightarrow} i+E \overset{1}{\Rightarrow} i+E*E \overset{1}{\Rightarrow} i+i*E \overset{1}{\Rightarrow} i+i*i$

或 $E \overset{1}{\Rightarrow} E*E \overset{1}{\Rightarrow} E+E*E \overset{1}{\Rightarrow} i+E*E \overset{1}{\Rightarrow} i+i*E \overset{1}{\Rightarrow} i+i*i$

可见，句子 i+i*i 有两种不同的最左推导。其相应的语法树如图 2. 4 所示。

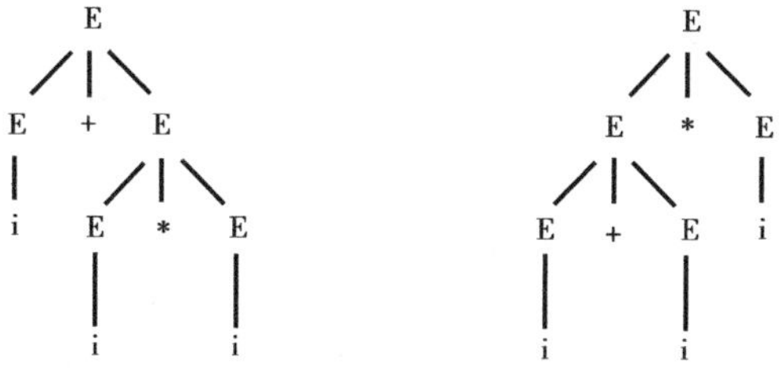

(a)　　　　(b)

图 2.4　句子 i+i*i 的语法树

由此，我们知道，文法 G[E]的句子 i+i*i 有两种不同的最左推导，有两棵不同的语法树。同时容易证明，该句子也有两种不同的最右推导。

定义 2.11　如果一个文法至少有一个句子对应两棵或两棵以上不同的语法树，则称该文法是二义性的。或者说，如果一个文法至少有一个句子存在两种或两种以上的不同的最左(右)推导，则称该文法是二义性的。

由以上定义，例 2.10 中的文法 G[E]是二义性的。

文法的二义性会造成句子语义的不确定性，是非常有害的，在很多情况下，是必须避免的。

例如，从上例中句子 i+i*i 的语法树(图 2. 4)看到，虽然树(a)和树(b)对应的是同一个句子，但由于它们的归约顺序不同，表示的语义也是不同的。树(a)表示先将后面的 E*E 归约到 E 后，再与前面的"E+"一起归约到文法的开始符号，而树(b)表示先将前面的 E+E 归约到 E 后，再与后面的"*E"一起归约到文法的开始符号。因此从语义上前者表示"先乘后加"，而后者表示"先加后乘"。如果程序设计语言采用这样的文法，在编译时既可"先乘后加"，也可"先加后乘"，必然产生歧义。

例 2.11　已知定义语句的文法 G[S]=({S,B,S′},{if,then,else},P,S)，P 由以下规则组成：

S→if B then S | if B then S else S | S′

其中，S 为语句，B 为布尔表达式，S′为非条件语句。

证明该文法是二义性的。

证明：应该指出，该文法本身是不完备的，无关于 S′的规则。但对于说明文法的二义性已足够了。考查句型 if B then if B then S′ else S。

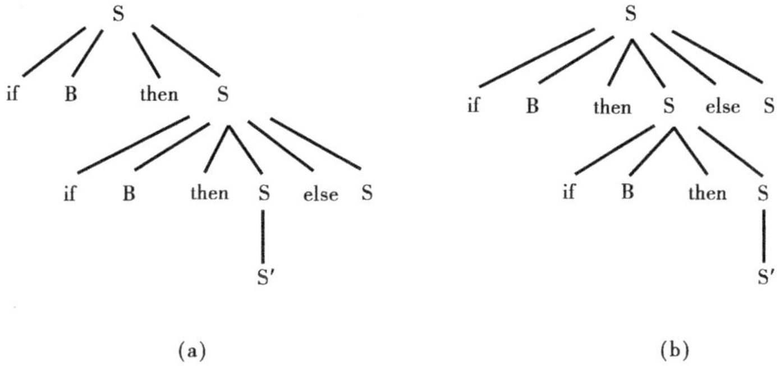

图 2.5　句型 if B then if B then S′ else S 的两棵不同的语法树

根据文法，可以构造该句型的两棵不同的语法树，如图 2.5。由此可以进一步得出，该文法所有与该句型结构类似的句子也具有两棵不同的语法树。

因此，由定义，文法 G[S]是二义性的。如果用归约（自下而上）的方法进行分析，其语义的不确定性表现在“else”既可与第二个“then”匹配（如树(a)），也可与第一个“then”匹配（如树(b)），产生了歧义。

(2)文法二义性的判定问题

由于二义性文法必然会产生语义的不确定性，因此在设计编译程序时，必须避免采用二义性文法定义程序设计语言。但遗憾的是，现已证明，文法的二义性问题是不可判定的，即不存在一种算法，能在有限的步骤内，确切地判断一个文法是否是二义性的。

不过，在实践中，人们已经找到一些检查文法二义性和非二义性的充分条件（当然，未必是必要条件），用来判断文法的二义性和非二义性。如：

①后面将要介绍的某些文法，如 LL(K)文法、LR 类文法、算符优先文法等都是非二义性文法。由于这些文法本身是可判定的，故只要能证明某文法属于这类文法，则该文法必然是非二义性的。

②若一个文法 G 含有既是左递归又是右递归的非终结符号 A，即若有

$$A \overset{+}{\Rightarrow} AuA, \quad u \in V^*$$

或

$$A \overset{+}{\Rightarrow} A\alpha \text{ 及 } A \overset{+}{\Rightarrow} \beta A \qquad \alpha, \beta \in V^*$$

则文法 G 必然是二义性的。

例如，例 2.10 中的文法 G[E]：

$$E \to E+E \mid E*E \mid (E) \mid i$$

中，含有既是左递归又是右递归的非终结符 E，故该文法是二义性的。

一个文法既有左递归又有右递归是导致其二义性的最常见原因之一。因此，在构造文法时应避免这种现象的出现。

(3)文法的二义性与语言的二义性

文法的二义性与语言的二义性是两个不同的概念，既有区别，又有联系。如果文法是二义的，其描述的语言未必是二义的。这要看该二义文法是否存在一个等价的非二义文法。如果存在一个与该二义性文法等价的非二义文法描述同一种语言，则可以认为，该二义性文法所对应的语言中某些句子的二义性完全是由二义性文法所带来的，而不是语言本身所固有的。在

这种情况下，可以把二义性文法看做是对语言的不完善说明，它在定义了语言的语法结构的同时，将语义的不确定性也强加于该语言，因而不能由此认为该语言是二义的。

例如，文法 $G_1[E]$：

$$E \to E+E \mid E*E \mid (E) \mid i$$

与文法 $G_2[E]$：$E \to E+T \mid T$

$$T \to T*F \mid F$$

$$F \to (E) \mid i$$

所定义的语言(语法结构)是相同的，均为算术表达式的集合，因此 $G_1[E]$与 $G_2[E]$是等价文法。但 $G_1[E]$是二义性文法，而 $G_2[E]$为非二义性文法，因此它们所定义的语言不是固有二义性的。之所以 $G_1[E]$所定义的语言中某些句子如 $i+i*i$ 具有二义性，完全是由二义性文法 $G_1[E]$本身的缺陷带来的。对类似这样的非固有二义性语言，只要能正确地选取描述它的文法，如文法 $G_2[E]$，则不存在语言的二义性问题。

只有定义某种语言的所有文法都是二义性的，才称该语言是先天二义的或固有二义的。

例如，$L=\{a^n b^n c^m \mid n\geq 1, m\geq 1\}$就是一个先天二义性语言。

由于在程序设计语言中，不涉及语言的二义性问题，因此通常只讨论文法的二义性。

(4)文法的二义性的解决办法

通常可以采用两种方法解决文法的二义性问题：

①修改编译算法

由于对非固有二义性语言来说，文法的二义性通常只是表现在文法所定义的语言中某类句子的二义性，如前述文法 $G_1[E]$所定义的语言中，同时含“+”和“*”的表达式，文法 G[S]所定义的语言中含有 if—if—else 结构的语句等。因此，如果修改编译程序，指定当出现这类二义性句子时，只默认其中的一种语义，则句子的二义性便可消除，进而消除文法的二义性。

例如，对二义性文法 $G_1[E]$：

$$E \to E+E \mid E*E \mid (E) \mid i$$

可以通过在编译程序中规定运算符之间的优先级来避免文法的二义性。如规定：“*”的优先级高于“+”，相同优先级先左后右等。有了这样的附加规定，文法 $G_1[E]$的每一个句子都只对应一棵语法树。如对例 2.10 中的句子 $i+i*i$ 来说，其对应的惟一一棵语法树为图 2.4(a)。

对于二义性文法 G[S]：

$$S \to \text{if } B \text{ then } S \mid \text{if } B \text{ then } S \text{ else } S \mid S'$$

如果在编译程序中规定，else 总是与最近的 then 配对，则文法 G[S]的每一个句子也都只对应一棵语法树，从而避免了文法的二义性。如对例 2.11 中的句型

if B then if B then S′ else S

只可能有惟一一棵语法树，如图 2.5(a)。

这种二义性的解决方法的特点是不必改变文法，只需修改编译程序。实质上是通过在程序中增加对语义的限制，即规定二义性句子的两种语义中只有某一种语义合法，来避免二义性的。

②修改文法，即将二义性文法改造成一个等价的非二义性文法

对程序设计语言等非先天二义性语言，总可以找到一个非二义性文法来定义它。因此，可以将描述这类语言的二义性文法改造成与其等价的非二义性文法，从而避免二义性。

例如，对前面讨论过的二义性的算术表达式文法

$G_1[E]$：

$$E \to E+E \mid E*E \mid (E) \mid i$$

可以构造出一个等价的非二义性文法

$$G_2[E]: E \to E+T \mid T$$
$$T \to T*F \mid F$$
$$F \to (E) \mid i$$

由图 2.6 可以看到，对文法 $G_2[E]$，句子 $i+i*i$ 只可能对应一棵语法树。事实上，对该文法的任何句子都不可能构造两棵或两棵以上的语法树。

再如，对定义语句的文法 G[S]：

S→if B then S | if B then S else S | S′

可以构造与其等价的非二义性文法 G′[S]：

S→C|D

C→if B then C else S | S′

D→if B then S

由图 2.7 也可以看到，原来采用文法 G[S]时，具有两棵语法树的句型

if B then if B then S′ else S

在采用文法 G′[S]时，只可能对应惟一一棵语法树。事实上文法 G′[S]的所有句子都只对应一棵语法树。

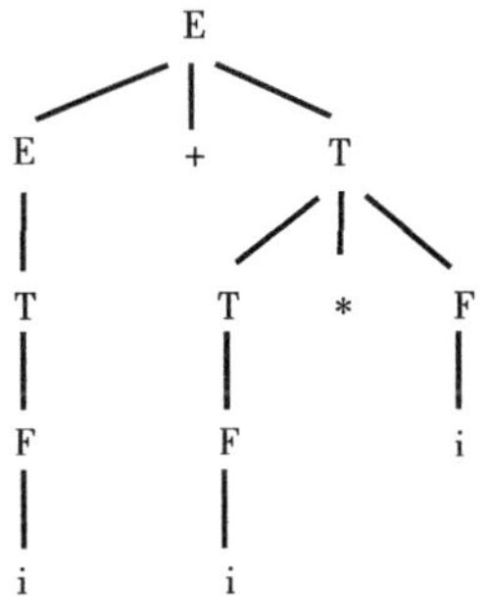

图 2.6　句子 $i+i*i$ 的语法树

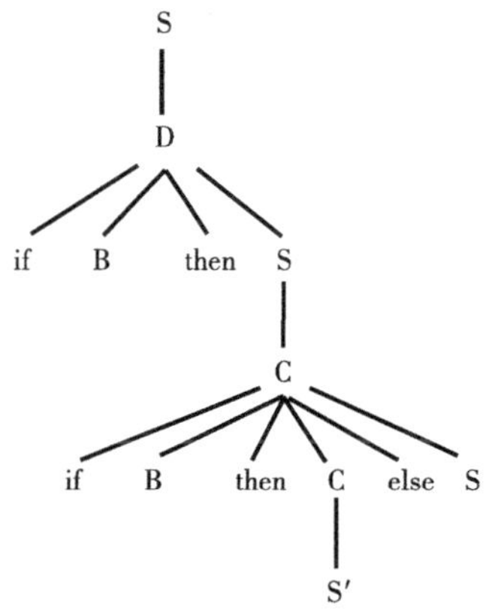

图 2.7　if B then if B then S′ else S 的语法树

可见，只要采用非二义性文法来描述非先天二义性语言，则可以避免二义性问题。

2.4　文法的扩充 BNF 表示和语法图

前面介绍了文法的 BNF 表示法。这种表示法结构清晰、严谨，便于符号串的推演，适于编译理论研究。而除此之外，文法还有其他的表示法，如文法的扩充 BNF 表示和语法图表示，由于它们在描述文法方面各具优势，实用性强，在实际中得到了非常广泛的应用。

2.4.1 文法的扩充 BNF 表示

扩充 BNF 表示法也称 EBNF 表示法，是在 BNF 表示法的基础上发展起来的。它在原 BNF 表示法基础上引入了 3 对专用符号："{"和"}"、"["和"]"、"("和")"，表达能力与原 BNF 表达方式相同。但由于在结构上更简洁、清晰，且可消除文法的左递归，因而更实用。

下面介绍这三对专用符号的用途：

花括号{}：表示花括号内的符号串可重复 0 到任意多次。若有上下界，可表示为$\{\ \}_m^n$，表示花括号内的符号串可重复 m 到 n 次。

方括号[ ]：表示方括号内的符号串可有可无(出现 0 次或 1 次)。

圆括号()：利用圆括号可提取各候选式的公因子。

例如，算术表达式文法 G[E]：

E→E+T|T

T→T * F|F

F→(E)|i

用 EBNF 表示法可表示如下：

①利用花括号{}，由于存在推导：

$$E \Rightarrow E+T \Rightarrow E+T+T \Rightarrow E+T+T \Rightarrow \cdots \Rightarrow E+T+\cdots+T \Rightarrow T+\underbrace{T+\cdots+T}_{n\geqslant 0}$$

故规则 E→E+T|T 可表示为

E→ T{+T}

同理，规则 T→T * F|F 可改写为

T→ F{ * F}

因此，文法 G[E]可表示为：

G_1[E]：E→ T{+T}

T→ F{ * F}

F→'('E')'|i

②利用方括号[ ]，文法可表示为：

G_2[E]：E→[E+]T

T→[T *]F

F→'('E')'|i

③利用圆括号( )，文法可表示为：

G_3[E]：E→(E+|ε)T

T→(T * |ε)F

F→'('E')'|i

注意："{"和"}"、"["和"]"、"("和")"是 EBNF 表示法的专用符号，不可与文法的终结符相混淆。如果文法中恰巧含有与这些专用符号相同的终结符，则可以采用区别表示终结符的方法(如：在不至于产生混淆的前提下，可用""或''括起与专用符号相同的终结符)，或采用其他表示法。

由①可见，文法的 EBNF 表示法可消除文法的左递归。后面将看到，消除文法的直接左

递归是 EBNF 表示法的最重要用途。

2.4.2　文法的语法图表示

语法图是文法各个语法成分的图解表示，是文法的另一种等价表示。由于其具有直观、清晰、易读的优点，在描述高级语言的文法时经常被采用。

语法图的构成规则十分简单：

①采用方框表示非终结符，圆框表示终结符，如：

非终结符 A：[A]，终结符 a：ⓐ

②形如 $A \to x_1 | X_2 | \cdots | X_n$ 的规则用“并联”图表示，形如 $B \to y_1 Y_2 \cdots Y_m$ 的规则用“串联”图表示。如图 2.8（设 x_1 为终结符，$X_2, \cdots, X_n$ 为非终结符；设 y_1 为终结符，$Y_2, \cdots, Y_m$ 为非终结符）所示。

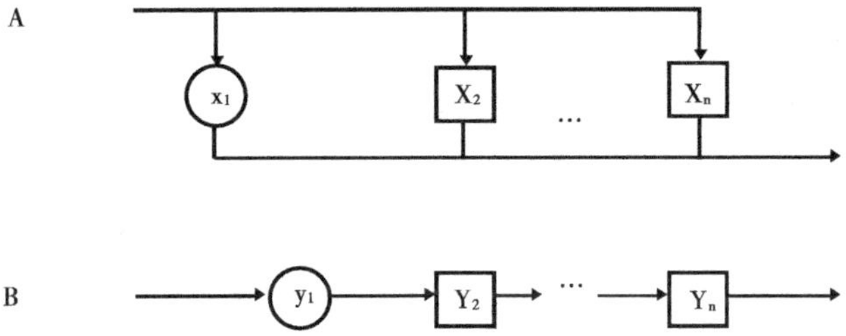

图 2.8　语法图的构成规则

一般地，作文法的语法图时，如果是递归文法，为更直观和方便起见，通常先将其转换为采用“{ }”的 EBNF 表示，然后再分别作每一非终结符的语法图。最后，将文法的所有非终结符的语法图合并为一图，成为文法的语法图。当然，当文法过于复杂时，整个文法的语法图也可用几个非终结符的语法图表示。

例如，算术表达式文法 G[E]的 EBNF 表示为：

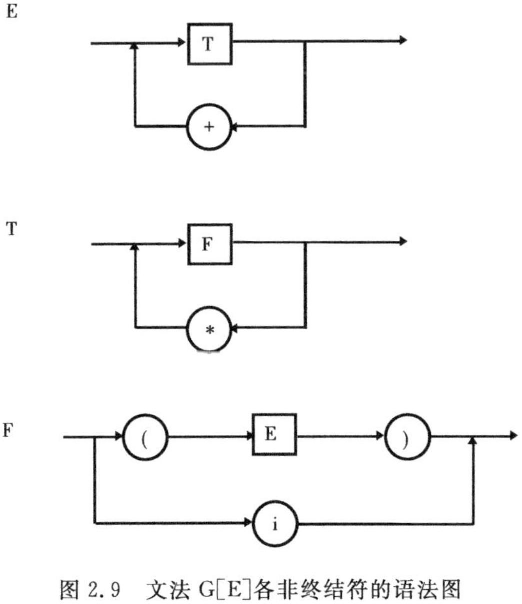

图 2.9　文法 G[E]各非终结符的语法图

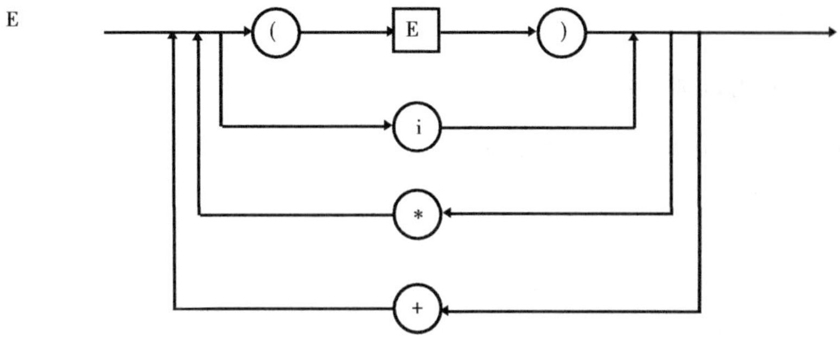

图 2.10　文法 G[E]的语法图

E→ T{+T}

T→ F{ * F}

F→‘(’E‘)’|i

由此,可先作各非终结符的语法图(如图 2.9),然后合并为文法的语法图(如图 2.10)。

注意:合并后,整个文法的语法图至多只含有一个非终结符,即文法的开始符号,其余均为终结符,并且通常情况下每个符号只出现一次。

这正是语法图的优势所在。正因为如此,用语法图表示文法显得十分简洁、直观。由图 2.10,很容易看出,E 是由符号(、)、i、* 、+所组成的任意算术表达式。

2.5　文法的实用限制

在编译程序的实现过程中,所采用的各种分析方法往往对文法有不同的要求,如不含左递归($U\overset{+}{\Rightarrow}Ux$)等。此外,在实际应用中还要求文法无不良性质,如要求文法无二义性、无有害规则,要求文法无多余规则等。而等价文法的存在,使我们可以在不改变文法所定义的语言的前提下,对文法进行改造,达到实用要求。下面将对文法的实用限制和一些变换方法做简要介绍。

2.5.1　**有害规则**

有害规则　文法中形如 U→U 的规则称为有害规则。

由前面知道,如果文法中含有形如 U→U 的规则,则该文法必为二义性文法。因此,有害规则除了造成文法的二义性外,对定义语言没有任何意义。故这样的规则应删除。

例如,文法G[N]:

N→N

N→ND|D

D→0|1|2|…|9

的句子 12 对应无穷多棵不同的语法树,图 2.11 给出了其中的三棵不同语法树。

显然,有害规则 N→N 造成了文法的二义性,并且在文法中没有任何意义。

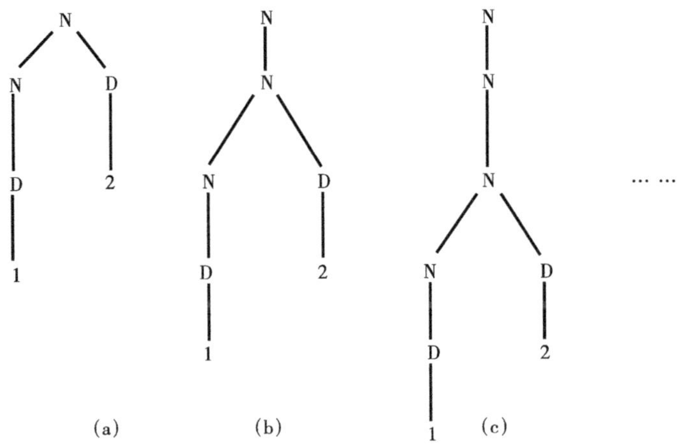

图 2.11　文法 G[N]的句子 12 对应无穷多棵语法树

2.5.2　多余规则

设文法中某一规则，其左部的非终结符为 U，若满足下列条件之一，则称该规则为多余规则。

ⓐU 不出现在该文法的任何其他规则的右部；

ⓑ若在推导中采用该规则，则不能由 U 推出终结符号串。

可想而知，如果一个规则的左部符号不出现在文法的任何其他规则的右部，则在句子的推导过程中将永远不会用到该规则，这样的规则必然是多余的；而如果采用一个规则后，由其左部符号不能推出终结符号串，则意味着在推导过程中一旦使用该规则，将永远推导不出句子(可推导出句型)。这种规则除了将句子推导引入歧途外，对定义语言没有任何意义，因而也是多余的。

例如，考查文法 G[S]：

S→aABb

A→aA|Cc|a

B→Bb|b

C→Cc

D→Dd|d

容易看出，规则 D→Dd|d 左部的非终结符 D 不出现在任何其他规则的右部，因而它们在所有句型的推导中都不会被用到，故为多余规则；规则 C→Cc 左部的非终结符 C 不能推导出终结符号串，因而也为多余规则；而规则 A→Cc 一旦被使用，由 A 不可能推出终结符号串，故该规则为多余规则。

因此该文法中，规则　A→Cc

C→Cc

D→Dd|d

均为多余规则。

2.5.3 文法的实用限制

文法的实用限制主要是指：

ⓐ文法不含有害规则；

ⓑ文法不含多余规则。

如果文法满足上述条件，则称该文法是压缩过的或化简了的。

例如，文法 G[S]：

$S \to aABb$

$A \to aA \mid Cc \mid a$

$B \to Bb \mid b$

$C \to Cc$

$D \to Dd \mid d$

经过压缩化简后的等价文法为：

G′[S]：$S \to aABb$

$A \to aA \mid a$

$B \to Bb \mid b$

文法的实用限制是对文法的最基本要求。此外，在具体应用中，还可能有对文法的其他一些限制。如：

①文法不含左递归规则 $U \to U\cdots$；

②文法不含空规则(也称 ε-规则或 ε-产生式)$U \to \varepsilon$；

③文法不含特殊规则(单产生式)$U \to A$；

④文法 G[S]的开始符号 S 不出现在规则的右部等。

2.5.4 文法的变换

如前所述，有害规则、多余规则会产生许多危害，某些具体的语法分析方法对文法有特定的要求，如无左递归，无 ε-规则等，因而在构造文法时应该尽量避免采用这类规则，特别是有害规则和多余规则，以满足文法的实用限制。如果实在无法避免，还可以通过文法的变换达到这一要求。

下面介绍几种常用的文法等价变换方法：ε-规则消除方法、直接左递归和一般左递归的消除方法。

(1)文法的 ε-规则的消除

如果文法 G[S]含有 ε-规则，而其所定义的语言 L(G[S])不含 ε，则可以采用如下算法消除 G[S]的所有 ε-产生式。

①求文法 G[S]所有能导出空串 ε 的非终结符号的集合 EMPTY(G[S])：

ⅰ)对文法的所有形如 $A \to \varepsilon$ 的规则，有 $A \in$ EMPTY(G[S])；

ⅱ)若文法有规则 $B \to x$，且 $x \in \text{EMPTY}(G[S])^{+}$，则

$B \in$ EMPTY(G[S])；

ⅲ)重复ⅱ)，直到 EMPTY(G[S])不再增大为止；

②在文法中删除所有 ε-产生式；

③在文法中删除只能导出空串的非终结符；

④若文法中某规则的右部含有属于 EMPTY(G[S])的非终结符，则按下述方法扩充相应规则：

对形如 A→aBbC 的规则，假定 B,C∈EMPTY(G[S])，a,b∈(V-EMPTY(G[S]))$^+$ 则扩充后为：

A→aBbC|aBb|abC|ab

例 2.12　设有文法 G[Z]：

Z→AbBC|a

A→AB|caB|BC

B→Ca|b|ε

C→Bc|a|ε

消除该文法的所有 ε-产生式。

按上述算法，

①ⅰ)由规则 B→ε 和 C→ε 得：

B,C∈EMPTY(G[Z])；

ⅱ)因为有规则 A→BC，且 B,C∈EMPTY(G[Z])，

所以 A∈EMPTY(G[Z])；

ⅲ)重复ⅱ)，EMPTY(G[Z])不再增大，故

EMPTY(G[Z])={A,B,C}

②删除文法的所有 ε-产生式，得：

Z→AbBC|a

A→AB|caB|BC

B→Ca|b

C→Bc|a

③该文法没有只能导出空串的非终结符。

④对右部含有 A,B,C 的规则进行扩充：

对规则 Z→AbBC|a　有：

Z→AbBC|AbC|AbB|bBC|Ab|bC|bB|a

对规则 A→AB|caB|BC　有：

A→AB|A|BC|B|C|caB|ca

对规则 B→Ca|b 有：

B→Ca|a|b

对规则 C→Bc|a　有：

C→Bc|c|a

故文法 G[Z]消除 ε-产生式后的等价文法 G′[Z]为：

Z→AbBC|AbC|AbB|bBC|Ab|bC|bB|a

A→AB|BC|B|C|caB|ca

B→Ca|a|b

C→Bc|c|a

(注:上述文法已消除了有害规则 A→A)。

应说明的是,如果文法 G[S]所定义的语言 L(G[S])含有空串 ε,则无论进行怎样的等价变换,都不可能完全消除 ε-产生式(因为至少应该保留使 $S\overset{+}{\Rightarrow}\varepsilon$ 成立的规则,如 S→ε,这是由语言本身所决定的);而此时如果允许将文法 G[S]改造成 G′[S],使 L(G′[S])=L(G[S])-{ε},则可以通过上述算法使 G′[S]不含任何 ε-产生式,当然此时文法 G′[S]与 G[S]不完全等价。

(2)文法直接左递归的消除

许多文法具有左递归的原因是文法含有形如

U→Ux|y

的产生式。因此只要能够改写这种规则,使文法不含有直接左递归的非终结符,便可消除这类文法的左递归。

1)采用 EBNF 表示法消除文法的直接左递归

在 2.4 节,对形如 U→Ux|y 的规则,如果采用 EBNF 的花括号"{}"表示,便可等价地改写为

U→y{x}

因此采用 EBNF 表示可以消除直接左递归。

例 2.13 采用 EBNF 表示法消除下列文法的左递归:

G[A]:

A→#B#

B→B+C|C

C→C*a|a

G[N]:

N→ND|D

D→0|1|…|9

文法 G[A]和 G[N]的左递归都是由直接左递归引起的。因此只要消除直接左递归便可消除文法的左递归。

①考查文法 G[A],其后两个规则是直接左递归规则。如上所述,利用 EBNF 表示法的花括号{},可将这两个规则改写成非递归规则。

于是,得文法 G[A]的 EBNF 表示为:

G′[A]:A→#B#

B→ C{+C}

C→ a{*a}

显然,文法 G′[A]是非递归的,且与 G[A]等价。

②考查文法 G[N],显然规则 N→ND 是左递归规则。与①类似,利用 EBNF 表示法的花括号{},改写该规则,最后得文法的 EBNF 表示为:

G′[N]:N→D{D}

D→0|1|…|9

显然,G[N]的等价文法 G′[N]也是非递归的。

2)引入新的非终结符消除文法的直接左递归

容易证明,对形如

$$U \to Ux|y$$

的产生式(其中 $x,y \in V^+$,y 不以 U 开头),引入一个新的非终结符 U'后,可以等价地改写为

$$U \to yU'$$
$$U' \to xU'|\varepsilon$$

显然改写后,U 和 U'都不是左递归的非终结符。因此采用此方法可以消除文法的直接左递归。

例 2.14　已知算术表达式文法 G[E]:

$$E \to E+T|T$$
$$T \to T*F|F$$
$$F \to (E)|i$$

消除文法的左递归。

对文法 G[E]来说,只要消除前两个规则的直接左递归,文法的左递归便可消除。

分别引入非终结符 E'、F',则根据上述方法,

规则　$E \to E+T|T$

可改写为　$E \to TE'$

$E' \to +TE'|\varepsilon$

同理,　规则　$T \to T*F|F$

可改写为　$T \to FT'$

$T' \to *FT'|\varepsilon$

因此,消除左递归后,文法 G[E]可以等价地改写为

$G'[E]$:　$E \to TE'$

$E' \to +TE'|\varepsilon$

$T \to FT'$

$T' \to *FT'|\varepsilon$

$F \to (E)|i$

一般来说,若文法 G[S]的关于 U 的所有规则为

$$U \to Ux_1|Ux_2|\cdots|Ux_m|y_1|y_2|\cdots|y_n$$

其中,$x_i,y_j \in V^+$,且 y_j不以 U 开头($i=1,2,\cdots,m;j=1,2,\cdots,n$)。则可引入一个新的非终结符 U',将上述规则等价地改写成以下规则,从而消除文法的直接左递归:

$$U \to y_1U'|y_2U'|\cdots|y_nU'$$
$$U' \to x_1U'|x_2U'|\cdots|x_mU'|\varepsilon$$

(3)文法一般左递归的检测和消除

由递归文法的定义知道,文法的左递归性除了由文法的直接左递归规则引起以外,还可由间接左递归引起,即含有间接左递归的非终结符是导致文法左递归性的另一基本原因。

例如,对文法 G[S]:

$$S \to Ux|y$$
$$U \to Sz$$

因有推导 $S\Rightarrow Ux\Rightarrow Szx$，所以 S 是(间接)左递归的非终结符，文法 G[S]具有左递归性。

对于间接左递归，由于不像直接左递归那样一目了然，因此首先存在如何判断的问题，其次才是怎样消除的问题。下面我们分别进行讨论。

1)(间接)左递归的判断

头符号集：设有文法 $G[S]=(V_N, V_T, P, S)$，则 V_N 上的头符号集 HEAD(U)定义为：

$$HEAD(U)=\{A \mid U \overset{+}{\Rightarrow} A\cdots, U, A\in V_N\}$$

例如，对文法 G[S]：

$S\rightarrow Ux\mid y$

$U\rightarrow Sz$

因为有 $S\Rightarrow Ux$ 和 $S\Rightarrow Ux\Rightarrow Szx$，所以 $HEAD(S)=\{S,U\}$；

因为有 $U\Rightarrow Sz$ 和 $U\Rightarrow Sz\Rightarrow Uxz$，所以 $HEAD(U)=\{S,U\}$。

事实上，HEAD(U)是指从非终结符 U 出发能够推导出的所有符号串中，处于符号串头的非终结符号的集合。

下面给出求头符号集 HEAD(U)的一般算法：

设文法 G[S]不含 ε-规则，并设初值 $HEAD(U)=\Phi$，则

①考查文法的所有规则，若文法中有形如 $U\rightarrow A\cdots$ 的规则，则 $A\in HEAD(U)$；

②若 $P\in HEAD(U)$，则 $HEAD(P)\in HEAD(U)$；

③重复②，直到 HEAD(U)不再增大为止。

例 2.15 已知文法 G[A]：

$A\rightarrow Bcd\mid dD$

$B\rightarrow AB\mid b$

$C\rightarrow c$

$D\rightarrow AD\mid DB\mid Ca$

求所有非终结符的头符号集。

首先令各非终结符的头符号集为空。

①根据文法 G[A]的规则，可得：

$B\in HEAD(A), A\in HEAD(B), A,C,D\in HEAD(D)$

于是有 $HEAD(A)=\{B\}$

$HEAD(B)=\{A\}$

$HEAD(C)=\{\}$

$HEAD(D)=\{A,C,D\}$

②因为 $HEAD(A)=\{B\}$ 所以 $HEAD(B)\in HEAD(A)$

故 $HEAD(A)=\{A,B\}$

同理，$HEAD(B)=\{A,B\}$

$HEAD(D)=\{A,B,C,D\}$

③重复②，因各头符号集不再增大，故对文法 G[A]，有

$HEAD(A)=\{A,B\}$，$HEAD(B)=\{A,B\}$，$HEAD(C)=\{\}$，

$HEAD(D)=\{A,B,C,D\}$。

显然，对文法 $G[S]=(V_N, V_T, P, S)$ 和任一非终结符 $U \in V_N$，若

$$U \in HEAD(U),$$

则 U 为左递归的非终结符号，G[S]为左递归文法。

需说明的是，通过头符号集可以检测出文法的所有左递归的非终结符，不论是直接左递归的还是间接左递归的。

根据头符号集，对例 2.15 中的文法，A，B，D 为左递归的非终结符，其中 D 为直接左递归的非终结符，文法 G[A]是左递归文法。

2)（间接）左递归的消除

可以采用以下算法消除文法的一切左递归：

设文法 G[S]没有回路，即不存在形如 $U \overset{+}{\Rightarrow} U$ 的推导，且不含 ε-规则。

①将文法 G[S]的所有非终结符按任一种顺序排列为 $U_1, U_2, \cdots, U_n$；

②执行循环语句：

```
for (i=1;i<=n;i++){
  for (j=1;j<=i-1;j++){
    if (G[S]存在形如 Ui→Ujy 的规则(i≠j)){
      按如下方法改写该规则：
        若关于 Uj的所有规则为
          Uj→x1|x2|…|xn
        则 Ui→x1y|x2y|…|xny   }
    }
    若 Ui规则存在直接左递归，则消除之
}
```

该算法实际上是通过迭代，按排列顺序依次改变各非终结符的文法规则，使每个非终结符的所有规则的右部只可能用其本身或排在其后的非终结符开头，从而使间接左递归直接化，然后消除该直接左递归，直至所有非终结符的规则改造完毕为止。

例 2.16　消除文法 G[A]：

$A \rightarrow Bcd \mid dD$

$B \rightarrow AB \mid b$

$C \rightarrow c$

$D \rightarrow AD \mid DB \mid Ca$

的左递归。

①将 G[A]的非终结符按 A，B，C，D 的顺序排列；

②按算法，n=4，跟踪运行如下：

当 i=1 时，不能进入 j 循环，且规则 $A \rightarrow Bcd \mid dD$ 不存在直接左递归，故不改变文法；

当 i=2，j=1 时，改写规则 $B \rightarrow AB$：

因为 $A \rightarrow Bcd \mid dD$，所以 $B \rightarrow AB$ 可改写为 $B \rightarrow BcdB \mid dDB$。

于是 B 规则变为：

$B \rightarrow BcdB \mid dDB \mid b$

消除关于 B 的直接左递归，则文法 G[A]变换为：

$A \to Bcd \mid dD$

$B \to dDBB' \mid bB'$

$B' \to cdBB' \mid \varepsilon$

$C \to c$

$D \to AD \mid DB \mid Ca$

当 i=3，j=1 或 j=2 时，由于关于 C 的规则，其右部不以 A，B 开头，且 C 规则没有直接左递归，故不改变文法；

当 i=4，j=1 时，改写规则 $D \to AD$：

因为 $A \to Bcd \mid dD$，所以 $D \to AD$ 可改写为：$D \to BcdD \mid dDD$

故 D 规则变为：$D \to BcdD \mid dDD \mid DB \mid Ca$

j=2 时，改写规则 $D \to BcdD$：

因为 $B \to dDBB' \mid bB'$，

所以 $D \to BcdD$ 可改写为：$D \to dDBB'cdD \mid bB'cdD$

于是，D 规则变为：$D \to Ca \mid DB \mid dDBB'cdD \mid bB'cdD \mid dDD$

j=3 时，改写规则 $D \to Ca$：

因为 $C \to c$，所以 $D \to Ca$ 可改写为：$D \to ca$

于是 i=4 迭代完后，D 规则为：

$D \to DB \mid dDBB'cdD \mid bB'cdD \mid dDD \mid ca$

消除 D 规则的直接左递归，则最后得到文法 G[A]的消除了所有左递归的等价文法 G′[A]为：

$A \to Bcd \mid dD$

$B \to dDBB' \mid bB'$

$B' \to cdBB' \mid \varepsilon$

$C \to c$

$D \to dDBB'cdDD' \mid bB'cdDD' \mid dDDD' \mid caD'$

$D' \to BD' \mid \varepsilon$

显然，该方法可一并消除文法的所有左递归。

2.6 文法和语言的分类

在 2.2 节中首次给出了文法的定义：$G[S]=(V_N, V_T, P, S)$，其中规则集 P 中的规则均是具有以下形式的有序对(U，x)，通常记为

$U \to x$ 或 $U ::= x$

其中，$U \in V_N$，$x \in V^*$。

但如果仅有这种文法，所描述的语言是十分有限的。例如：语言 $L(G)=\{a^n b^n c^n \mid n \geq 1\}$ 就不能由这种文法来定义。因此必须引进其他类型的文法。

Chomsky(乔姆斯基)根据文法规则集 P 中规则的不同，将文法及其所定义的语言分为 4

类:0 型、1 型、2 型、3 型。从 0 型、1 型、2 型到 3 型文法，对规则的限制条件逐渐增加，因而对语言的描述能力逐步降低。前面所熟悉的由 BNF 组成的文法，就是其中的 2 型或 3 型文法。

2.6.1　0 型文法与 0 型语言

定义 2.12　若文法 $G[S]=(V_N,V_T,P,S)$ 中的每个规则形如：

$u \to v$，其中，$u \in V^+$ 且至少含有一个非终结符，$v \in V^*$

则称 G[S]为 0 型文法，其所描述的语言为 0 型语言，记为 L_0。

0 型文法常称为短语结构文法。

由定义可见，这种文法的规则左部和右部均为由终结符号和非终结符号组成的符号串，除了规定规则的左部至少含有一个非终结符外，没有任何限制。因此 0 型文法也称为无限制性文法，其相应的语言称为无限制性语言。

例 2.17　设有文法 $G[S]=(V_N,V_T,P,S)$，

其中，　$V_N=\{S,B,C,D\}$，

$V_T=\{a,b,c\}$，

$P=\{$ $S \to ACaB$

$Ca \to aaC$

$CB \to DB$

$CB \to E$

$aD \to Da$

$AD \to AC$

$aE \to Ea$

$AE \to \varepsilon$　$\}$

可以看到，该文法各规则的左部至少包括一个非终结符，因而满足 0 型文法的条件。故该文法为 0 型文法。

其定义的 0 型语言为 $L_0=\{a^{2^i} \mid n \geqslant 0\}$。

2.6.2　1 型文法与 1 型语言

定义 2.13　若文法 $G[S]=(V_N,V_T,P,S)$ 中的每个规则形如：

$xUy \to xuy$，其中，$U \in V_N$，$u \in V^+$，$x,y \in V^*$

则称 G[S]为 1 型文法，其所描述的语言为 1 型语言，记为 L_1。

由定义可见，1 型文法的规则左部的 U 和右部的 u 具有相同的上文 x 和下文 y，即利用该规则进行推导时，要用 u 替换 U，必须在前有 x 和后有 y 的情况下才能进行，故 1 型文法又称上下文有关文法，其描述的语言称为上下文有关语言。

可见，1 型文法是在 0 型文法的基础上，加上上下文的限制而得到的。因此，1 型文法是 0 型文法的特例，故 1 型语言是 0 型语言的子集。即

$$L_0 \supset L_1$$

另外，需要说明的是：

①在上述定义中，$u \in V^+$，$x,y \in V^*$，因而对 1 型文法来说，任何规则的右部 xuy 都不可能是空串或推导出空串 ε，故严格讲 $\varepsilon \notin L_1$。但是有时也将上述条件放宽，即允许形如 $S \to \varepsilon$ 的产

生式作为惟一的例外包含在1型文法G[S]中，条件是S不得出现在任何规则的右部。

②由上述定义，因为$|U|=1$，$|u|\geqslant 1$，因而有$|xUy|\leqslant|xuy|$，故我们可以采用如下的等价定义：

如果文法$G[S]=(V_N,V_T,P,S)$中的每个规则的右部符号串的长度都大于或等于规则左部的符号串长度，则该文法为1型文法。

例 2.18　设有文法$G[S]=(V_N,V_T,P,S)$，其中，

$V_N=\{S\}$，

$V_T=\{a,b\}$，

P={S→aSBC

S→aBC

CB→CB′

CB′→BB′

BB′→BC

aB→ab

bB→bb

bC→bc

cC→cc　}

根据定义2.13，该文法为1型文法，其定义的1型语言为$L_1=\{a^n b^n c^n|n\geqslant 1\}$。

将规则 CB→CB′

CB′→BB′

BB′→BC

合并为CB→BC可得到G[S]的等价文法G′[S]：

S→aSBC

S→aBC

CB→BC

aB→ab

bB→bb

bC→bc

cC→cc

文法G′[S]满足1型文法的等价定义，故G′[S]也为1型文法。

2.6.3　2型文法与2型语言

定义 2.14　若文法$G[S]=(V_N,V_T,P,S)$中的每个规则形如：

U→u，　其中，$U\in V_N$，$u\in V^*$

则称G[S]为2型文法，其所描述的语言为2型语言，记为L_2。

可见，2型文法是在1型文法的基础上，将上文和下文同时设为“空”而得到的，故利用规则用u替换U时，无须考虑上下文的情况。因此，2型文法又称为上下文无关文法，其定义的语言称为上下文无关语言。

由于2型文法是1型文法的特例，故2型语言是1型语言的子集。即

$L_1 \supset L_2$

当然，这里的 L_1 应是扩充后的 1 型文法所描述的语言（严格讲，$\varepsilon \in L_2$，而 $\varepsilon \notin L_1$，故 $L_1 \cup \{\varepsilon\} \supset L_2$）。

由于程序设计语言的语法结构大多可用上下文无关文法来描述，因此 2 型文法是我们研究的主要对象。

例 2.19　设有文法 $G[S]=(V_N, V_T, P, S)$，

其中，　$V_N=\{S\}$，

$V_T=\{a, b\}$，

$P=\{\ S \to aSb$

$S \to \varepsilon\ \}$

该文法各规则的左部都只有一个非终结符，因而是上下文无关的，故该文法为 2 型文法。

该文法所描述的 2 型语言为：$L_2=\{a^n b^n \mid n \geqslant 0\}$

2.6.4　3 型文法与 3 型语言

定义 2.15　若文法 $G[S]=(V_N, V_T, P, S)$ 中的每个规则形如：

$U \to \alpha B$ 或 $U \to \alpha$，　其中，$U \in V_N$，$\alpha \in V_T^*$

则称 G[S]为右线性文法。类似地，

若文法 $G[S]=(V_N, V_T, P, S)$ 中的每个规则形如：

$U \to B\alpha$ 或 $U \to \alpha$，　其中，$U \in V_N$，$\alpha \in V_T^*$

则称 G[S]为左线性文法。

通常，左线性文法和右线性文法统称为 3 型文法，或正则文法、正规文法，其所描述的语言称为 3 型语言或正则语言、正规语言，记为 L_3。

由定义可见，3 型文法是在 2 型文法的基础上对规则右部加上一些限制而得到的，因而有

$L_2 \supset L_3$

3 型文法是最简单的一种文法，程序设计语言的单词结构可用 3 型文法来描述。因此 3 型文法也是我们常用的文法。

例 2.20　设有文法 $G[S]=(V_N, V_T, P, S)$，其中，

$V_N=\{S, A\}$，

$V_T=\{a, b\}$，

$P=\{\ S \to aA$

$A \to abA$

$A \to a\ \}$

显然，该文法的各规则满足 3 型文法中右线性文法的限制条件，故该文法为右线性文法。

该文法所确定的 3 型语言为：$L_3=\{a(ab)^n a \mid n \geqslant 0\}$

例 2.21　设有文法 $G[S]=(V_N, V_T, P, S)$，其中，

$V_N=\{S, A\}$，

$V_T=\{a, b\}$，

$P=\{\ S \to Aa$

$A \to Aab$

$A \to a$ }

显然，该文法的各规则满足3型文法中左线性文法的限制条件，故该文法为左线性文法。

该文法所确定的3型语言与例2.20相同，因而该文法与上例文法等价。

综上所述，从0型文法、1型文法、2型文法到3型文法，由于对规则的限制逐渐增加，因而对语言的描述能力逐步降低。如果1型文法采用扩充后的定义，则对4类文法所对应的语言，有

$$L_0 \supset L_1 \supset L_2 \supset L_3$$

由于程序设计语言的语法结构和单词结构大多可以通过2型文法和3型文法描述，因此在以后的章节中将主要涉及2型文法和3型文法。

2.7 正则表达式与正则集

2.7.1 正则表达式和正则集

由2.6知道，程序设计语言的单词结构属于3型语言，而3型语言(正则语言、正规语言)可用3型文法来描述。下面将看到，正则表达式是描述3型语言的另一有效工具。

正则表达式也称正则式或正规式，与其对应，正则式所描述的3型语言又称为正则集或正规集。

以下是正则式及其所表示的正则集的递归定义：

定义 2.16 设有字母表Σ，则

①ε，Φ都是Σ上的正则式，它们所表示的正则集分别为{ε}，Φ；

②任何$a \in \Sigma$都是Σ上的正则式，它所表示的正则集为{a}；

③若e_1和e_2是Σ上的正则式，它们所表示的正则集分别为$L(e_1)$和$L(e_2)$，则，(e_1)、$e_1|e_2$、e_1e_2和e_1^*也是正则式，它们所表示的正则集分别为$L(e_1)$、$L(e_1) \cup L(e_2)$、$L(e_1)L(e_2)$和$(L(e_2))^*$。

例 2.22 设有字母表Σ={a,b}，则Σ上的正则式及相应的正则集举例如下：

正则式	正则集
ε	{ε}
Φ	Φ
a	{a}
a|b	{a,b}
ab	{ab}
a^*	{ε,a,aa,aaa,…}
$(a\|b)^*$	{ε,a,b,aa,ab,ba,bb…}
$(a\|b)^*(aa\|bb)(a\|b)^*$	{以a,b的任意串开头、a,b的任意串结尾由aa或bb所组成的任意符号串}

利用正则表达式，可以很方便地描述正则语言。

例如，<数字串>可用Σ={<数字>}上的正则表达式：

$$e_1 = \text{<数字><数字>}^*$$

来描述；

<标识符>可用 Σ={<字母>,<数字>}上的正则表达式：

$$e_2 = \text{<字母>(<字母>|<数字>)}^*$$

来描述。

若用 l 代表<字母>，d 代表<数字>，则以上两个正则式可简写为：

$\Sigma=\{d\}$，　$e_1 = dd^*$

$\Sigma=\{l,d\}$，$e_1 = l(l|d)^*$

它们对应的正则集分别为：

$L(e_1)=\{d,dd,ddd,\cdots\}$长度至少为 1 的任意数字串的集合

$L(e_2)=\{l,ll,ld,\cdots\}$　以字母开头的字母与数字的任意串的集合

应该指出，正如文法和语言的关系一样，正则式与正则集不是一一对应的关系，而是多对一的关系。因此，与等价文法的定义类似，若两个正则式 e_1 和 e_2 所描述的正则集相同，则称这两个正则式是等价的，记为：$e_1 = e_2$。

例如，正则式 $b(ab)^*$ 和 $(ba)^*b$，都描述以 b 开头其后跟任意多个（含 0 个）ab 所组成的符号串的集合。因此，正则式 $b(ab)^*$ 和 $(ba)^*b$ 是等价的，即 $b(ab)^*=(ba)^*b$。

以下是正则式之间的一些基本的等价关系：

设 r,s,t 为正则式，则

①$r|s=s|r$　　⑦$r\Phi=\Phi r=r$

②$r|r=r$　　⑧$\varepsilon r=r\varepsilon=r$

③$r|\Phi=r$　　⑨$(r^*)^*=r^*$

④$(r|s)|t=r|(s|t)$　　⑩$r|r^*=r^*$

⑤$(rs)t=r(st)$

⑥$r(s|t)=rs|rt$

　$(s|t)r=sr|tr$

2.7.2　正则表达式和正则文法

一个正则语言（正则集）既可以用正则文法定义，也可以用正则表达式定义。有些正则语言易于用文法描述，而有些正则语言易于用正则式表示。下面介绍正则文法和正则表达式之间的转换算法。

(1)将正则文法转换成正则式

由正则文法构造正则式可以采用以下两种方法：

1)先求正则文法所定义的正则语言（正则集），再通过正则集求正则式。

例如，对右线性文法 G[X]：

$$X \rightarrow aX|b$$

其定义的正则语言为 $L(G)=\{b,ab,aab,aaab,\cdots\}$

$$=\{a^n b|n\geqslant 0\}$$

由此，可得相应的正则式为 a^*b。

显然，该方法适用于正则语言简单且易于用正则式表示的情况。

2)解方程法

①将正则文法的各产生式按下述方法改造成方程式:用“+”代替“|”,用“=”代替“→”;

②联立求解方程组,得关于各非终结符的等式(等式右部尽可能用该非终结符本身表示);

③将形如 $A=rA+t$ 或 $A=Ar+t$(其中 $A\in V_N$,$r,t\in V_T^*\cup\{(,),+\}$)的等式,转换为相应非终结符 A 的正则式,分别为:

$A=r^*t$ 或 $A=tr^*$

注意:其中,r,t 中的“+”应换成“|”。

④通过迭代求得关于文法开始符号的正则式。

例 2.23 已知正则文法 $G[S]=(V_N,V_T,P,S)$,

其中, $V_N=\{S,A\}$,

$V_T=\{a,b\}$,

$P=\{$ S→aA

A→abA

A→a $\}$

求描述同一正则语言的正则式。

改造各产生式,得方程组:

$$S=aA \quad (1)$$

$$A=abA+a \quad (2)$$

由方程(2),可得到关于 A 的正则式:

$$A=(ab)^*a \quad (3)$$

代入(1),得文法开始符号 S 的正则式:

$$S=a(ab)^*a$$

故与文法 G[S]相应的正则式为 $a(ab)^*a$。

(2)将正则表达式转换成正则文法

将正则表达式转换成正则文法是上述过程的逆过程。因此相应地可采用以下两种方法:

1)先求正则式所描述的正则集(正则语言),再通过正则集构造正则文法。

例如,对正则式 ba^*,其描述的正则集为:

$L(ba^*)=\{b,ba,baa,\cdots\}$

故可构造定义该语言的正则文法 G[S]为:

S→Sa|b

2)分解转换法:

将正则式逐次分解成 r、r|t、rt、r^*t、tr^*、rt 的形式,其中,r,t 也为正则式。然后根据优先顺序按以下方法处理:

①形如 r 的正则式可转换成形如 A→r 的规则;

②形如 r|t 的正则式可转换成形如 A→r|t 的规则;

③形如 rt 的正则式可转换成形如 A→rt 的规则;

④形如 r^*t 的正则式可转换成形如 A→rA|t 的规则,而形如 tr^* 的正则式可转换成形如 A→Ar|t 的规则。

最后合并成关于文法开始符号 S 的规则。

例 2.24 将以下正则式转换成相应的正则文法，使它们描述同一正则语言（正则集）：

(1)$ab(a|b)^*(aa|bb)$；

(2)$a^*b|ab^*$。

解： (1)令 $e=ab(a|b)^*(aa|bb)$，将 e 分解成两个部分：$e=abe_1$，其中 $e_1=(a|b)^*(aa|bb)$。

考虑 $e1=(a|b)^*(aa|bb)$，按④将其转换成规则 $A\to(a|b)A|(aa|bb)$，即 $A\to aA|bA|aa|bb$；

再考虑 $e=abe_1$，按③将其转换成规则 $S\to abA$

于是，正则式 $ab(a|b)^*(aa|bb)$ 可转换为正则文法：

$$G[S]=(V_N,V_T,P,S),$$

其中， $V_N=\{S,A\}$，

$V_T=\{a,b\}$，

$P=\{\ S\to abA$

$A\to aA|bA|aa|bb\ \}$

G[S]是右线性文法，可以证明，该文法所描述的语言与正则式 $ab(a|b)^*(aa|bb)$ 所描述的正则集相同。同理，可将正则式转换为左线性文法。

(2)令 $e=e_1|e_2$，其中，$e_1=a^*b$，$e_2=ab^*$。

下面考虑转换成左线性文法的情况：

考查 $e_1=a^*b$，令 $e_1=e_3b$，其中 $e_3=a^*$，

按④，正则式 $e_3=a^*$ 可转换为规则 $A\to Aa|\varepsilon$，然后，

按③，正则式 $e_1=a^*b$ 可转换为规则 $B\to Ab$；

考查 $e_2=ab^*$，

按④，正则式 $e_2=ab^*$ 可转换为规则 $C\to Cb|a$；

最后，考虑 $e=e_1|e_2$，

按②，正则式 $e=a^*b|ab^*$ 可转换为规则 $S\to B|C$

故，正则式 $e=a^*b|ab^*$ 可转换为左线性文法：

$G[S]=(V_N,V_T,P,S)$，

其中， $V_N=\{S,A,B,C\}$，

$V_T=\{a,b\}$，

$P=\{\ S\to B|C$

$B\to Ab$

$A\to Aa|\varepsilon$

$C\to Cb|a\ \}$

习 题 2

2-1 设 A 为符号串集合，证明

$$A^+=AA^*=A^*A$$

2-2　设有字母表 $\Sigma=\{a,b,c\}$，分别求 Σ^{+} 和 Σ^{*}。

2-3　已知算术表达式文法 G[E]：

E→E+T|T

T→T*F|F

F→(E)|i

求符号串 i*i 的最左推导、最右推导、最左归约、最右归约。

2-4　设有文法 G[A]：

A→bA|cc

判断符号串 bbc，bbbcc，bbA，bbAc 是否是 G[A]的句型或句子。

2-5　分别求下列文法所描述的语言：

①G_1[S]：

S→aaSbb|ε

②G_2[S]：

S→10S0|aA

A→bA|a

③G_3[S]：

S→SS|1A0

A→1A0|ε

2-6　分别对下列语言构造相应的文法：

①可以以 0 开头的所有正偶数的集合；

②不以 0 开头的所有奇数的集合；

③能被 5 整除的所有整数的集合；

④以 a 开头、b 结尾的 $\Sigma=\{a,b\}$上的任意符号串的集合；

⑤$\{a^n \# b^n \mid n\geqslant 0\}\cup\{c^n \# d^n \mid n\geqslant 0\}$；

⑥$\{1^n0^m1^m0^n \mid m,nn\geqslant 0\}$；

⑦$\{w \# w^r \# \mid w\in\{0,1\}^*$，$w^r$表示将 w 中的符号按逆序排列所得的符号串$\}$；

2-7　已知算术表达式文法 G[E]（见题 2-3），根据定义求句型 E+i*i 的短语、简单短语和句柄。

2-8　分别写出一个描述如下语言的非左递归文法和非右递归文法：

{s;，s;s;，s;s;s;，…}

并分别给出句子 s;s;的最左推导、最右推导和相应的语法树。

2-9　已知算术表达式文法 G[E]（见题 2-3），根据语法树求句型 E+i*i 的短语、简单短语和句柄。

2-10　证明以下文法为二义性文法：

①G[S]：

S→iSeS|iS|i

②G[<表达式>]：

<表达式>→i|(<表达式>)|<表达式><运算符><表达式>

<运算符>→+|-|*|/

2-11　设有文法 G[A]：

$A \rightarrow AA \mid (A) \mid \varepsilon$

①求该文法所定义的语言；

②证明该文法为二义性文法。

2-12　设有文法 G[A]：

$A \rightarrow \# B \#$

$B \rightarrow B + C \mid C$

$C \rightarrow C * a \mid a$

①至少采用两种 EBNF 表示法改写该文法；

②用语法图表示该文法。

2-13　改造下列文法，使满足文法的实用限制：

①$G_1[S]$：

$S \rightarrow Bab \mid cC$

$B \rightarrow b \mid bS$

$C \rightarrow Da$

$D \rightarrow Cb \mid CDa$

②$G_2[S]$：

$S \rightarrow aSab \mid bAB$

$A \rightarrow bB \mid a$

$B \rightarrow aA \mid b$

$C \rightarrow abB \mid baA$

$D \rightarrow Cbc \mid abc$

2-14　设有文法 G[S]：

$S \rightarrow aS \mid abA$

$A \rightarrow cB \mid bA \mid \varepsilon$

$B \rightarrow e \mid \varepsilon$

消除文法中的 ε 规则。

2-15　设有文法 G[S]：

$S \rightarrow a \mid (T) \mid \wedge$

$T \rightarrow T, S \mid S$

分别用两种方法消除文法的直接左递归。

2-16　检测下列文法是否是左递归文法，若是，则消除文法的左递归：

①$G_1[S]$：

$S \rightarrow Qc \mid Rd \mid c$

$Q \rightarrow Rb \mid Se \mid b$

$R \rightarrow Sa \mid Qf \mid a$

②$G_2[S]$：

$S \rightarrow AaB \mid a$

$A \rightarrow BA \mid \varepsilon$

B→SbB|ε

2-17　设有3型文法G[Z]：

Z→U0|V0

U→Z1|1

V→Z0|0

和G[A]：

A→aA|B|ε

B→bB|a

①分别求与文法相应的正则式；

②分别由正则式求正则集；

③分别求与文法G[Z]等价的右线性文法G′[Z]和与文法G[A]等价的左线性文法G′[A]。

2-18　设有正则表达式

(a|c|ba|bc)*(b|ε)

分别构造与该正则式相应的左线性文法和右线性文法。

第3章 有限自动机

3.1 状态转换图

3.1.1 状态转换图的定义

使用状态转换图是设计词法分析程序的一种好方法。

定义 3.1 状态转换图是为了识别的符号串而设计的一种有限方向图。在状态转换图中,结点代表状态,用圆圈表示。状态之间用箭弧连结,箭弧上的标记(符号)代表在射出结(即箭弧始结)状态下可能出现的输入符号或符号类。一张转换图只包含有限个状态,即有限个结点,其中至少有一个初态(用带有粗线箭头"→"的圆圈表示),并且有若干终态(用双圈表示)。

状态和状态之间存在着一种转换关系。处在某一个状态,当读入一个符号时,则使状态改变为另一个状态,从而形成了状态转换,改变后的状态称为后继状态。状态转换有 3 种情形:

①后继状态为自身;

②后继状态为一个;

③后继状态为若干个。

状态转换图这个名称的由来就是指当前状态在某一输入符号下转换为另一个状态,状态转换图中每一条箭弧均表示一个转换关系。

例 3.1 在图 3.1 中,在状态 0 下,若输入符号为 a,则读进 a,并转换到状态 1,若输入符号为 b,则读进 b,并转换到状态 2。其中,0 为初态,1、2 为 0 的后继状态,3 为终态。

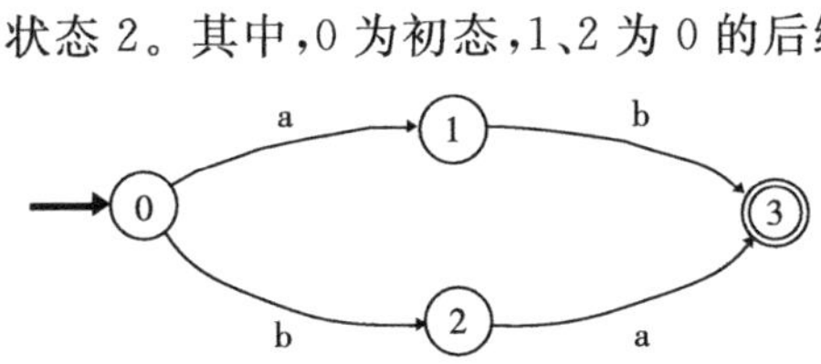

图 3.1

此外,还有一种特殊的状态转换图,它的箭弧上可以标记空符号串 ε,把它称为转换图。

3.1.2 使用状态转换图来识别符号串

在状态转换图中,从某一初态结点到某一终态结点的结点序列称为路。对于某一符号串 β,若存在一条路产生 β,则称符号串 β 能被该状态转换图识别(或接受),否则符号串 β 不能被该状态转换图识别。被状态转换图所识别的符号串集合记为 L(TG)。一个能被状态转换图识别的符号串必须能从状态转换图的初态开始,沿着箭弧的方向一直进行到终态。

例 3.2　识别标识符的转换图如图 3.2 所示。其中 0 为初态,2 为终态。这个状态转换图识别(接受)标识符的过程是:从初态 0 开始,如果在状态 0 之下输入符号是一个字母,则读进它,并转入状态 1。在状态 1 之下,若下一个输入符号为字母或数字,则读进它,并重新进入状态 1。一直重复这个过程,直到状态 1 发现输入符号不再是字母或数字时,就进入状态 2,应该注意的是,这个输入符号也已被读进。状态 2 是终态,它意味着到此已识别出一个标识符,识别过程宣告终止。终态结上打个星号 * 意味着多读进了一个不属于标识符部分的符号,应该把它退还给输入串。如果在状态 0 时输入符号不为"字母",则意味着识别不出标识符。

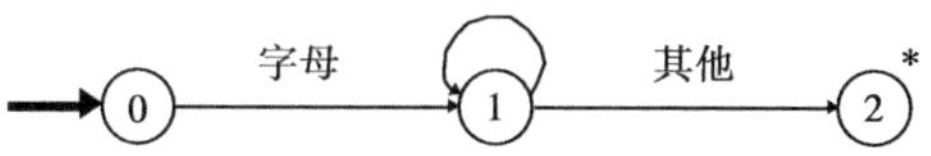

图 3.2　识别标识符的转换图

3.1.3　状态转换图的实现

状态转换图非常容易用程序实现。最简单的办法是让每个状态结对应一小段程序。

对于不含回路的分叉结来说,可让它对应一个 CASE 语句或一组 IF…THEN…ELSE 语句。对于含回路的状态结来说,可让它对应一个由 WHILE 语句或由 IF 语句与 GOTO 语句配合组成的程序段。终态结一般对应一个出口或返回语句,如 RETURN 语句,以便能从扫描程序返回到语法分析程序或其他调用程序。

例 3.3　对于状态转换图 3.2 可有如下程序。

```
STATE 0：    GETCHAR;
             IF  LETTER  THEN  GOTO  STATE 1
             ELSE  FAILURE;
STATE 1：    GETCHAR;
             WHILE  LETTER  OR  DIGIT  DO
             GETCHAR;
STATE 2：    RETURN;
FAILURE：    出错处理程序;
```

其中,GETCHAR 是读进下一个输入符号的子程序过程;LETTER 和 DIGIT 分别判断输入的符号是否为字母和数字的布尔函数过程,它们给出真值 TRUE 或假值 FALSE。这些函数和子程序过程都不难编制,使用它们能够方便地构造状态转换图的对应程序。

3.2　确定有限自动机

3.2.1　有限自动机

有限自动机(FA)可以看作是由一个带有读头的有限控制器和一条字符输入带组成,如图 3.3 所示。

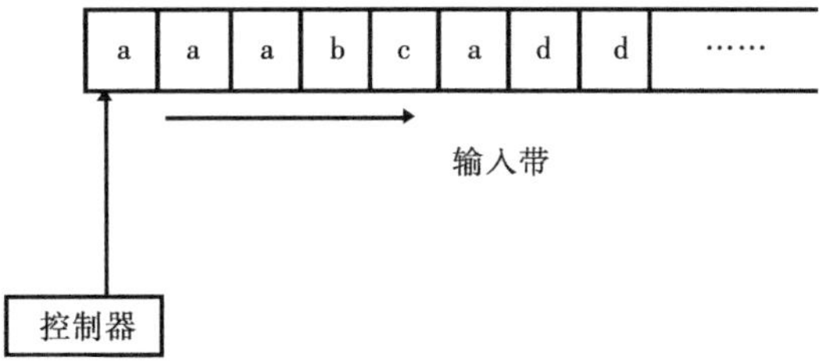

图 3.3　有限自动机(FA)

控制器的读头从左到右扫描输入带,每当从输入带上读到一个符号时,便引起控制器状态的改变,同时读头右移一个符号位。一个有限自动机的工作状态可以用状态转换图来描述。有限自动机分为确定有限自动机和非确定有限自动机,将在后面的内容中详细讨论。

3.2.2　确定有限自动机的定义

定义 3.2　一个确定的有限自动机(DFA)M_D是一个五元组

$$M_D = (S, \Sigma, f, S_0, Z)$$

其中

①S 是一个非空有限集,S 中的每个元素称为一个状态;

②Σ是一个有穷输入字母表,Σ中的每个元素称为一个输入符号;

③f 是一个从 $S\times\Sigma$ 至 S 的单值转换函数。$f(s,a)= s''$表示:若当前状态为 s,当输入符号为 a 时,将转换到下一个状态 s'',即 s''是 s 的一个后继状态。用状态转换图表示即为:

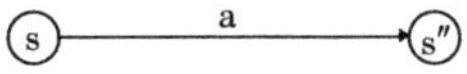

④$S_0\in S$,是惟一的一个初态;

⑤$Z\subset S$,是一个终态集。

由定义可见,确定有限自动机只有一个初态,可以有若干个终态,而且每个状态结的射出的箭弧互不相同,即后继状态是单值的。

确定有限自动机的确定性表现在转换函数 $f:S\times\Sigma\rightarrow S$ 是一个单值函数。也就是说,对任何状态 $s\in S$ 和输入符号 $a\in\Sigma$,$f(s,a)$惟一地确定了下一个状态。

为强调起见,当某个 DFA 的输入字母表为Σ时,可以称该 DFA 为Σ上的一个 DFA。

3.2.3　确定有限自动机的表示

一个确定有限自动机可以用一个矩阵来表示,该矩阵的行表示状态,列表示输入符号,矩阵的元素表示转换函数 f(s,a)的值,这个矩阵称为状态转换矩阵。

例 3.4　有一个确定有限自动机

$$M_D = (S,\Sigma,f,S_0,Z)$$

其中：

$S=\{0,1,2,3\}$，即含有 4 个状态；

$\Sigma=\{a,b\}$，即允许输入的符号为 a 和 b；

$S_0=0$，即初态为 0；

$Z=\{3\}$，即终态集为 3。

其转换函数 f 为：

$f(0,a)=1$　　$f(0,b)=2$

$f(1,a)=3$　　$f(1,b)=2$

$f(2,a)=1$　　$f(2,b)=3$

$f(3,a)=3$　　$f(3,b)=3$

该确定有限自动机所对应的状态转换矩阵如表 3.1 所示。

表 3.1　DFA M_D**的状态转换矩阵**

状态＼符号	a	b
0	1	2
1	3	2
2	1	3
3	3	3

此外，一个确定有限自动机也可以用状态转换图来表示。假定确定有限自动机 M_D 含有 m 个状态和 n 个输入符号，那么，这个状态转换图含有 m 个状态结，每个状态结最多有 n 条箭弧射出和别的状态结相连接，而且每条箭弧用Σ中的一个不同的输入符号作标记，整个状态转换图含有惟一的一个初态结和若干个终态结。

例 3.4 中所定义的确定有限自动机 M_D 相应的状态转换图如图 3.4 所示。它能识别Σ上所有含有相继两个 a 或相继两个 b 的符号串。注意，图 3.4 中用“a,b”标记的箭弧实际上是指分别由 a 和 b 标记的两条箭弧。

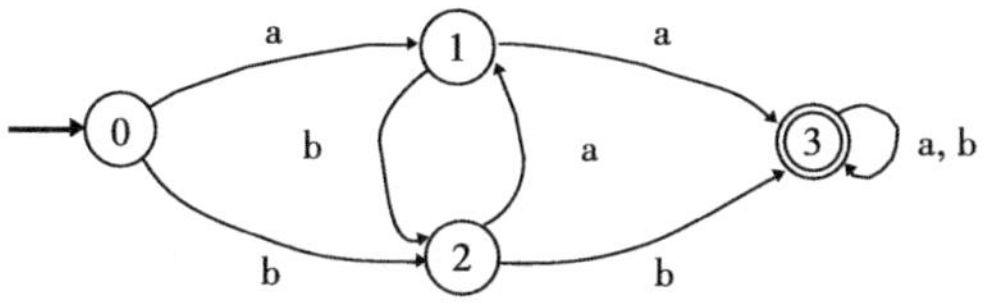

图 3.4

3.2.4　**确定有限自动机识别的符号串**

定义 3.3　设有确定有限自动机

$$M_D = (S,\Sigma,f,S_0,Z)$$

则能被确定有限自动机 M_D 识别或接受的符号串集合记为 $L(M_D)$：

$$L(M_D)=\{\beta \mid S_0 \overset{\beta}{=>} S',S'\in Z\}$$

其中 $S_0 \overset{\beta}{\Longrightarrow} S'$ 为从初态 S_0 多次利用转换函数 f 到达终态 S' 所经过的路，这条路上所有箭弧的标记符连接成的符号串等于 β。$L(M_D)$ 也称作为确定有限自动机 M_D 所能识别或接受的语言。

由确定有限自动机的定义可见，对于字母表 Σ 上的符号串 β，若能被某一确定有限自动机 M_D 所识别或接受，则有

$$\beta \in L(M_D)$$

而且只有惟一的一条路能产生符号串 β。

例 3.5　写出下述状态转换图表示的确定有限自动机所能识别或接受的符号串。

①

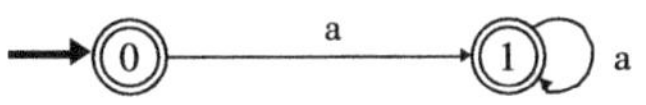

$L(M_D) = \{\varepsilon, a, aa, aaa, \cdots\}$

②

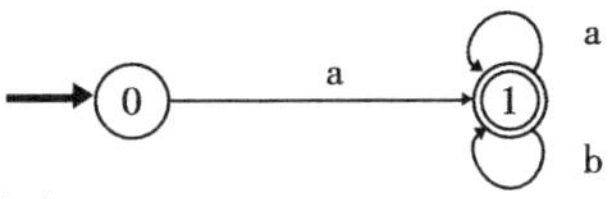

$L(M_D) = $ {a 开头的 a、b 符号串}

③

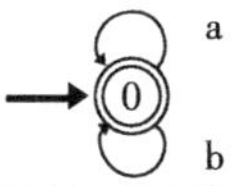

若 M_D 的初态结同时又是终态结，则空字 ε 可为 M_D 所识别或接受。故

$$L(M_D) = \{\varepsilon, \text{任意长度的 a、b 符号串}\}$$

3.3　非确定有限自动机及其确定化

3.3.1　非确定有限自动机的定义

如果转换函数 f 不是一个单值函数，表示以某个状态作为当前状态时，不能由当前输入符号惟一地确定下一个状态，即从该状态结射出的箭弧中至少有两条具有相同的标记。也就是说，在某个状态下，对于某个输入符号存在多个后继状态，那么处于该状态时，就无法确定其状态改变。如图 3.5 所示：

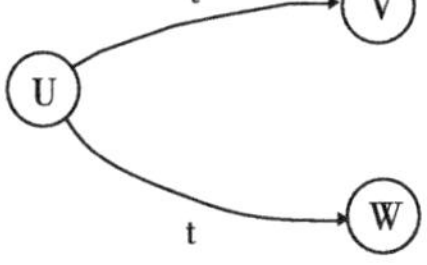

图 3.5

图 3.5 的文法中包含了具有相同右部的规则 V→Ut 和 W→Ut。在读到输入符号 t 时，状态 U 出现了 V 和 W 两个后继状态。

当转换函数 f 是一个多值函数时，就得到了非确定有限自动机的概念。下面给出非确定有限自动机的定义。

定义 3.4　一个非确定的有限自动机(NFA)M_N 是一个五元组

$$M_N = (S, \Sigma, f, S_0, Z)$$

其中

①S是一个非空有限集，S中的每个元素称为一个状态；

②Σ是一个有穷输入字母表，Σ中的每个元素称为一个输入符号；

③f是一个从$S\times\Sigma$到S的子集的转换函数，即$f:S\times\Sigma\rightarrow 2^S$，其中$2^S$是S的幂集；

④$S_0\subset S$，是一个初态集；

⑤$Z\subset S$，是一个终态集。

3.3.2 非确定有限自动机的表示

和确定有限自动机一样，非确定有限自动机也可以用状态转换矩阵和状态转换图来表示。

例 3.6 有一个非确定有限自动机

$$M_N=(S,\Sigma,f,S_0,Z)$$

其中：

$$S=\{0,1,2,3\}$$
$$\Sigma=\{a,b\}$$
$$S_0=\{0\}$$
$$Z=\{3\}$$

其状态转换函数f为：

$$f(0,a)=\{1,3\} \quad f(0,b)=\{2,3\}$$
$$f(1,a)=\Phi \quad f(1,b)=\{1,3\}$$
$$f(2,a)=\{2,3\} \quad f(2,b)=\Phi$$
$$f(3,a)=\Phi \quad f(3,b)=\Phi$$

该非确定有限自动机所对应的状态转换矩阵如表3.2所示。

表 3.2 NFA M_N**的状态转换矩阵**

符号 / 状态	a	b
0	{1,3}	{2,3}
1	Φ	{1,3}
2	{2,3}	Φ
3	Φ	Φ

一个含有m个状态和n个输入符号的非确定有限自动机可表示为如下的一种状态转换图：这张图含有m个状态结，每个结可射出若干条箭弧与其他状态结相连接，每条弧用Σ中的符号（可以是相同的符号或空串）作为标记，整个图至少含有一个初态结和若干个终态结。

例3.6中非确定有限自动机的状态转换图见图3.6。

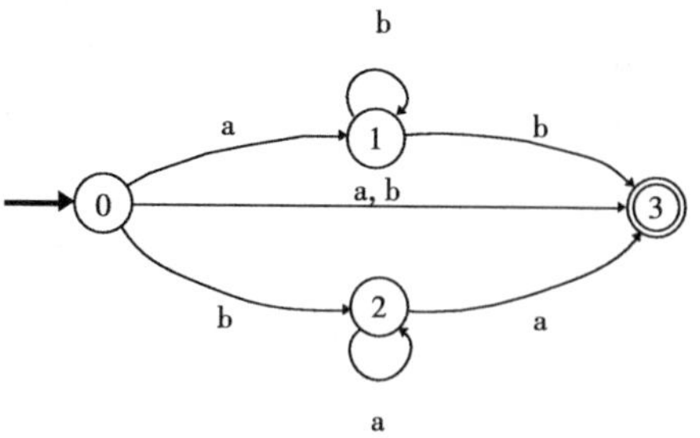

图3.6

3.3.3 非确定有限自动机识别的符号串

定义 3.5 设有非确定有限自动机

$$M_N=(S,\Sigma,f,S_0,Z)$$

则能被非确定有限自动机 M_N 识别或接受的符号串集合记为 $L(M_N)$：

$$L(M_N)=\{\beta | S' \stackrel{\beta}{=>} S'', S' \in S_0, S'' \in Z\}$$

其中 $S' \stackrel{\beta}{=>} S''$ 为从初态 S' 多次利用转换函数 f 到达终态 S'' 所经过的路，这条路上所有箭弧的标记符连接成的符号串等于 β。$L(M_N)$ 也称为非确定有限自动机 M_N 所能识别或接受的语言。

DFA 与 NFA 既有区别又有联系。DFA 与 NFA 的区别主要在于两方面。一方面，DFA 只有一个惟一的初态，而 NFA 可以有若干个初态；另一方面，DFA 的转换函数 f 是一个单值函数，即 $f(s,a)= s'$，其中 $a\in \Sigma, s'\in s$。而 NFA 的转换函数 f 是一个多值函数，即 $f(s,a)= s'$，其中 $a\in \Sigma, s'\subset 2^S$。

但是，DFA 和 NFA 之间也有联系。DFA 是 NFA 的特例，凡是能被 DFA 所接受的符号串必然也能被 NFA 所接受。

定义 3.6 设 M_1 和 M_2 是同一字母表 Σ 上的有限自动机，如果

$$L(M_1)= L(M_2)$$

则称有限自动机 M_1 和 M_2 等价。

即如果两个自动机能够接受相同的语言，则这两个自动机等价。由于 DFA 是 NFA 的特例，因此可以得出一个结论：

对于一个非确定有限自动机 M_N，总存在一个确定有限自动机 M_D，使得

$$L(M_D)= L(M_N)$$

即非确定有限自动机能接受的语言，必然也能找到一个等价的确定有限自动机接受该语言。

3.3.4 非确定有限自动机的确定化

由非确定有限自动机 NFA 的定义可知，同一个符号串 β 可由多条路产生，作为描述控制过程的自动机，通常都是确定有限自动机，所以要将非确定有限自动机转换为等价的确定有限自动机，这个过程称作非确定有限自动机 NFA 的确定化。

算法 3.1 NFA 确定化，即把 NFA 转换为等价的 DFA 的具体步骤如下：

第 1 步 如果 NFA 的全部初态为 $S_1, S_2,\cdots,S_n$，则令 DFA 的初态为

$$S_0=[S_1, S_2,\cdots,S_n]$$

其中方括号表示由若干个状态组合构成的某一状态。

第 2 步 设 $Q=[S_i, S_{i+1},\cdots,S_j]$ 是 DFA 的一个状态，若对某符号 $a\in \Sigma$，在 NFA 中有

$$f_N(\{S_i, S_{i+1},\cdots,S_j\},a)= \{S_i', S_{i+1}',\cdots,S_k'\}$$

则令：$f_D([S_i, S_{i+1},\cdots,S_j],a)= [S_i', S_{i+1}',\cdots,S_k']$

为 DFA 的一个转换函数，即 $[S_i', S_{i+1}',\cdots,S_k']$ 为 DFA 当前状态的一个后继状态。

第 3 步 重复第 2 步，直到不再出现新的状态为止。

第 4 步 上面得到的所有状态构成 DFA 的状态集 S，转换函数构成 DFA 的 f，DFA 的字

母表仍然是 NFA 的字母表Σ。

第 5 步　凡是含有 NFA 终态的状态均为 DFA 的终态。

例 3.7　设有非确定有限自动机 $M_N=(S,\Sigma,f,S_0,Z)$

其中：　$S=\{0,1,2\}$

$\Sigma=\{a,b\}$

$S_0=\{0\}$

$Z=\{2\}$

其状态转换矩阵如表 3.3 所示。

表 3.3　NFA M_N**的状态转换矩阵**

状态＼符号	a	b
0	{1,2}	Φ
1	Φ	{1,2}
2	{1}	Φ

其状态转换图见图 3.7。

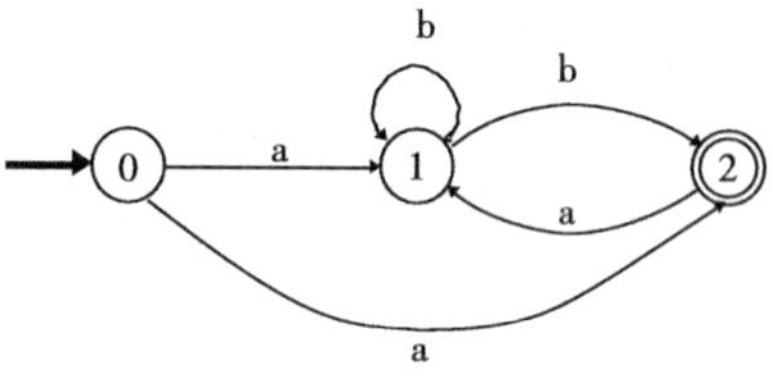

图 3.7

现在讨论如何将非确定有限自动机 M_N 转换为确定有限自动机 M_D。

根据算法 3.1 给出的确定化方法，有以下几个执行步骤：

由于 NFA M_N 中的初态为 0，因此 DFA M_D 的初态为[0]，即 $S_0=[0]$。

对于 DFA M_D 中的初态[0]，由于在 NFA M_N 中有

$$f_N(\{0\},a)=\{1,2\}$$

$$f_N(\{0\},b)=\Phi$$

因此在 DFA M_D 中令

$$f_D([0],a)=[1,2]$$

$$f_D([0],b)=\Phi$$

从而[1,2]是 DFA M_D 中初态的一个后继状态。

此时可以看到，DFA M_D 中除初态[0]外，又出现了一个新的状态[1,2]。同样地，根据确定化方法的第二步，对 DFA M_D 中的状态[1,2]重复上述过程，直到 DFA M_D 中不再出现新的状态为止。最终可以得到一个 NFA M_N 与 DFA M_D 的转换函数表如表 3.4 所示：

表 3.4　NFA M_N**与** DFA M_D**的转换函数**

NFA M_N 的转换函数	DFA M_D 的转换函数
$f_N(\{0\},a)=\{1,2\}$	$f_D([0],a)=[1,2]$
$f_N(\{1,2\},a)=\{1\}$	$f_D([1,2],a)=[1]$
$f_N(\{1,2\},b)=\{1,2\}$	$f_D([1,2],b)=[1,2]$
$f_N(\{1\},b)=\{1,2\}$	$f_D([1],b)=[1,2]$

所以由非确定有限自动机 M_N 转换为等价的确定有限自动机 M_D 为：

$$M_D = (S, \Sigma, f, S_0, Z)$$

其中：

$$S = \{[0], [1,2], [1]\}$$

$$\Sigma = \{a, b\}$$

$$S_0 = [0]$$

$$Z = \{[1,2]\}$$

其状态转换矩阵如表3.5所示。

表3.5　DFA M_D 的状态转换矩阵

状态＼符号	a	b
[0]	[1,2]	Φ
[1,2]	[1]	[1,2]
[1]	Φ	[1,2]

其状态转换图见图3.8，为了直观起见，也可以为确定化后的自动机的状态重新命名。

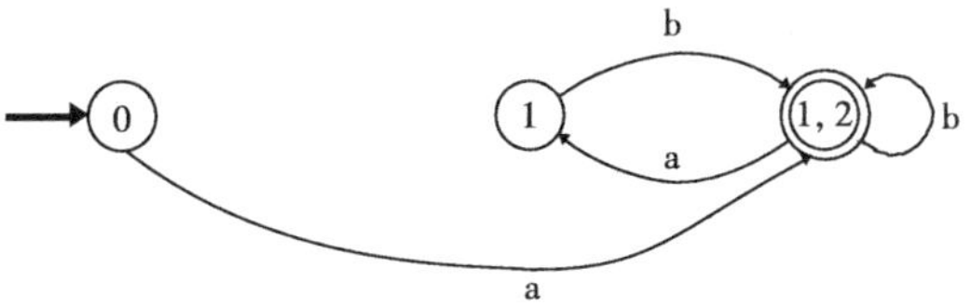

图3.8

从上面可以看出，对非确定有限自动机 M_N，如果 M_N 的任意状态 $S_i \in S$ 以及任意符号 $a \in \Sigma$，使得 $f(S_i, a)$ 为只含有一个状态的子集，即 S_i 只有一个后继状态，且 M_N 的初态集中只有一个初态，这就是确定的有限自动机 M_D，这也正如前面已经讲过的，DFA是NFA的特例。DFA能接受的语言必能被NFA接受。反之，NFA能接受的语言，也总能找到一个等价的DFA接受该语言。常常把DFA和NFA统称为有限自动机(FA)。

3.4　ε—自动机及其非ε化

在前面已经讲过，转换图允许箭弧上有空符号串ε，而状态转换图(自动机)不允许箭弧上有空符号串ε，而在设计编译算法时常常会遇到状态转换图的箭弧上用空符号串ε作为标记。为了方便起见，将扩充自动机，使得在箭弧上可以用空符号串ε作为标记，而将这种箭弧上有空符号串ε的自动机称为ε-自动机。

把含有空符号串ε的确定有限自动机和非确定有限自动机分别记为ε DFA和ε NFA。FA是εFA的特例。对于任意一个ε FA均可构造一个等价的FA，使得这两个自动机等价，即有L(FA)=L(ε FA)。

下面具体介绍由ε FA构造FA，即将ε-自动机非ε化的算法。

算法3.2　由ε FA构造FA的具体步骤如下：

第 1 步　在 εFA 中寻找如下所示的 ε 弧，即

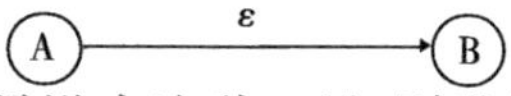

其中状态 B 没有 ε 弧射出。如果没有这种 ε 弧，则进行第 4 步，否则进行第 2 步。

第 2 步　设状态 B 的直接后继状态为 S_1，S_2，…，S_k，即

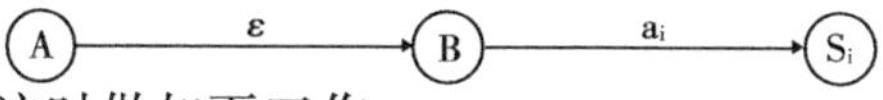

其中 $a_i \in \sum(i=1,2,\cdots,k)$，这时做如下工作：

①从状态 A 到状态 B 的每个后继状态都引出一条弧，弧上的标记为 a_i，即：

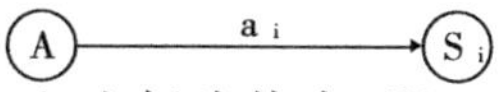

②如果状态 B 为终态，则将状态 A 也标为终态，即

③如果存在一条从初态到状态 A 的 ε 路（路上可能有若干条箭弧，每条弧都以 ε 作为标记，从而构成一条 ε 路），则将状态 B 标为初态，即有

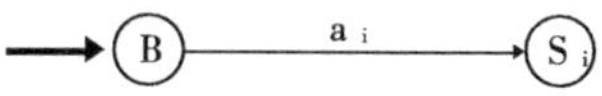

④删去原来的 ε 弧。

第 3 步　重复第 1 步与第 2 步，直至找不到第 1 步中所指的 ε 弧为止。

第 4 步　如果没有第 1 步中所指的 ε 弧，但 FA 中仍然存在其他 ε 弧，那么一定有 ε 回路，如下图所示：

此时把这个回路中的所有状态结合并为一个状态结，即

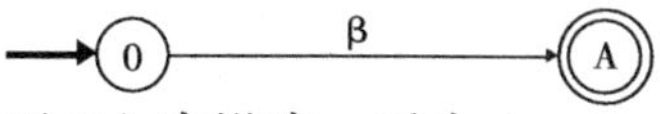

第 5 步　重复第 1～4 步，直至 FA 中没有 ε 弧为止。

例 3.8　图 3.9 是一个应用算法 3.2，从 ε FA 构造等价的 FA 的例子。

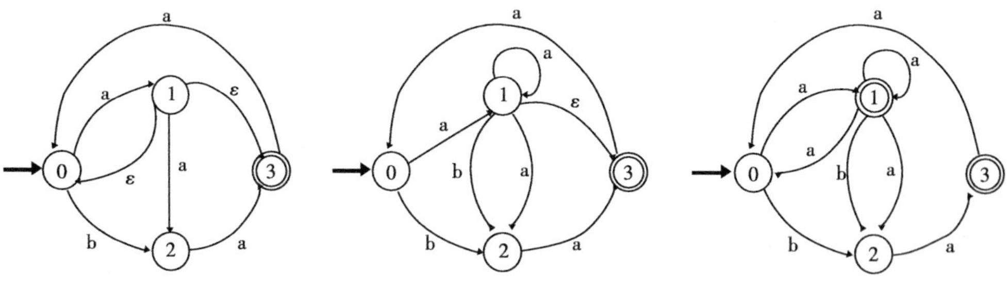

图 3.9

3.5　自动机的简化

所谓自动机的简化就是对任给的一个确定有限自动机 M_D，构造另一个确定有限自动机 M_D'，M_D'的状态个数比 M_D少，使得

$$L(M_D) = L(M_D')$$

而且可以肯定地说，能够找到一个状态个数最少的 M_D'。

下面先介绍一些基本概念。

3.5.1　等价状态和无关状态

(1)等价状态

设 S_i 是自动机 M 的一个状态，从 S_i 出发到终态结点能导出的所有符号串集合记为 $L(S_i)$。

定义 3.7　设有两个状态 S_i 和 S_j，如果

$$L(S_i) = L(S_j)$$

则称 S_i 和 S_j 是等价状态。

例 3.9　设有自动机如图 3.10 所示。

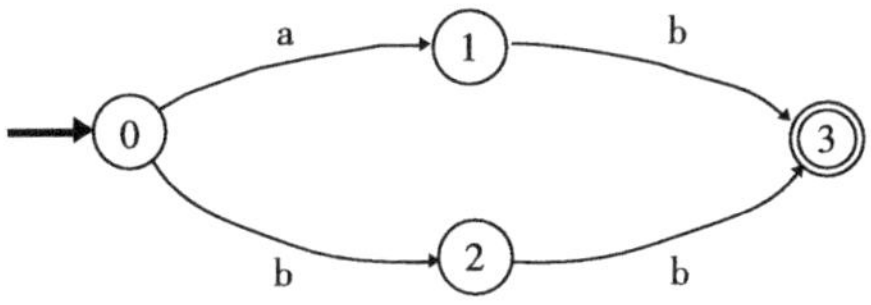

图 3.10

显然，分别从状态 1 和状态 2 出发均能导出相同的符号串集合{b}，有

$$L(1) = L(2)$$

所以状态 1 和状态 2 是等价状态。

(2)无关状态

定义 3.8　对于状态 S_i，如果从初态出发不可能到达该状态，则称状态 S_i 为无用状态。

定义 3.9　对于状态 S_i，如果对于任何输入符号 a，该状态的后继状态都是它自身，而不可能从它到达终态，则称状态 S_i 为死状态。

把无用状态和死状态统称为无关状态。

例 3.10　设有自动机如图 3.11 所示。

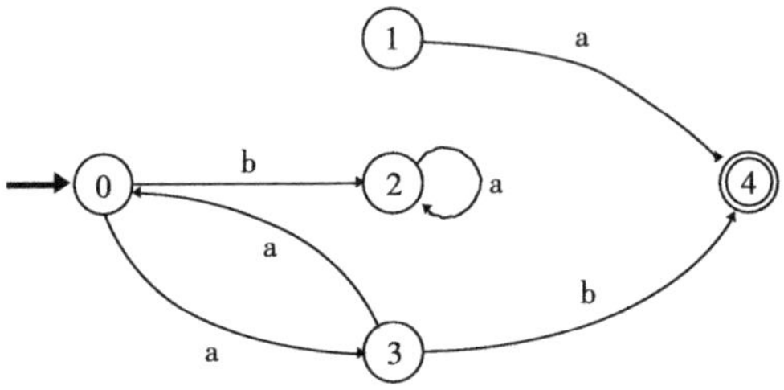

图 3.11

显然，状态 1 为无用状态，状态 2 为死状态，状态 1 和 2 均为无关状态。

3.5.2　自动机的简化

自动机的简化问题就是求自动机的状态最少化问题，即求自动机的最小机，也就是在自动机中合并等价状态和删除无关状态。显然与图 3.10 等价的自动机如图 3.12 所示，与图 3.11 等价的自动机如图 3.13 所示。

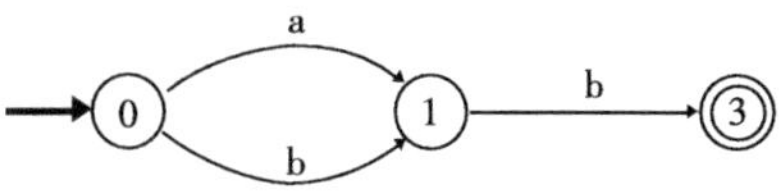

图 3.12

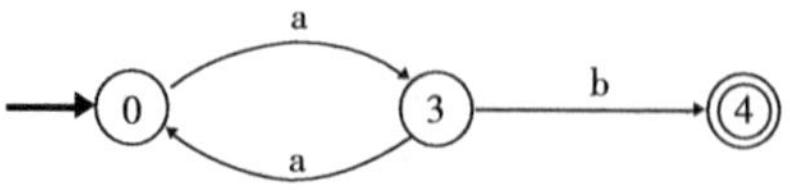

图 3.13

(1)不等价状态的确定

就实际问题而言,状态等价与否并不是很容易判断的,所以先介绍如何确定两个状态不等价。

对于两个状态 S_i 和 S_j 以及输入符号 a,假设

$f(S_i,a)= S_m$

$f(S_j,a)= S_n$

如果 S_m 与 S_n 等价,设它们产生相同的符号串 β,此时 S_i 与 S_j 产生的符号串均为 aβ,即有

$L(S_i)= L(S_j)= a\beta$

故 S_i 与 S_j 等价。

如果 S_m 与 S_n 不等价,则产生的符号串不相同,设分别为 β_1 和 β_2,有

$L(S_i)= a\beta_1$

$L(S_i)= a\beta_2$

显然符号串 $a\beta_1$ 与 $a\beta_2$ 也不相同,故 S_i 与 S_j 不等价。

此外,对于状态 S_i 和 S_j,如果输入符号分别为 a 和 b,若有

$f(S_i,a)= S_k$

$f(S_j,b)= S_k$

此时 S_i 与 S_j 不是等价状态。

(2)自动机的简化方法

下面具体介绍如何简化 DFA 的算法。

算法 3.3　自动机简化的具体步骤如下:

第 1 步　首先将自动机的状态划分为终态集 S_1' 和非终态集 S_2',

$$S = S_1' \cup S_2'$$

显然,终态和非终态所产生的符号串是不相同的,因而是不等价的。

第 2 步　对各状态集按下面方法进一步划分。

设第 i 次划分已将状态集划分为 k 组,即

$S = S_1^{(i)} \cup S_2^{(i)} \cup \cdots \cup S_k^{(i)}$

对于状态集 $S_j^{(i)}$ $(j = 1,2,\cdots,k)$ 中的各个状态逐个进行检查。

设有两个状态 S'_j、$S''_j \in S_j^{(i)}$,且对于输入符号 a,有

$f(S_j',a)= S_m$

$f(S_j'',a)= S_n$

如果 S_m 和 S_n 属于同一个状态集合 $S_j^{(i)}$ $(j = 1,2,\cdots,k)$,则将 S'_j 和 S''_j 仍放在同一个集合中,否则需将 S_j' 和 S_j'' 分为两个集合。

第 3 步　重复第 2 步,直到每一个集合都不能再划分为止,此时每个状态集合中的状态都是等价的。

第 4 步　合并等价状态,即在等价状态集中取任意一个状态作为其代表,并且删去其他一切等价状态。

第 5 步　如果有无关状态，则将其删除。

由上面的算法可以看出，自动机简化的基本思想就是把自动机的状态集分割成一些不相交的子集，使得任意不同的两个子集的状态都是不等价的，而同一子集中的任意两个状态都是等价的。然后，从每个子集中选取一个代表状态，同时删去子集中的其他等价状态，这样，就实现了自动机最小化的目的。

使用算法 3.3 可以对确定有限自动机进行简化，而且简化后的自动机是原自动机的最小机。对一个非确定有限自动机来说，可以先将其确定化，再运用算法 3.3 得到它的最小机。

例 3.11　设有一个有限自动机 $M=(S,\sum,f,S_0,Z)$，其状态转换图见图 3.14，对其进行简化。

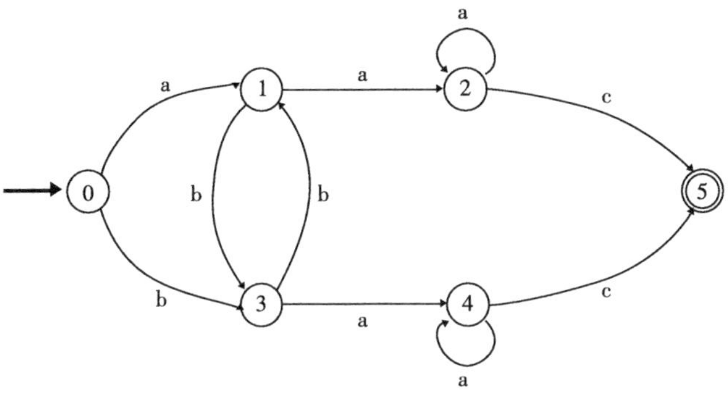

图 3.14

根据自动机的简化方法，首先将状态划分为终态集{5}和非终态集{0,1,2,3,4}，则

$S=\{0,1,2,3,4\}\cup\{5\}$

下面对各状态集进一步划分：

对于非终态集{0,1,2,3,4}，由于

$f(0,a)=1$

$f(1,a)=2$

$f(2,a)=2$

$f(3,a)=4$

$f(4,a)=4$

状态 1、2、4 属于同一个状态集合，由于

$f(0,b)=3$

$f(1,b)=3$

$f(2,b)=\Phi$

$f(3,b)=1$

$f(4,b)=\Phi$

状态 1、3 和 Φ 不属于同一个状态集合，因此将状态集{0,1,2,3,4}划分为：

$\{0,1,2,3,4\}=\{0,1,3\}\cup\{2,4\}$

此时，自动机的状态为

$S=\{0,1,3\}\cup\{2,4\}\cup\{5\}$

对于状态集{0,1,3}，由于

f(0,a)= 1

f(1,a)= 2

f(3,a)= 4

状态 1、2、4 不属于同一个状态集合，而状态 2 和 4 属于同一个状态集合，因此将状态集{0,1,3}划分为：

{0,1,3} = {0}∪{1,3}

此时，自动机的状态为

S = {0}∪{1,3}∪{2,4}∪{5}

对于状态集{1,3}，对于输入符号 a，如上所示，其后继状态 2 和 4 属于同一个状态集合，现在来考察对于输入符号 b 的情况，由于

f(1,b)= 3

f(3,b)= 1

状态 1、3 属于同一个状态集合，下面再来考察对于输入符号 c 的情况，由于

f(1,c)= Φ

f(3,c)= Φ

状态 Φ 属于同一个状态集合(空集)，因此不能再对状态集{1,3}进行划分。

同样可以证明，状态集{2,4}对于输入符号 a、b、c 所生成的后继状态均属于同一个状态集合，因此不能对状态集{2,4}再进行划分。

至此为止，自动机 M 的最终状态划分为

S = {0}∪{1,3}∪{2,4}∪{5}

因为状态 1 与 3 是等价状态，现在选取状态 1 作为状态集{1,3}的代表，删去状态 3，同样，选取状态 2 作为状态集{2,4}的代表，删去状态 4，从而可以得到简化的自动机如图 3.15 所示。

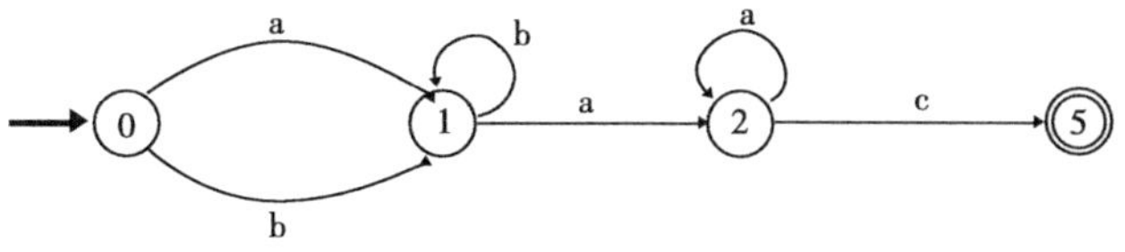

图 3.15

如果直接画出状态转换图比较困难，可以先求出简化前 DFA 的状态转换矩阵，执行算法 3.3 后，选出各状态子集的代表，在状态转换矩阵中，将同一状态子集内的状态用代表进行替换，再将替换后矩阵中重复的行删除，最后根据状态转换矩阵中的剩余部分画出简化后的 DFA。

例 3.11 中，简化前自动机的状态转换矩阵如表 3.6 所示。

表 3.6 FA M 简化前的状态转换矩阵

状态 \ 符号	a	b	c
0	1	3→1	Φ
1	2	3→1	Φ
2	2	Φ	5
* 3→1	4→2	1	Φ
* 4→2	4→2	Φ	5
5	Φ	Φ	Φ

在表 3.6 中，"→"后面的状态即为替换后的状态，此时可以看出，状态转换矩阵中的第 2 行与第 4 行重复，第 3 行与第 5 行重复，删除重复的这两行(前面用"＊"标出)后，得到自动机简化后的状态转换矩阵如表 3.7 所示。

表 3.7　FA　M **简化后的状态转换矩阵**

状态＼符号	a	b	c
0	1	1	Φ
1	2	1	Φ
2	2	Φ	5
5	Φ	Φ	Φ

根据表 3.7 画出的状态转换图如图 3.15 所示。

3.6　正则表达式、正则文法与有限自动机的相互转换

正则表达式、正则文法与有限自动机三者都是描述正则集的工具，它们的描述能力是等价的。

3.6.1　正则表达式与有限自动机的相互转换

定理 3.1　对于任意一个有限自动机 M，则必然存在一个正则表达式 e，使得

$$L(e)= L(M)。$$

反之，若给定一个正则表达式 e，总存在一个有限自动机 M，使得

$$L(M)= L(e)。$$

为了简单起见，把这个定理归纳为以下两点，并分别对这两点进行证明。

① FA M →正则表达式 e，且 L(e)= L(M)。

② 正则表达式 e → FA M，且 L(M)= L(e)。

证明 1：对于一个 FA M，构造一个正则表达式 e，使得 L(e)= L(M)。

①首先拓广转换图的概念，允许每条箭弧用一个正则表达式作为标记。

②在 FA M 的转换图上加进一个初态结 X 和一个终态结 Y，从初态结 X 用 ε 弧连接到 M 的所有初态结；从 M 的所有终态结用 ε 弧连接到 Y 结。这样就形成一个新的 FA M′，它只有一个初态 X 和一个终态 Y。显然，

$$L(M)= L(M')。$$

③反复使用如图 3.16 所示的替换规则，对自动机进行消结消弧，直至只剩下一个初态，一个终态和一条箭弧为止，则箭弧上标记的正则表达式就是所求的 e，即 L(e)= L(M)。

显然，以上的证明过程也就是有限自动机与正则表达式进行转换的方法。

例 3.12　有一个非确定有限自动机 M 如图 3.17 所示，其中，状态 0 既是初态结又是终态结。这个非确定有限自动机 M 识别的是所有那些含有偶数个 a 和偶数个 b 的符号串。经过扩充 X 结和 Y 结后得到的 M′见图 3.18。根据以上证明过程，消去状态结 1 后，得到图 3.19，消去状态结 0 后，最终得到图 3.20。所以，最后所得的正则表达式 e 为：

$$((aa \mid bb) \mid (ab \mid ba)(aa \mid bb)^*(ab \mid ba))^*$$

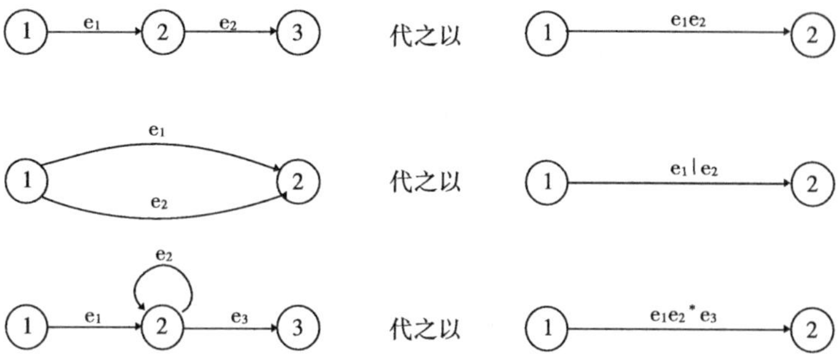

图 3.16　替换规则

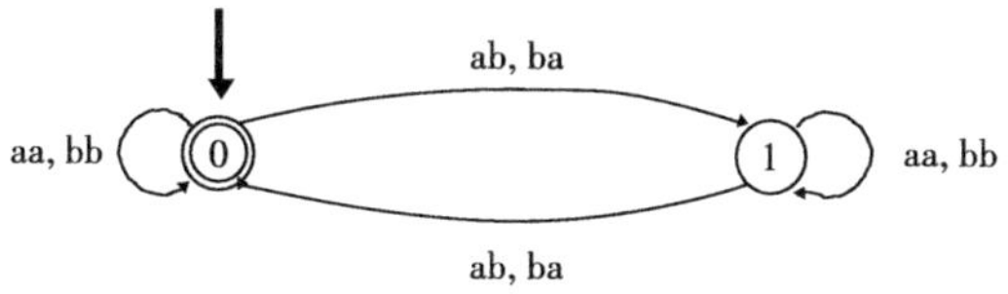

图 3.17　非确定有限自动机 M

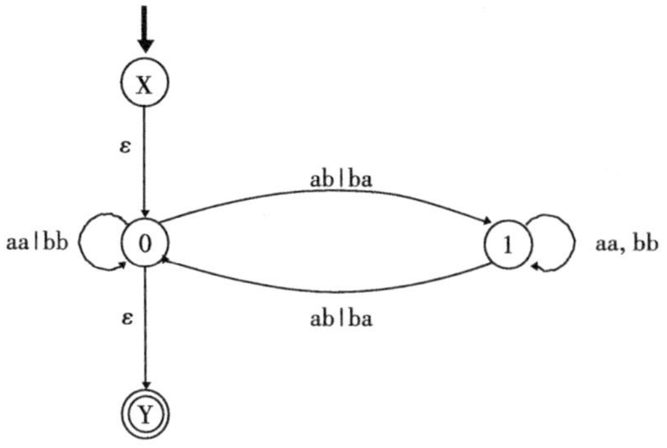

图 3.18　非确定有限自动机 M′

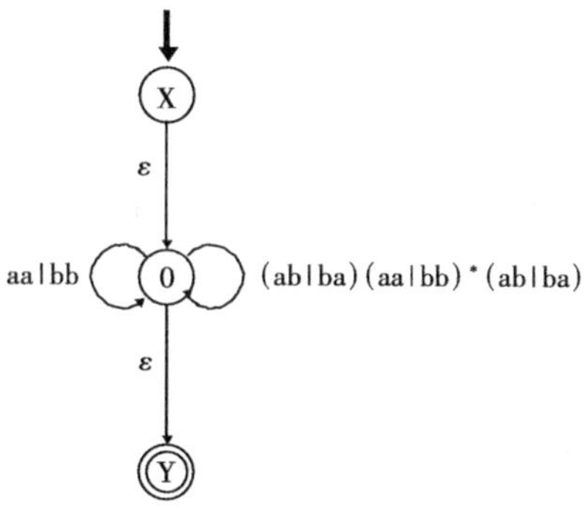

图 3.19　消去终态结 1 后的 M′

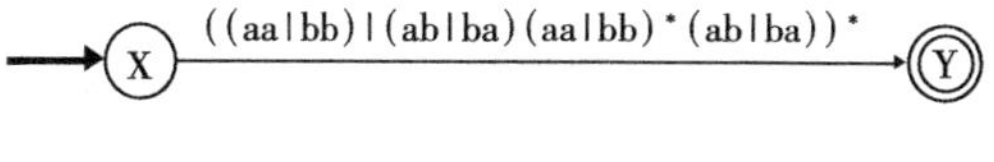

图 3.20　消去终态结 0 后的非确定有限自动机

证明 2　对于一个正则表达式 e，构造一个 FA M，使得 L(M)＝　L(e)。

①　把正则表达式表示为拓广转换图如图 3.20 所示。

②　反复使用如图 3.21 所示的转换规则，分解正则表达式 e 并且对拓广转换图进行加结加弧，直至所有箭弧上的标记只为一个符号或 ε 为止，则得到所求的 FA M。在整个分解过程中，所有新的状态结均采用不同的名字，保留 X 和 Y 为转换图的惟一初态结和终态结。可见，L(M)＝ L(e)。如果最终得到的是一个 NFA，可以用前面介绍的确定化方法得到相应的 DFA。

显然，以上的证明过程也就是正则表达式与有限自动机进行转换的方法。

例 3.13　构造正则表达式

$$(a \mid b)^*(aa \mid bb)(a \mid b)^*$$

对应的非确定有限自动机的构造过程如图 3.22 所示。

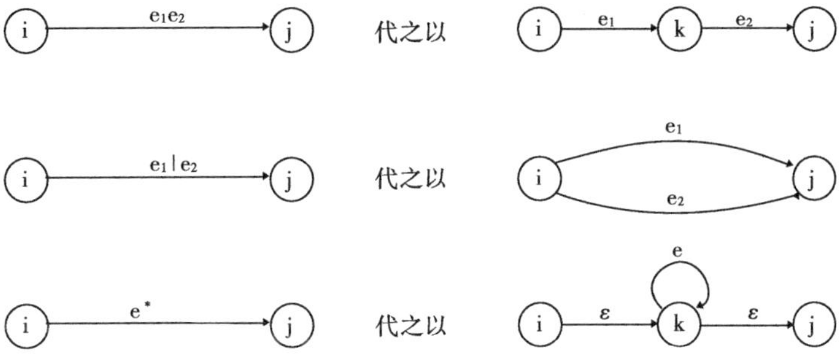

图 3.21　转换规则

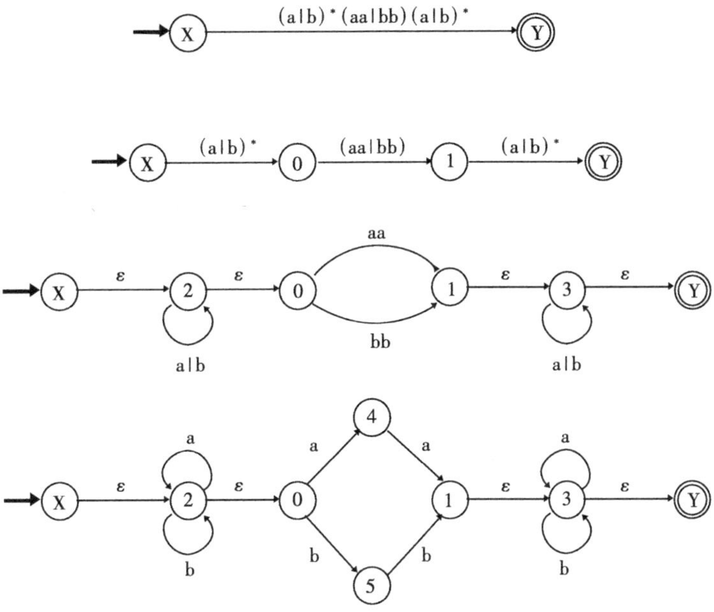

图 3.22　构造非确定有限自动机的过程

3.6.2　正则文法与有限自动机的相互转换

定理 3.2　对于任意一个有限自动机 M，则必然存在一个正则文法 G，使得

$$L(G)= L(M)$$

反之，若给定一个正则文法 G，总存在一个有限自动机 M，使得

$$L(M)= L(G)。$$

为了简单起见，把这个定理归纳为以下两点。

① FA M →正则文法 G，且 L(G)= L(M)。

② 正则文法 G → FA M，且 L(M)= L(G)。

由于正则文法可分为左线性文法和右线性文法，下面分两种情况给出转换方法。此外，由于 DFA 是 NFA 的特例，为不失一般性，我们讨论文法 G 与 NFA 的转换。

(1)右线性文法与有限自动机的相互转换

1)FAM→右线性文法 G

已经证明，自动机的识别过程对应相应右线性文法的推导过程。因此对于要转换成右线性文法的 FAM 有以下要求：

FAM 只有一个初态结，且终态结无射入弧。

①如果 M 有多个初态结，则引入一个新初态结，并从新初态结各引一 ε-弧到原初态结（原初态结不再作初态）；

②如果 M 的终态有射入弧，则引入一个新的终态，并从原来的每一终态各引一 ε-弧到该终态结（原终态结不再作终态）。

一般地，设改造后的非确定有限自动机为 $M=(S,\Sigma,f,S_0,Z)$，由 M 构造右线性文法 $G=(V_N,V_T,P,S)$ 的方法为：

文法 G 的终结符号集 V_T 就是有限自动机 M 的输入字母表 Σ；G 的开始符号 S 就是 M 的初态，即初态集 S_0 中的元素（只有一个）；G 的产生式集 P 可由 M 的转换函数 f 得到：

若 $f(A,a)=B$，则 $A\to aB\in P$； (3.1)

若 $f(A,a)=Z'$，其中 $Z'\in Z$，则 $A\to a\in P$

由式(3.1)的转换关系可见，M 的终态不会出现在文法 G 的产生式中，故 G 的 V_N 为 M 的状态集 S 去掉终态集 Z 中的元素所构成，即 $V_N=S-Z$。

2）右线性文法 G→FAM

设右线性文法 $G=(V_N,V_T,P,S)$，构造一个与其等价的非确定有限自动机 $M=(S,\Sigma,f,S_0,Z)$ 的方法如下：

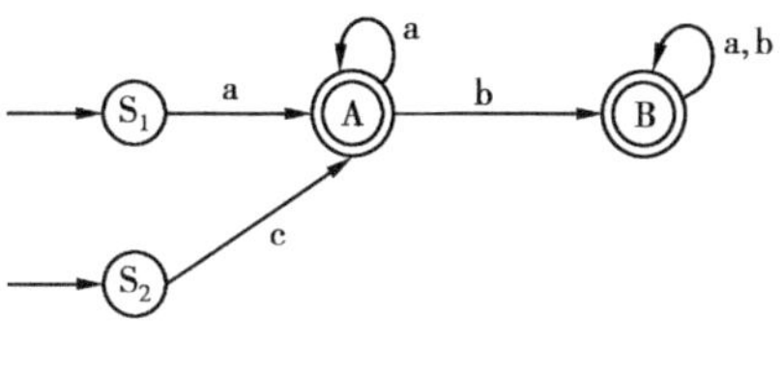

图 3.23

为 M 构造一个终态 Z′，则 M 的终态集 $Z=\{Z'\}$；M 的状态集 S 为 G 的非终结符号集 V_N 加上终态 Z′构成，即 M 的 $S=V_N\cup\{Z'\}$；M 的输入字母表 Σ 就是 G 的终结符号集 V_T；M 的初态就是 G 的开始符号 S，即 $S_0=\{S\}$；M 的转换函数 f 可由 G 的产生式集 P 得到，在式(3.1)中已给出这种对应关系。

例 3.14　将图 3.23 的自动机转换成相应的右线性文法。

由于 M 有多个初态，则引入一新初态 S；M 的终态结有射入弧，则引入一新终态 C。改造后的等价自动机如图 3.24 所示。

按上述方法，与该自动机相应的右线性文法为 $G[S]=(V_N,V_T,P,S)$，其中，$V_N=\{S,S_1,S_2,A,B\}$，$V_T=\{a,b,c\}$，$P=\{$

$S\to S_1|S_2$，

$S_1\to aA$，

$S_2\to cA$，

$A\to aA|bB|\varepsilon$，

$B\to aB|bB|\varepsilon$　　　}

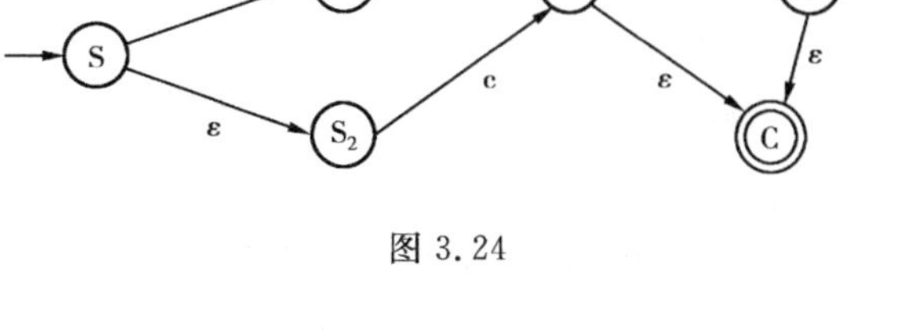

图 3.24

右线性文法到自动机的转换留作习题。

(2)左线性文法与有限自动机的相互转换

1)FAM→左线性文法 G

已经证明,自动机识别过程对应相应左线性文法的归纳过程。因此对于要转换成左线性文法的 FAM 有以下要求:

FAM 只有一个终态结,且初态结无射入弧。

①如果 M 有多个终态结,则引入一个新终态结,并从原终态结各引一 ε-弧到新终态结(原终态结不再作终态);

②如果 M 的初态有射入弧,则引入一个新的初态,并从该初态结各引一 ε-弧到所有原初态结(原初态结不再作初态)。

一般地,设改造后的非确定有限自动机为 $M=(S,\Sigma,f,S_0,Z)$,由 M 构造左线性文法 $G=(V_N,V_T,P,S)$的方法为:

取 M 的惟一终态作为文法 G 的开始符号;G 的终结符号集 V_T 就是 M 的输入字母表 Σ;G 的产生式集可由 M 的转换函数 f 得到:

若 $f(A,a)=\ B$,则 $B\rightarrow Aa\in P$;　(3.2)

若 $f(S',a)=B$,其中 $S'\in S_0$,则 $B\rightarrow a\in P$

由(3.2)的转换关系可见,M 的初态不会出现在文法 G 的产生式中,故 G 的 V_N 为 M 的状态集 S 去掉初态集 S_0 中的元素所构成,即 $V_N=S-S_0$。

2)左线性文法 G→FAM

设左线性文法 $G=(V_N,V_T,P,S)$,构造一个与其等价的有限自动机 $M=(S,\Sigma,f,S_0,Z)$的方法如下:

为 M 构造一个初态 S′,则 M 的初态集 $S_0=\{S'\}$;M 的其他状态就是 G 的非终结符号集 V_N 中的元素,即 M 的状态集 $S=V_N\cup\{S'\}$;G 的开始符号 S 作为 M 的终态;M 的输入字母表 Σ 就是 G 的终结符号集 V_T;M 的转换函数 f 由 G 的规则集 P 得到,在式(3.2)中已给出这种对应关系。

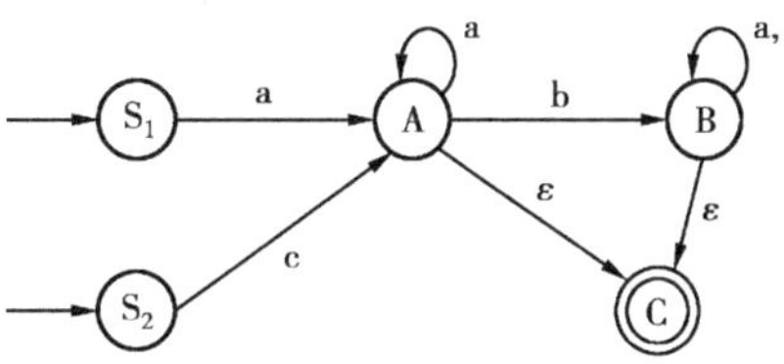

图 3.25

例 3.15　将图 3.23 的自动机转换成相应的左线性文法。

由于 M 有多个终态,则引入一新终态 C。改造后的等价自动机如图 3.25 所示。按上述方法,与该自动机相应的左线性文法为 $G[C]=(V_N,V_T,P,C)$,其中,$V_N=\{C,A,B\}$,$V_T=\{a,b,c\}$,P={

$$C\rightarrow A|B,$$
$$A\rightarrow Aa|a|c,$$
$$B\rightarrow Ba|Bb|Ab\qquad\}$$

应该指出的是,对同一语言来说,描述它的文法和自动机都不是惟一的,因而它们之间的转换方法也不是惟一的。按前面给出的转换方法得到的只是其中的一种结果。

例 3.16　对于正则文法 G[S]:

$$S\rightarrow Sa|Aa|Bb$$
$$A\rightarrow Ba|a$$
$$B\rightarrow Ab|b$$

按照以上转换方法，为 M 构造一个初态 S′；由于文法 G 的开始符号 S 作为 M 的终态（设该终态为 Z′），为简便计，将所有产生式中的 S 替换成 Z′，然后利用(3.2)式给出的转换关系。于是可构造有限自动机

$$M = (S, \Sigma, f, S_0, Z)$$

其中，

$$S = \{S', A, B, Z'\}$$
$$\Sigma = \{a, b\}$$
$$S_0 = \{S'\}$$
$$Z = \{Z'\}$$

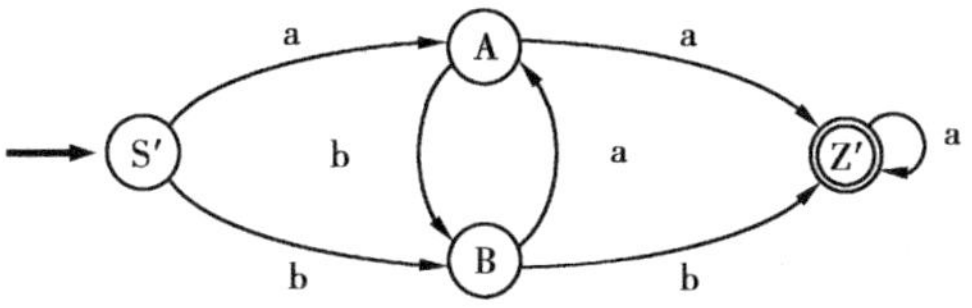

图 3.26

M 的状态转换函数 f 在这里不再给出，读者可根据以上的转换方法自己写出。该有限自动机的状态转换图如图 3.23 所示。

习 题 3

3-1 画出下列有限自动机的状态转换图，并说明它所识别或接受的语言是什么？

①M =({S,A,B,C},{0,1},f,S,{S})，其转换函数为：

f(S,0)= Bf(B,0)= S

f(S,1)= Af(B,1)= C

f(A,0)= Cf(C,0)= A

f(A,1)= Sf(C,1)= B

②M =({0,1,2},{a,b},f,0,{2})，其状态转移矩阵为：

符号 / 状态	a	b
0	{1,2}	{0}
1	{0,1}	Φ
2	{0,2}	{1}

3-2 设计字母表Σ = {a,b}上的确定有限自动机，使它能识别或接受下列语言：

①以 aa 为首的所有符号串集合；

②以 aa 结尾的所有符号串集合；

③含有相继两个 a 或相继两个 b 的所有符号串集合。

3-3 试把下述 NFA 变换为 DFA。

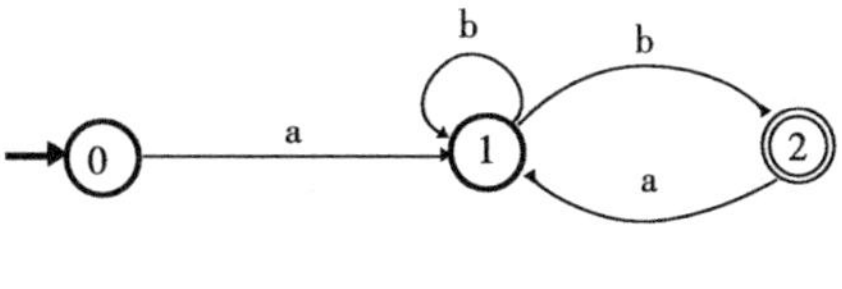

①

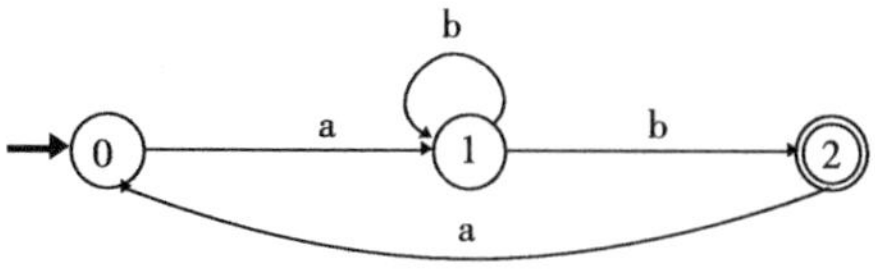

②

3-4 试把下列 εFA 变换为非 ε FA。

3-5 试把下列 FA 确定化(若需要的话)和最小化。

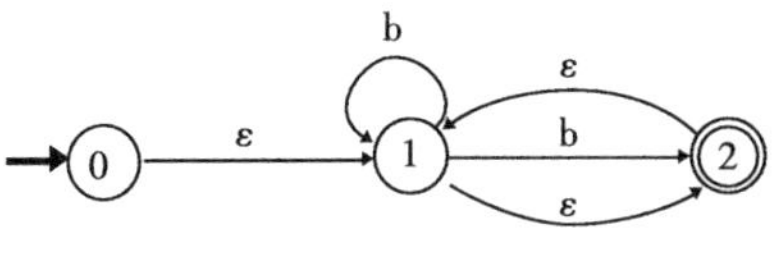

①

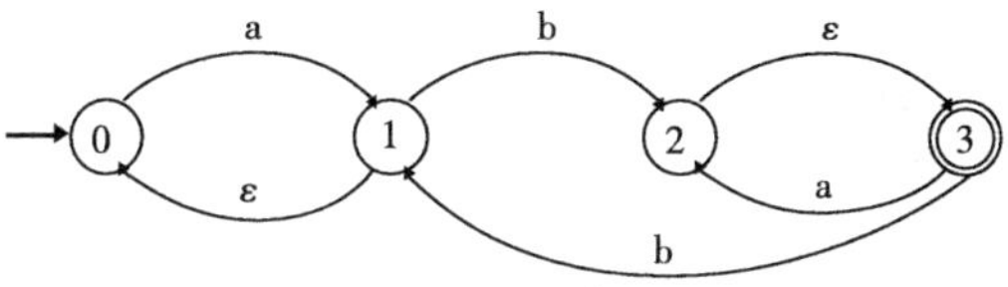

②

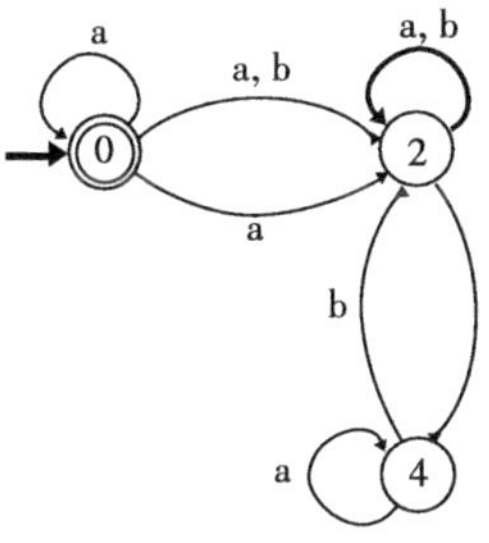

①

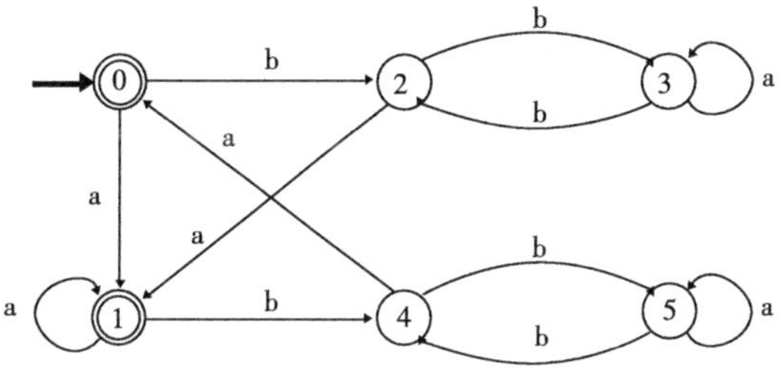

②

3-6 构造下列正则表达式对应的确定有限自动机。

① a(b | a)* aba

② a(abab* | a(bab)* a)* b

3-7 写出下列 FA 所对应的正则表达式。

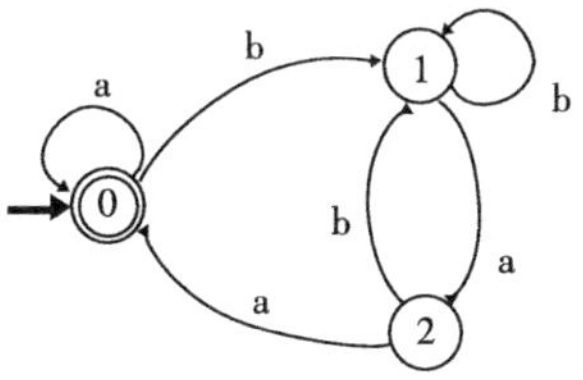

①

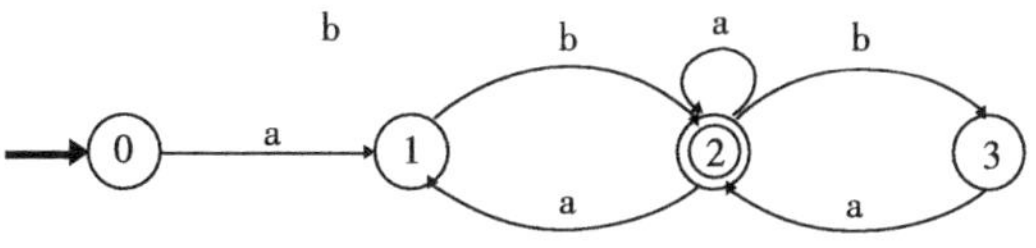

②

3-8 构造正则文法 G[S] 和 G[S]

S→mB|m　　S→Aa|a

B→mB|nS|m　　A→Sb|b

所对应的有限自动机。

3-9 给出下面的非确定有限自动机所对应的正则文法。

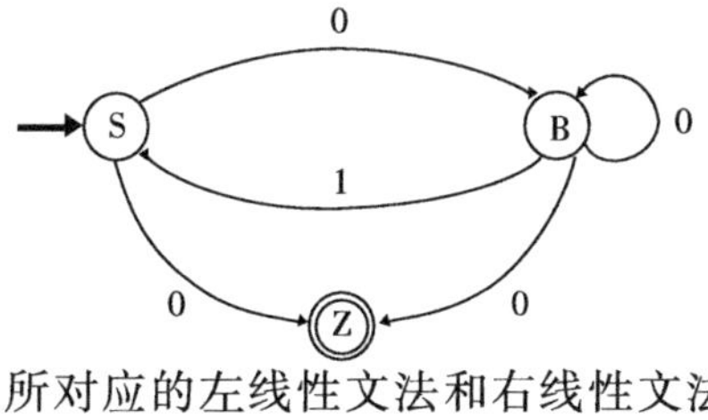

3-10 给出题 3-7 的 FA 所对应的左线性文法和右线性文法。

3-11 用某种高级语言写出：

①非确定有限自动机确定化的算法；

②有限自动机简化的算法；

③把正则表达式转换为有限自动机的算法。

第4章 符号表

4.1 符号表的地位及作用

在程序中，用户用标识符定义了很多名字来代表不同的数据对象，例如，变量、常数、过程和函数等，这些数据对象简称为单词或符号。在编译程序工作的过程中，需要经常收集、记录和使用程序代码中这些单词的有关信息，这些信息集中反映了单词的语义特征属性，被存放在一个称为符号表的数据结构中。在词法分析到代码生成的各阶段，按要求从表中获取单词的不同属性信息，用作语义检查、产生中间代码以及最终生成目标代码。

符号表是编译程序的一个主要数据结构，符号表通常与编译程序的各个阶段有关，编译程序的各阶段需要不断向符号表输入信息，或者通过它消除二义性。

直观上看，符号表是由一些名字一属性的偶对所组成的集合。在符号表中与每个名字相关联的是一个属性，或一组属性，或某些关于进一步处理的指示。这些属性全面地反映了各个单词在编译过程中的特征，诸如单词的种类（常量、变量、数组、过程等）、单词的数据类型（整型、实型、布尔型等）、为单词分配的数据空间的存储地址以及编译过程中的一些特征标志和其他有关信息。

符号表的作用可归结为以下几个方面：

①收集单词属性

在分析程序设计语言中的说明部分时，编译程序根据说明信息收集有关单词的属性，并在符号表中建立单词的相关属性信息。例如，编译程序分析到下述 PASCAL 语言的两个说明语句

```
f:real;
c:char;
```

则在符号表中收集到单词 f 的属性是一个实型变量，单词 c 的属性是一个字符型变量。

②语义的合法性检查

在语义分析中，符号表所登记的内容将用于语义检查，检查一个单词的使用和原先的说明是否一致。例如，对下列 PASCAL 语言程序段：

```
a :integer;
      ⋮
a := 3.5;
```

在编译过程中,先在符号表中插入标识符 a,a 的属性是整型变量,然后在分析赋值语句时,发现标识符 a 被赋值为实数。通过语义检查可发现其不一致错误。

如果程序中出现同一个变量被说明多次,也可以通过符号表发现。例如如果一个 PASCAL 语言程序中出现下列说明

a:integer;

a:real;

编译程序首先在符号表中记录了标识符 a 的属性是一个整型变量,而后在分析第二个说明时编译系统可通过符号表检查出标识符 a 的二次重定义冲突错误。

③地址分配的依据

在目标代码生成阶段,当对标识符进行地址分配时,存储单元的分配与标识符的属性密切相关。如整型量与实型量的存储分配单元不同;简单变量与数组、记录等变量的存储分配单元也不相同等等。通过查找符号表,可以获得标识符的所有属性。因此,符号表也是地址分配的依据。

给标识符分配的存储单元地址,也作为该标识符的属性填入符号表中。在编译程序的目标代码生成过程中,直接到符号表中获取已有的单元地址信息。

综上所述,符号表在整个编译期间有两个方面的重要作用,一是辅助语义的正确性检查,二是辅助目标代码的生成。

符号表操作主要有插入、检索和删除。当处理新定义的单词时,插入操作依赖存储这些单词定义所提供的信息。当使用单词时,检索操作找出与单词对应的信息。而当不再使用单词的定义时,需要删除操作除去单词定义提供的信息。几乎在编译程序工作的全过程中,都需要对符号表进行频繁地访问,且所耗费的时间,在整个编译过程所需的总时间中,占有很大的比例。如何组织好符号表,为符号表上的操作选择好的算法,是提高编译效率的不可忽视的问题。

4.2　单词的属性及符号表的内容

符号表的操作依赖于要翻译的语言的特性,例如,当进行插入操作时,要将单词的什么属性插入到符号表中,不同的语言都有很大的差别。一般在符号表中存储的信息包括数据类型信息、作用域信息以及在存储器中的最终定位信息。

4.2.1　单词的基本属性

从前面的分析可知,符号表中每个表项应包括单词的名字和属性两个部分。单词的名字为该单词的最基本属性。除了名字基本属性外还有其他属性。现就 PASCAL 语言中的部分单词介绍其有关属性。

1)保留字的属性

保留字本身已确定了其含义,属性即为其名字,不需要再刻划其属性。如 if、else、while 等。

2)特殊符号的属性

特殊符号本身已确定了其含义，名字即是其本身。如＜、＞、＞＝、＝、＋等。

3)常量的属性

常量的名字即是其本身，其属性由名字、值和类型来刻划。如 300、0.05、14、FALSE、TRUE 等。

4)标识符的属性

标识符的属性由其名字、类型和作用来刻划。PASCAL 语言的数据类型非常丰富，除了标准类型外，用户还可以自定义数据类型，如数组类型、记录类型、枚举类型等，使得编译程序要处理更多的信息，相应地符号表也更为复杂。这里仅介绍其中一部分，以便读者对属性有一个大致了解。

①标准类型标识符

标准类型标识符已定义好，不需要再刻划。如 char、integer、real、boolean。

②常量标识符

常量标识符的属性除了名字以外、还要包括类型和值。例如，有常量说明

```
const pi=3.14159
      k=50
```

其属性描述如表所示：

名字	类型	值
pi	实型	3.14159
k	整型	50

③简单变量标识符

简单变量标识符的属性应包括名字、类型和分配的单元地址(绝对地址或相对地址)。要注意的是，若是局部变量或是记录的域，则地址可以是相对于过程入口或记录入口的单元地址。

例如，对于变量说明

```
var i, j:integer;
    x, y, z:real;
```

设整型变量占二个存储单元，实型变量占 4 个存储单元。上述变量的属性描述如表所示：

名字	类型	地址
i	整型	200
j	整型	202
x	实型	204
y	实型	208
z	实型	212

④数组标识符

数组的属性包括名字、数组元素的类型、维数、上界、下界、下标类型以及该数组在数据区中的首地址等。

⑤记录标识符

对于记录类型的变量，应取得关于域名和域类型信息。

⑥指针标识符

对于指针类型标识符，其属性应包括其所指对象的类型信息。

⑦过程或函数标识符

过程或函数标识符的属性包括名字、是否为标准过程或标准函数、形参、局部变量、以及入口地址等。

对于分程序嵌套或过程嵌套的结构型程序设计语言，其属性还包括分程序或过程的层次信息。此外，过程或函数是否递归的信息也可以作为过程或函数标识符中的一种属性。

4.2.2 标识符的处理

在程序中标识符可以出现在源程序中不同的语法位置上，确切地说，可以出现在说明部分和语句部分，对于出现在不同位置的标识符，应该进行不同的处理。尤其对于PASCAL这种嵌套分程序结构的语言，同一个标识符在不同的上下文中可以代表不同的数据对象。

(1)标识符的定义性出现与应用性出现

在程序中标识符的出现可以分为定义性出现和应用性出现。标识符的定义性出现是指当源程序中某标识符在说明部分中首次被说明而与类型等属性信息相关联，以及某标识符在形参表中出现时，此标识符便是定义性出现。除此之外出现的标识符均为应用性出现。

鉴于PASCAL与C语言要求任何标识符必须用显式定义，且一般都遵守先说明后使用的原则，我们可以根据标识符是定义性出现还是应用性出现进行处理。

如果标识符是定义性出现，则将标识符及其属性填入符号表中。但要注意的是，并不是只要标识符出现在说明部分中总是定义性出现。例如

```
type t = array[1..10]of  integer;
var  a :t;
```

其中，变量说明部分的标识符t便不是定义性出现，因为这时不是让t与某类型属性相关联。

当标识符出现在语句部分中时总是应用性出现，此时，便在标识符表中查得该标识符相应属性字内容进行复制。

此外，对于隐式说明的程序设计语言，任何对标识符的引用均要先查表，当未查到时，则认为该标识符是首次引用，将其属性填入符号表中。

对于显式说明的程序设计语言，如果标识符在符号表中未找到，则有三种情况：(1)该标识符未定义；(2)该标识符在外层定义；(3)先使用后定义。若是先使用后定义，则在本层结束时即可查到。若是外层定义，则应到外层接着查找，一直查到整个程序结束，若还查不到，则说明该标识符未定义，这是源程序的语法错误，给出错误信息。

(2)标识符的作用域

对于PASCAL这种分程序嵌套结构型的程序设计语言，由于每层分程序说明的标识符只局限于该分程序，离开其所在的分程序便无意义了。另外当外层分程序出现的标识符在内层中又被重新定义时，则内层分程序中出现的该标识符都与内层中定义的类型等信息相关联。因此，尽管同名标识符应用性出现在内外层分程序中，但在内外层中具有不同的含义，应视为不同的标识符。这表明标识符的作用域是不同的。

标识符的作用域是指标识符与类型等属性信息相关联的有效范围。对于PASCAL语言，

它采用静态作用域规则，并且服从“最近嵌套规则”确定标识符的作用域：为同一个名字给定几个不同的说明，被引用的说明是最接近引用的那个嵌套层。为了解决标识符的作用域，一个简单可行的方法是使用栈结构符号表。其基本思想是：

① 首先为每一层设置一个间隔标志，表示一层的开始。初始化栈为最外层间隔标志。

② 将当前层中定义性出现的标识符入栈。如果处理到当前层分程序的复合语句之前又进入新的一层分程序，则在进入之前把该层间隔标志入栈，然后以新的一层为当前层重复本步骤，直到进入当前层所对应的复合语句。

③ 对当前层所对应用性出现的标识符自栈顶向下在当前层检索该标识符。若检索成功，则复制其属性；否则越过间隔标志在外层中继续检索，如此下去，直到检索成功，这时进行属性的复制。如果直到最外层也未检索到该标识符，表明该标识符未定义，给出错误信息。

④ 重复步骤 3 直到处理到当前层结束，这时将当前层退去，直到遇到第一个间隔标志为止。以此间隔标志作为新的当前层。

4.2.3 符号表的内容

符号表是用来登录单词及其相关信息的数据结构，前面介绍了各种单词的属性，这些属性都应根据不同种类的单词相应地登记到符号表中。一般来说，符号表的主要内容包括：单词的名字，单词的种类（常量、变量、数组、函数、过程等）、属性（整型、实型、字符型、布尔型、作用域等）、数组的维数、下标类型和过程或函数的参数等。

总之，符号表应包括单词的所有属性，以便于编译程序各个阶段的顺利进行。

4.3 符号表的组织

一个编译程序，从词法分析、语法分析，语义分析到代码生成的整个过程中，符号表是连贯上下文进行词法检查、语法检查、语义处理、生成代码和存储分配的主要依据，因此符号表的组织直接关系到编译程序的效率。

合理的符号表组织取决于许多因素。在具体设计一个编译程序的符号表时要考虑到源语言的文法、目标机的性能、产生怎样的目标代码以及编译程序所依赖的操作系统能提供哪些存储管理方式等。此外还要与编译程序的具体设计方案相联系，综合各方面的因素，以求最佳组织。

通常最容易的是用一张符号表保存所有不同种类的单词的属性。特别是当语言禁止在不同种类的说明中使用相同的名字时。对每种说明使用不同的符号表也较容易，例如将所有的变量放在一张符号表中，而所有的常量包含在一张符号表中，将关键字组织在一张符号表中。对于某些语言，如 C 语言和 PASCAL 语言希望不同的过程都有独立的符号表。

4.3.1 符号表的总体组织

前面已介绍过，符号表是名字-属性的偶对，因此，一般来讲，一张符号表的每一项均由两部分组成：第一部分，即名字栏，用来存放单词或其内部码；第二部分为属性栏，一般由若干个子栏组成，用来记录与该名字相关的各种属性和特征。符号表的形式如表 4.1 所示。

表 4.1　符号表的内容

	名字栏	属性栏
第 1 登记项	名字栏	属性栏
第 2 登记项		
⋮	⋮	⋮
第 n 登记项		

程序设计语言中不同种类的单词,它们的属性信息不完全相同,但属性之间的区别的程度是不一样的,如关键字的属性与变量属性信息相差较大,变量的属性与函数或过程的属性相差也较大,但对于像不同变量之间(如简单变量之间或简单变量与数组或记录之间)的属性信息差别相对就小一些。因此编译程序对符号表的总体组织可有下列几种选择。

第 1 种组织方式将所有语言中的单词都组织在一张符号表中。这种组织方式的最大优点是总体管理非常集中单一,且不同种类单词的共同属性可一致地管理和处理。这样组织所带来的缺点是,由于不同种类的单词其长度不同,若按单词最大允许长度来确定名字栏的长度,就会浪费大量的存储空间,且会增加一些无用的属性栏。

第 2 种组织方式将属性完全相同的那些单词组织在一起。这样构造出多个符号表,这样组织的最大优点是每个符号表的属性个数和结构完全相同。且表项是等长的,并且表项中的每个属性栏都是有效的,按这种方式建立的符号表在处理上常常是比较方便的。但增加了总体管理的工作量和复杂度,使得符号表的管理显得臃肿。

第 3 种组织方式是将单词属性相似的单词组织在一起。每张表中记录的单词都有比较多的相同属性。这种符号表的组织方式在管理复杂性及时空效率方面都取得较好效果。

4.3.2　常用符号表结构

编译程序中使用的符号表是一个典型的目录数据结构。插入、检索和删除这 3 种基本操作的效率根据符号表结构组织的不同而变化很大。在编译程序中,符号表结构的典型实现包括无序符号表、有序符号表、散列表、树结构符号表和栈符号表等。

(1)无序符号表

无序符号表的组织非常简单,它是按程序中标识符出现的先后顺序建立符号表。

对于显式说明的程序设计语言,则根据各标识符在程序的说明部分中出现的先后顺序将它们的名字及属性填入表中。

由于不允许同层分程序有同名标识符,所以每当遇到标识符就要对已建立的符号表全体进行查找操作。

对于无序符号表,只能采用从表首依次查找到表末的顺序查找方法。

(2)有序符号表

有序符号表是将程序中的标识符按字典顺序排列于符号表中,这样一来符号表便是有序的。

对于有序符号表,每次填表均要进行查表操作,以便确定所填入的标识符在符号表中应有的位置。每当有标识符填入时,可能会引起某些标识符的名字及其属性在表中的移动,增加了所耗的时间。

对于有序符号表,常见的查找方法有顺序查找和折半查找。

(3)散列表

为了提高查找符号表效率,可以考虑采用散列技术来实现符号表。

散列表通过散列函数把关键字(在这种情况下是单词)散列到散列表中一个位置,从而实现关键字的直接访问。语言中的单词在经过散列函数计算后,有可能得到相同的散列值。这种不同单词散列到表中同一个位置中称为冲突。对于散列表来说,一个重要问题就是如何解决冲突。一种解决方法称为开放定址法。在这种方法中,通过在连续的表中位置插入新项来解决冲突。在这种情况下,散列表的内容由表中所使用的数组大小限制,它还会造成聚集,引起性能的下降。另一种方法称为链地址法,是把散列表的每个单元定义为一个链表的表头。散列到同一个位置所有项都存放到这个单元的链表中。例如,考虑 4 个单词存储在长度为 6 的散列表中,单词 i 的散列位置为 1,单词 k 的散列位置是 5,sum 和 temp 的散列位置均为 3,生成的散列表如图 4.1 所示。

散列法的一个要点是设计一个好的散列函数,一是要计算速度快,二是要把所有单词均匀分布到散列表中。在符号表实现中使用的散列函数可以先将单词的每个字符转换成一个非负整数,然后,这些整数用一定的方法组合成一个整数,最后把结果整数调整到散列表范围内。

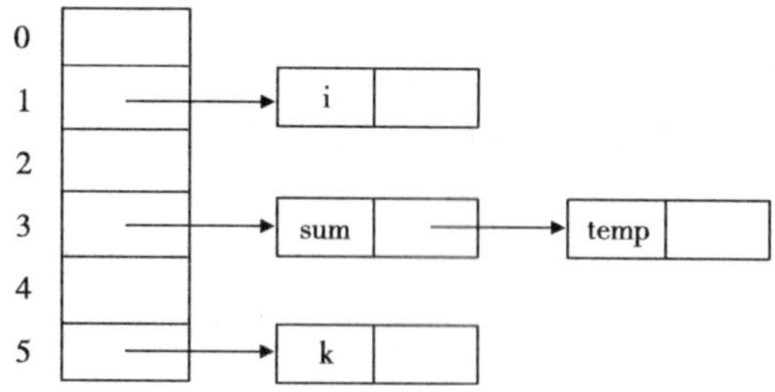

图 4.1　散列表示例

显然,采用散列技术无需再进行比较或只需进行少量比较而可很快定位。

(4)树结构符号表

树结构符号表包括各种搜索树结构如二叉搜索树、AVL 树、B 树等,它们没有提供最好的效率,删除操作也较复杂。

(5)栈符号表

栈符号表适用于分程序嵌套结构型程序设计语言。针对嵌套结构型语言的特点,将其符号表设计为栈符号表更加适宜。

栈符号表的登记项总是从栈顶加入的,查找操作总是从符号表的栈顶往底部查找,保证了先查最近出现的标识符。由于程序是分层的,并且分程序结束时将释放对应的该分程序的单词,因此查找范围相对比较小。

现以例介绍具体编译过程中栈符号表的变化情况。考虑下列 PASCAL 程序段:

```
program   ex;
          var x, y : integer;
  procedure   p1(f1 : real);
          var   s:   char;
  begin                          ①
  …
```

```
    end;                                        ②
    procedure   p2(f2 : integer);               ③
            var x, s : real;
            procedure p21;
                     var t : boolean;
            begin                               ④
                     …
            end;                                ⑤
    begin { * p2  * }
       …
    end;
  begin   {    *  main program  * }             ⑥
  end.                                          ⑦
```

当扫描到①处时，标识符栈内容如图 4.2(a)所示。这时对于其后的 s 与 f1 可在当前层中查到。当扫描到②end 后的分号“;”时，已达到过程说明之尾，这时把栈中当前层退去，符号表如图 4.2(b)所示。当扫描到③中的 p2 时，p1 与 p2 同属第 0 层，形参属于第 1 层，符号表如图 4.2(c)所示。当扫描到④处时，标识符栈内容如图 4.2(d)所示。当扫描到⑤时，标识符 t 将在当前层查到而与 boolean 型相关联，标识符 x 与 s 则越过间隔而在紧外层(1 层)查到，都与 real 型相关联。而标识符 y 却在最外层(0 层)中找到，与 integer 型相关联。扫描到⑥时已先后退出过程说明 p21 与 p2，标识符栈如图 4.2(e)所示，当前层对应于第 0 层，因此扫描到⑦时，x 与 y 均查到且与 integer 型相关联，但标识符 s 不能查到，表明 s 无定义。当扫描到结束源程序的符号“.”时，栈已上退成空栈。

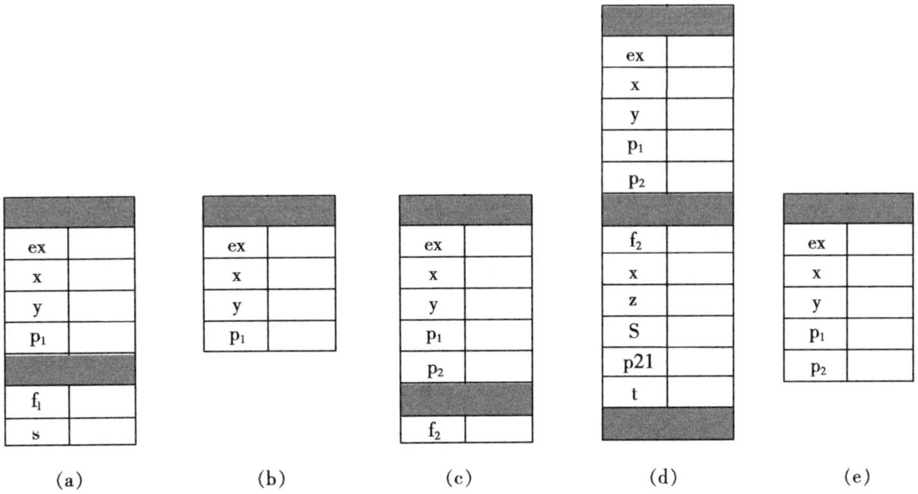

图 4.2　栈符号表的变化情况(阴影表示间隔标志)

4.4 符号表的管理

符号表的管理主要包括:初始化、查填与删除。

4.4.1 符号表的初始化

符号表的初始化,就是在对某一语言程序开始编译时,定义建立符号表的初始状态。符号表的不同组织方法要求不同的初始化方法。

对于静态符号表,当编译程序开始扫描程序时,符号表是预先构造好并存于内存的。因此静态符号表的初始化就是构造好如保留字表、标准函数名表等。

对于动态符号表,如标识符表、标号表、数组信息表和过程信息表等,是编译程序在编译过程中根据需要构造的。因此,动态符号表的初始化就是将符号表初始化为空表,随着编译的进行,动态表是不断变化的。

4.4.2 符号表的查填

在整个编译过程中,符号表的查填频率是非常高的。查找符号表的目的是建立或确认该单词的语义属性。对查到的单词来说,可获得该单词已登录的语义属性,从而进行语义上下文的检查,并在有些情况下登录该单词的新的属性内容。根据程序设计语言的不同,查填符号表存在以下两种情况:

1)隐式说明语言的符号表查填

在隐式说明的程序设计语言中,不包含说明部分。如 FORTRAN 语言,在该语言中,类型通过不同的约定来指定。如一个自定义标识符的第一个字母为 i、j、k、l、m、n 之一时,则该标识符所指的变量是整型,而其余字母开头的标识符所指的变量均为实型。

在隐式说明语言程序的编译过程中,语句部分每出现一个标识符都要进行查找,若在表中查到同名标识符,则表示该标识符已在符号表中登录,若查不到,则表示该标识符是一个新的需要登录的标识符,将其填入表中。

2)显式说明语言的符号表查填

在显式说明的程序设计语言中,包含说明部分。如 PASCAL 语言、C 语言等,对程序中引用到的所有标识符均要首先说明。在显式说明语言程序中,同一层分程序内的同名标识符不能被说明两次或两次以上,因此,在说明部分每出现一个标识符,首先要查表,判断该标识符是否已被说明,若未被说明过,则将其登记填表。

此外,在这类语言中,在程序的语句中不允许使用未经说明过的标识符,因此,在程序的语句部分,每出现一个标识符必须先查表,查看该标识符是否已经在表中,若在表中查不到,表示未被说明,则登记填入符号表中,并指出错误。另外还要检查该标识符在说明部分说明的属性与语句部分使用该标识符的属性是否相符合。

4.4.3 符号表的删除

当不再使用单词的定义时,需要从符号表中删除单词定义提供的信息。在无序符号表和有序符号表中删除一个单词时,需要移动表中元素。对于散列组织的符号表,当从中删除一个单词后,应注意不能影响后面单词的查找。

符号表的两项重要作用是辅助语义正确性的检查和目标代码的生成。因此当编译结束后,符号表可以从内存中退出。但实际上符号表中有些信息是目标程序运行中必不可少的,如数组的下标变量的计算需要数组信息表为其提供必要的信息。因此对符号表中有些信息还要以适当的方式由编译阶段传递到运行阶段。

习 题 4

4-1　什么叫符号表?符号表常常包括哪些表格?

4-2　符号表有哪两个方面的重要作用?

4-3　符号表的组织取决于哪些因素?

4-4　试叙述如何解决分程序中标识符的作用域问题。

4-5　标识符在程序中的出现有哪两种情况?编译时如何对它们进行处理?

4-6　假定某语言的变量名字表示为字母开头的字母或数字的符号串。该语言的符号表采用散列表实现,冲突解决策略采用链地址法。请为该符号表设计散列函数以及插入、检索和删除的算法。

4-7　请用本章4.3节介绍的散列函数构造方法计算C语言的关键字的散列值,编写程序实现之。

4-8　假定符号表采用栈结构组织,请给出下列C程序段执行过程中符号表的变化情况。

```
int i, j;
int fun(int n);
{
        char i, t;
        …
        {
                float j;
                …
        }
        …
        {
                char *j;
                …
        }
}
```

第5章

词法分析

5.1 引　言

词法分析是编译的第一个阶段，它的主要任务是分析由字符组成的源程序，把它们识别为一个个具有独立意义的单词，并识别出其有关属性再转换成长度统一的属性字，以供其他部分分析使用。完成词法分析工作的程序称为词法分析程序，通常又称为扫描程序或扫描器。简单地说，词法分析程序就是扫描源程序，识别单词，转换成属性字。

一般地，词法分析程序执行下列几项功能：读入源程序字符串，识别具有独立含义的最小语法单位——单词，对识别过程中发现的词法问题，则输出有关的错误信息，同时进行一些简单而力所能及的却又有利于下一阶段分析的工作，如删除注释与进行某些预加工处理等。

在具体实现一个编译程序时，对词法分析程序的实现可以有两种方法：①把词法分析程序作为一趟独立出来，使词法分析与语法分析完全分开；②把词法分析程序作为语法分析程序的一个独立子程序。

如果将词法分析工作单独作为一趟来处理，则词法分析是主程序。其输入是用高级语言编写的由字符组成的源程序，输出是由单词组成的与源程序等价的中间程序。

如果将词法分析工作作为独立子程序来处理，则语法分析是主程序。每当语法分析程序需要读一个新的单词时，就去调用词法分析子程序。调用时，词法分析程序识别出源程序中下一个单词，交给语法分析程序，直到分析结束。

编译程序以哪种方式实现词法分析完全取决于实现者的总体考虑。但存在一种倾向把词法分析程序作为一个独立的阶段，这样做主要有下列好处：

1)使整个编译程序的结构更简洁、清晰和条理化　词法分析比语法分析要简单得多，可用更有效的特殊方法和工具进行处理。有些语言的词法分析工作比较麻烦，如 FORTRAN 这种受书写格式限制的语言，使得识别其单词符号曲折和费时。又如，空白和注释的处理等。如果统统合在语法分析时一并考虑，显然会使语法分析程序的结构复杂得多。而将词法分析作为一独立阶段就有利于集中力量考虑这些枝节问题。

2)改进编译程序的效率　扫描字符以把单词符号分离出来所花费的时间，在编译程序整个运行时间中占有很大的比重。将词法分析独立出来，采用专门的读字符和分离单词的技术可提高编译的速度。另外，由于单词的结构可用有效的方法和工具进行描述和识别，进而可建立词法分析程序的自动构造工具。

3)增强编译程序的可移植性　将词法分析独立出来,可以将涉及到与设备有关的特征,比如采用 ASCII 字符编码还是 EBCDIC 字符编码,对语言的字符集的特殊性的处理,都置于词法分析程序中解决而不影响编译程序其他成分的设计。

当由词法分析程序识别出单词后,该单词同时被填入到符号表中,以供编译程序各个阶段使用。本章主要讨论单词的描述技术,识别机制,词法分析程序的设计原则及词法分析程序的自动构造原理。

5.2　源程序的输入及预处理

词法分析程序工作的第一步是输入源程序文本。为了方便源程序文本的处理,一般在内存中开辟一个缓冲区,将源程序文本串放在这个缓冲区中,这个缓冲区称为输入缓冲区。词法分析可以直接在这个缓冲区中进行。但在许多情况下,首先将源程序文本进行预处理,这将方便对单词的识别。

在许多程序设计语言中,空白符、跳格符、回车符和换行符等编辑性字符除了出现在字符串常量之中外,在别处的任何出现都没有意义,而注释部分几乎允许出现在程序中的任何地方,它们不是程序的必要组成部分,它们的存在只是为了改善程序的易读性和易理解性。对于它们,预处理时可以将其剔除。

在有些语言中将空白符(一个或相继数个)用作单词符号之间的间隔,即用作界符。在这种情况下,预处理时可把相继的若干个空白符撮合成一个。

因此,预处理的工作包括:剔除无用的空白符、跳格、注释、回车和换行等编辑性字符;将源程序的列表打印也放在预处理中进行。源程序的列表打印应根据未经预处理的输入串直接进行,这样打印出的文本才可能与用户输入的相一致。

可以构造一个预处理子程序,用它来完成上面所说的任务。词法分析程序执行时,先调用预处理子程序,由预处理子程序处理出一串确定长度的输入字符,并将其装进词法分析程序所指定的输入缓冲区中。这样,词法分析程序就可以在此缓冲区中直接进行单词的识别,而不必照管其他繁琐事务。

词法分析程序对输入缓冲区进行扫描时一般用两个指示器,一个指向当前正在识别的单词的开始位置(指向新单词的首字符),另一个用于向前搜索以寻找单词的终点。

若将源程序输入到缓冲区中,不论输入的缓冲区定义得多大,都不能保证单词符号不会被它的边界所打断。例如,可能存在这样的情况:搜索指示器已指向输入缓冲区中的最后一个字符,但仍未找到该单词的右边界符。这时若再读一部分源程序进缓冲区,那么,就要将还没有处理过的字符冲掉。为了解决这个问题,输入缓冲区最好使用一个如图 5.1 所示的一分为二的区域。

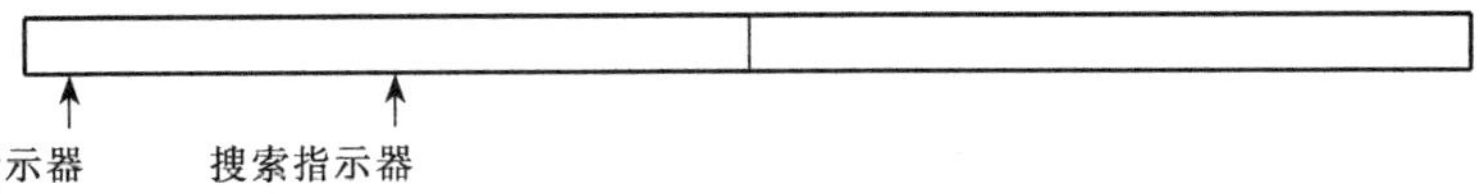

图 5.1　输入缓冲区

假定输入缓冲区每半区可放 80 个字符,而这两个半区又是互补使用的,即每次输入都是 80 个字符。可先输入到某半个缓冲区中,如果搜索指示器从单词起点出发搜索到半区的边缘但尚未到达单词的终点，那么就应调用预处理程序，令其把后续的80个输入字符装进另半区，然后继续往下读直到单词的终点。假定在搜索指示器对另半区进行扫描的期间内，现行单词的终点必定要能够到达。这意味着对单词的长度实际上已作了限制，即不能超过半个缓冲区的长度，否则，即使缓冲区再大也无济于事。

5.3 单词的表示和词法分析程序的实现

5.3.1 单词的种类

单词是一个程序设计语言的基本语法符号，在程序设计语言中起着各种作用，有着不同的含义。为便于词法分析，通常将单词进行分类。例如，PASCAL语言通常将单词分成以下几类：

(1)保留字，也称关键字，它们是语言中具有特殊含义的字母表字符的固定串。如if、while、for等。

(2)标识符，它们通常被定义为以字母开头的字母和数字序列，用来表示各种名字，如常量名、变量名、过程名和函数名等。

(3)运算符，由特殊符号组成，包括算术运算符、关系运算符、逻辑运算符、赋值号和等号等。它们可以是单个字符，如=，也可是多个字符如：=或>=。

(4)常量，各种类型的常量，如数字常量24和2.1718，布尔常量TRUE、FALSE，串常量"Hello"，"How do you do?"，字符常量'a'，'b'等。

(5)界符，包括，、；、(、)等。

5.3.2 单词的输出形式

词法分析程序的输入是源程序字符串，输出是与源程序等价的单词序列。作为词法分析程序的输出的单词序列，可以有各种不同的具体内部表示形式，只要不同的单词有惟一的表示，能彼此区别开即可。为了后续阶段的处理，词法分析程序有时采用某种中间语言形式表示单词以及与单词关联的值，然后交给语法程序。通常一个单词采用以下二元式表示：

(单词类别，单词的属性)

其中：

(1)单词的类别

单词的类别表示单词的种类，是语法分析需要的信息，通常用整数编码。一个语言的单词如何分类，分成几类，怎样编码，主要取决于处理上的方便。单词的种类编码方法应最大限度地把各个单词区别开来。一般可以采用下述分类方法。

①关键字可将其全体视为一类，也可以一字一类。采用一字一类的方法实际处理起来比较方便。

②标识符一般统归一类。

③常数则宜按类型(整型、实型、布尔型等)分类。

④运算符可采用一符一类的方法，但也可以把具有一定共性的运算符(如所有关系运算

符)视为一类。

⑤界符一般用一符一类的分法。

(2)单词的属性

单词属性用来区分该类单词中哪一个单词。它是单词本身的机内编码。如果一个类别中只含一个单词,那么,对于这个单词,类别编码就完全代表它自身了。若一个类别含有许多个单词,那么,对于它的每个单词,除了给出类别编码之外,还应给出其属性。任何与单词相关的值都是单词的属性。例如在 Pascal 语言中的语句 const i=24;yes=10;中的单词 24 和 10 的类别都是常数,值分别是 24 和 10。单词属性对于代码生成来说,是必不可少的。

对某些单词来说,不仅仅需要它的值,还需要其他一些信息以便编译的进行。比如,对于标识符来说,还需要记录它的类型、作用域还有其他属性,如果这些属性统统收集在符号表中,那么可以将单词的二元式表示设计成如下形式:

(标识符,指向该标识符所在符号表中位置的指针)

例如在 Pascal 语言中的语句 const i=24;yes=10;中的单词 i 和 yes 的表示为:

(标识符 i 的类别编码,指向 i 表项的指针)

(标识符 yes 的类别编码,指向 yes 表项的指针)

假定单词类型用整数编码,如标识符编码为 1,常数为 2,保留字为 3,运算符为 4,界符为 5。语句 if　(a==6) y=x;在经过词法分析程序处理后输出的单词和它们的二元式表示形式如下:

单词	二元式
保留字 if	(3,‘if’)
界符(	(5,‘(’)
标识符 a	(1,指向 a 的符号表入口)
运算符==	(4,‘==’)
常数 6	(2,6)
界符)	(5,‘)’)
标识符 y	(1,指向 y 的符号表入口)
运算符=	(4,‘=’)
标识符 x	(1,指向 x 的符号表入口)
界符;	(5,‘;’)

5.3.3　单词的描述

程序设计语言中单词的语法可以用有效的工具加以描述,如用正则文法来描述。由形式语言和自动机理论可知,对于用正则文法所描述的语言,可以用有穷自动机来识别。并且可以通过有穷自动机来构造词法分析程序,进而可以建立词法分析程序的自动构造方法。正则文法、正则表达式、有穷自动机已在第 2、3 章介绍,这里不再赘述。

5.3.4　词法分析程序的实现及 TINY 的词法分析器

(1)单词的识别:超前搜索

当词法分析程序识别单词时,就调用预处理子程序处理出一串输入字符放进输入缓冲区中，词法分析程序就从此缓冲区中逐一识别单词。当缓冲区的字符串被处理完之后，它又调用预处理程序装入新串。

词法分析程序在识别单词的时候，为了进一步判明情况，以确定下一步做什么，常采用一种称为超前搜索的技术。所谓超前搜索就是向前读取字符，并判别该字符是什么，当情况判明之后，再回过来处理已读过的字符。假设标识符是字母开头的"字母/数字"串，那么在识别标识符时，为了判别下一个字符是否是该标识符的组成部分，就要判别下一个字符是否是字母或数字，此时就要向前读取一个字符，若是字母或数字，则表明该字符是标识符的字符。只有搜索到一个非字母或数字时，才表示一个标识符的结束。

对于那些由多个字符组成的算符和界符(如 C 语言中的==，！=等)应识别为一个单一的单词符号，同样需要超前搜索。因为这些字符串是一个不可分的整体，若分隔开来，便失去了原来的意义。

(2)词法分析程序的实现

有穷自动机是识别正则式所表示语言的识别器。下面介绍根据有穷自动机来识别单词的方法。

如果对自动机的每一状态赋予一定功能，并把边上的符号视为转向条件，那么自动机就成为一识别单词的程序。

为了统一起见，令每类单词的词法分析程序一律读出其后继符。例如，对于识别标识符的有穷自动机，在识别标识符时，只有读到标识符的后继符(非 d，l)时，才能知道标识符的结束。因此，将识别标识符的自动机图 5.2 改画为图 5.3。

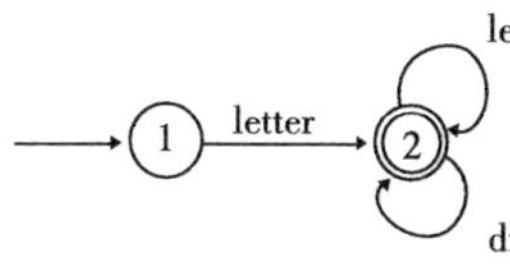

图 5.2 标识符的有穷自动机

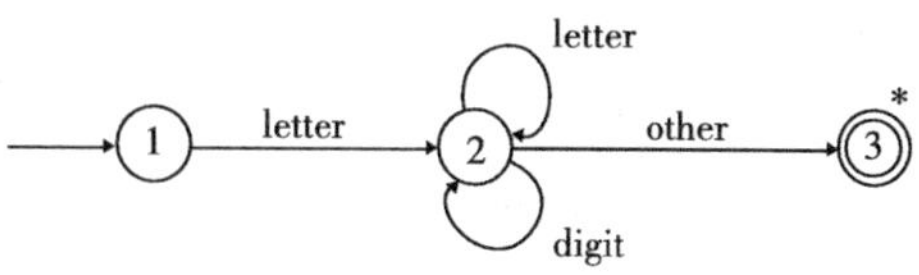

图 5.3 改进后的标识符的有穷自动机

将有穷自动机翻译成代码的一种有效方法是，利用一个变量保持当前的状态，并将转换写成一个嵌套的 switch 语句，其中第一个 switch 语句测试当前状态，第二个 switch 语句测试输入字符及所给状态。例如，根据图 5.3 中所示的有穷自动机可以写出识别上述标识符的 C 语言程序，其中 ch 表示输入字符，state 表示当前状态。

```
state=1;        /*   start   */
while (state==1 or 2 ) {
    switch (state) {
        case 1:switch (ch ) {
                    case letter:  advance the input;
                                  state=2;
                    default: state=…   /* error or other */
               }
        case 2:switch (ch) {
                    case letter,digit:  advance the input;
                                        state=2;
```

```
                        default:state=3;
                    }
        }
}
if  (state==3)          accept;
else error;
```

(3)TINY **扫描程序的实现**

1)TINY 语言的词法结构

TINY 的单词分为 3 种典型类型:保留字、特殊符号和“其他”单词。保留字一共 8 个,特殊符号包括运算符和界符:分别是四种基本的整数运算符号,两种比较符号(等号和小于),以及括号、分号和赋值符号。除了赋值符号是两个字符的长度之外,其余均为一个字符。TINY 的标识符是一个或多个字母的序列,数是一个或多个数字。TINY 语言的单词列在表 5.1 中。

除了单词之外,TINY 还要遵循以下的词法规则:注释应放在花括号{...}中,且不可嵌套;代码应是自由格式;空白符由空格、制表位和新行组成。

表 5.1　TINY **语言的单词**

保留字	特殊符号	其他
if	+	数 (1 个或多个数字)
then	-	
else	*	标识符 (1 个或多个字母)
end	/	
repeat	=	
until	<	
read	(	
write	)	
	;	
	:=	

根据 TINY 的词法结构很容易给出 TINY 单词的 DFA,如图 5.4 所示。其中注释由左花括号到达并在右花括号返回到它。赋值需要一个中间状态,它由分号上的初始状态到达,如果后面紧跟一个等号,那么就会生成一个赋值符号,反之生成一个错误单词符号。方括号指出了不可被消耗的先行字符。未列在特殊符号中的所有单个字符既不是空格或注释,也不是数字或字母,它们应被作为错误而接受。关于 TINY 语言的详解,请参见附录。

2)TINY 的分词算法

根据 TINY 单词的 DFA,不难写出其分词程序。在介绍分词程序之前,首先定义保留字类型 tokentype 与存放保留字的结构 reservedword。

```
typedef  enum {
   ENDFILE,ERROR,
   IF,THEN,ELSE,END,REPEAT,UNTIL,READ,WRITE,
   ID,NUM,
   ASSIGN,EQ,LT,PLUS,MINUS,TIMES,OVER,LPAREN,RPAREN,SEMI
```

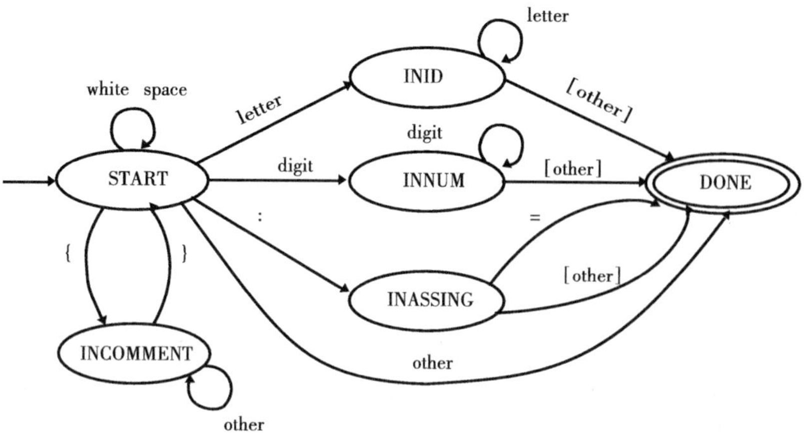

图 5.4　TINY 词法分析程序的 DFA

```
}tokentype;
struct {
    char *str;
    tokentype tok;
}reservedword[8];
```

由于 TINY 语言中保留字与标识符在书写上无区别，当扫描识别一个以字母开始并由字母组成的字符串时，首先查找保留字表，如果是保留字，则生成属性字，如果不是，则识别出标识符。对于特殊符号的处理只需注意到双符号特殊符号的存在，作相应处理即可。

TINY 分词程序由取下一字符函数、取标识符函数、检索保留字函数等组成。下面简略介绍这些函数。

① 取下一字符函数 getnextchar：其功能是从源程序文件中取一个有效字符。为了提高功效，减少对文件的频繁存取。首先从源程序文件中将多个字符读入输入缓冲区中，每当调用取下一个字符函数，便从缓冲区读出一个字符。当缓冲区中的字符全部被读出，则再次从源程序文件中将后续字符读入输入缓冲区中。

② 取标识符函数 getidentifier：其功能是读入若干个字符，形成一个单词，并生成相应属性字。为识别各个单词，该函数首先识别出各单词的开始符号，然后扫描相继各字符构成相应单词。

③ 略去注释函数 skipcomment。该函数功能是跳过注释。

④ 检索保留字函数 reservedlookup：该函数根据读到的单词去检索保留字表，如果该标识符是保留字，则返回该保留字，否则返回标识符信息。其 C 语言实现为：

```
tokentype reservedlookup(char *str)
{
    for (i=0;i<8;i++)
    if(! strcmp(str,reservedword[i].str))
       return reservedword[i].tok;
    return ID;
}
```

TINY 取单词函数如下：

```
tokentype gettoken(void)
{
    while (ch==' ')||(ch=='\t')||(ch=='\n')
      ch = getnextchar();
      switch (ch){
      case letter:
          str = getidentifier();
          currenttoken = reservedlookup(str);
          break;
      case digit:
          getnumber();
          currenttoken = NUM;
          break;
      case '+':
          currenttoken = PLUS;
          ch = getnextchar();
          break;
      case '-':
          currenttoken = MINUS;
          ch = getnextchar();
          break;
      case '*':
          currenttoken = TIMES;
          ch = getnextchar();
          break;
      case '/':
          currenttoken = OVER;
          ch = getnextchar();
          break;
      case '=':
          currenttoken = EQ;
          ch = getnextchar();
          break;
      case '<':
          currenttoken = LT;
          ch = getnextchar();
          break;
      case '(':
```

```
            currenttoken = LPAREN;
            ch = getnextchar();
            break;
        case ')':
            currenttoken = RPAREN;
            ch = getnextchar();
            break;
        case ';':
            currenttoken = SEMI;
            ch = getnextchar();
            break;
        case ':':
            ch = getnextchar()
            if (ch == '=')
                currenttoken= ASSIGN ;
            else
                currenttoken = ERROR;
                break;
        case '{':
            skipcomment();
            break;
        case EOF:
            currenttoken = ENDFILE;
            break;
        default:
            currenttoken = ERROR;
            break;
    }
    return currenttoken;
}
```

5.4 词法分析程序的自动生成

5.4.1 词法分析程序的自动生成问题

一般来说，在各种不同的高级程序设计语言中，单词的总体结构基本相同，从而人们总希望对所有的高级语言设计一个词法分析程序的自动生成程序。这样一来，只要给出某高级语言的单词描述，便能经过这样的自动生成程序自动产生相应的词法分析程序。这就是词法分析程序的自动生成问题。

在前面的章节中，用了较多的篇幅介绍描述单词的正则文法、正则表达式、NFA 和 DFA 的基本概念，以及从正则式到 NFA、从 NFA 到 DFA 的转换方法和 DFA 化简的方法。这些方法构成了词法分析程序自动生成的基础。正则式用于描述单词的结构十分简洁方便。可以把一个正则式转换为一个 NFA，再将此 NFA 转换为相应的 DFA，这个 DFA 就是识别该正则式所表示的语言的句子的词法分析程序。基于这种方法来构造词法分析程序的工具很多。下面以 LEX 为例介绍如何从正则式产生识别该正则式所描述的词法分析程序。

LEX 是一个广泛使用的工具，可用它来描述和自动产生所需的各种词法分析程序，称这个工具为 LEX 编译系统，它的源语言称为 LEX 语言。

LEX 是一种描述词法分析程序的语言，它的输入由一组正则表达式以及与之相伴的代码（或称动作）组成，每个动作指出相应的正则表达式所要完成的任务，也即当按该正则表达式识别出某单词后应执行的操作。LEX 的输出为一个词法分析程序，可用来识别和产生单词。LEX 编译系统的作用如图 5.5 所示。

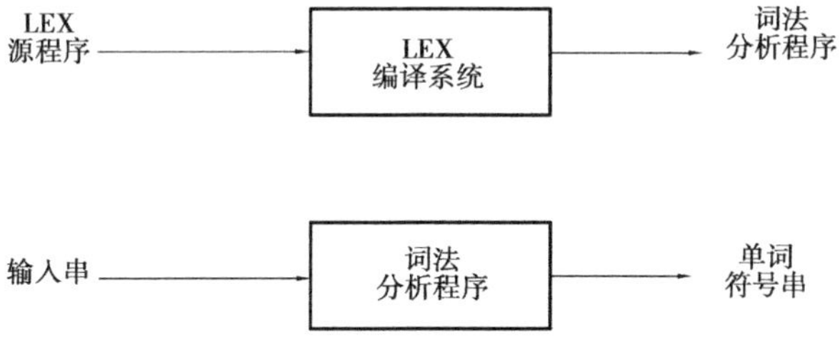

图 5.5　LEX 编译系统的作用

对于高级程序设计语言，只要给出其有关单词的描述，经 LEX 编译程序编译，即可获得该程序设计语言的词法分析程序。

(1)LEX 的正则表达式约定

LEX 正则表达式与前面章节介绍的正则表达式十分相似。LEX 用方括号对表示字符的集合。例如正则式[abc]就表示 a、b 和 c 中的任意一个字符。此外，还可用连字符表示字符的范围，因此正则式[0～9]在 LEX 中表示任何一个 0～9 的数字。句点在 LEX 中表示除了新行之外的任意字符。若表示不包含某个字符的集合，可将符号∧写在方括号的第一个位置。例如[∧abc]就表示不是字母 a、b 或 c 中任何一个的其他任意字符。

LEX 按通常的方法解释 *，+，(，) 和 |。例如，a* 表示由 0 个或多个 a 组成的字符串的集合，而 a+ 表示由 1 个或多个 a 组成的字符串的集合，(aa|bb) 与 aa 或 bb 匹配。LEX 利用字符？作为可选部分，例如(aa|bb)[ab]*c？表示以 aa 或 bb 开头，末尾则是一个可选的 c。表 5.2 给出了 LEX 中常用的元字符约定。

表 5.2 LEX 中元字符约定

正则式	含义
a	字符 a
a*	a 的零次或多次重复
a+	a 的一次或多次重复
a?	一个可选的 a
a|b	a 或 b
[abc]	字符 a、b 和 c 中的任一个
[a－d]	字符 a、b、c 或 d 中的任一个
[|abc]	除了 a、b 和 c 以外任一个字符
.	除了新行之外的任一个字符
{xxx}	名字 xxx 表示的正则表达式

(2)LEX 输入文件格式

LEX 输入文件由 3 部分组成：说明部分、转换规则和辅助程序，其间用%%做间隔符。LEX 输入文件的格式如下所示：

说明部分

%%

转换规则

%%

辅助程序

1)说明部分

说明部分包括变量、常量标识符与正则定义。正则定义中对一些正则表达式命名。在使用 LEX 时，先将高级程序设计语言的词法写成说明部分。说明部分的形式为：

D_1　　R_1

D_2　　R_2

　　…

D_n　　R_n

其中，R_i(i=1,2,…,n)是一个正则表达式，D_i代表此正则表达式的名字，其一般用小写英文字母串表示，为某高级语言的某语法成分的名字。例如，

```
digit       [0~9]
letter      [A-Za-z]
identifier  letter(letter|digit)*
```

2)转换规则

转换规则又称识别规则，是 LEX 源程序的核心，它由如下形式的语句组成：

P_1　　{action 1}

P_2　　{action 2}

⋮　　⋮

P_n　　{action n}

其中每个 P_i是一个正则式，是 $\Sigma \cup \{D_1, D_2, \cdots, D_i, \cdots, D_n\}$上的正则表达式，称为词型，它

描述了单词的形式。每个 action i 是一个动作，每个动作是一个可以执行的代码序列即程序段，并用花括号括起，它指出在识别出 P_i 所描述的单词之后，词法分析程序应采取的动作。转换规则完全决定了词法分析程序的功能，它只能识别由转换规则中正则表达式所定义的单词。例如，

```
BEGIN        {return( $ BEGIN)}
```

当识别出符号 BEGIN 时，将回送 BEGIN 的内部表示 $ BEGIN。

3)辅助程序

辅助程序是 action 所需要的辅助过程，它们给出转换规则部分中所需要的过程的定义，这些过程可以分别编译并置于词法分析程序中。如果要将 LEX 输出作为独立程序来编译，则这一部分还会有一个主程序。当第二个双百分号无需写出时，就不会出现这一部分。

(3)LEX 编译程序

LEX 编译程序是将 LEX 源程序翻译成词法分析程序的程序，其翻译过程大致如下：

①根据每条转换规则 P_i　　{action　i}　i=1,2,…,n 中的正则表达式 P_i 构造相应的非确定有穷自动机 NFA；

②将所有的 NFA 连成一个完整的状态转换图；

③由状态转换图构造状态转换矩阵；

④对状态转换矩阵确定化(也即将 NFA 转化为等价的 DFA)；

⑤根据 DFA，利用输入的转换规则构造词法分析程序。

(4)LEX 的变量和子程序

LEX 源程序还提供了一些变量和子程序。表 5.3 给出了 LEX 提供的常用变量和子程序，以及它们的含义。

表 5.3　LEX 的变量和子程序

LEX 变量和子程序名	含义/使用
yylex	LEX 扫描程序
yytext	当前规则匹配的串
yyin	LEX 输入文件，缺省为 stdin
yyout	LEX 输出文件，缺省为 stdout
ECHO	将 yytext 的内容打印出来

下面给出一些实例来说明 LEX 输入文件的格式。

例 5.1　下面的 LEX 输入指出一个给文本添加行号的词法分析程序，它将其输出发送到屏幕上。

```
%{
/* a LEX program that adds line numbers
  to lines of text , printing the new text
  to the standard output
 */
#include <stdio.h>
int lineno=1;
```

```
%}
line *.\n
%%
{line} {printf("%d  %s",lineno++,yytext);}
%%
main( )
{yylex( ); return 0; }
```

上述输入文件的第 1 行到第 8 行都位于分隔符%{和%}之间，这些行可以直接插入到由 LEX 产生的 C 程序中，它是位于任何过程的外部。尤其是从第 2 行到第 5 行的注释可以插入到程序开头的附近。从第 6 行和第 7 行可知，lineno 为一个全程变量且初值为 1。从第 9 行可知，line 被定义为正则表达式". *\n"，由 line 定义的正则表达式与输入的每一行都匹配。在第 10 行的%%之后，第 11 行包括了 LEX 输入文件的动作部分。每当匹配了一个 line 时，都写下了一个要完成的动作。正则式之后是 action，即每当匹配正则式都要执行的 C 代码。这个 C 语句将打印行号及 yytext。yytext 的名字是 LEX 赋予并由正则表达式匹配的串的变量名字，此时的正则表达式是由输入的每一行组成。最后，当 LEX 生成 C 代码结束时在第 2 个双百分号(第 13 行和第 14 行)之后插入 C 代码。代码包括了一个调用函数 yylex 的 main 过程。

运行从例 5.1 得到的词法分析程序，输入为例 5.1 本身，会得到如下的输出：

```
1 %{
2 /* a LEX program that adds line numbers
3  to lines of text , printing the new text
4  to the standard output
5 */
6  #include <stdio.h>
7  int lineno=1;
8  %}
9  line *.\n
10  %%
11  {line} {printf("%d  %s",lineno++,yytext);}
12  %%
13  main( )
14 {yylex( ); return 0; }
```

例 5.2　考虑下面的 LEX 输入文件：该程序将输入串中偶数输出到屏幕上。

```
dight [0~9]
number {dight}+
%%
{number} { int n = yytext;
           if (n % 2 == 0) printf("%d",n);
%%
```

```
main()
{yylex( );return 0}
```

LEX 系统已广泛应用于自动生成各种程序设计语言的词法分析程序。对于某高级程序设计语言,只要能按该语言的词法写出 LEX 语言的源程序,经过 LEX 编译程序,即可得到该语言的词法分析程序。

习 题 5

5-1　词法分析程序的主要任务是什么?

5-2　词法分析程序有哪两种处理结构?试分别叙述其处理思想。

5-3　请识别下列 PASCAL 程序段中的单词符号并给出单词的内部编码。

```
function max(i : integer; j : integer) : integer;
{ * return maximum of integers i and j}
begin
    if i>j then   max:=i
    else max:=j
end;
```

5-4　编写用于 C 语言注释的 DFA 实现代码。

5-5　试用高级语言编写无符号整数的词法分析程序。

5-6　编写一个将 C 程序中的所有的大写字母变为小写字母的程序,不包括 C 风格注释中的字母(即位于/ * … * /之间的字母)。

5-7　LEX 源文件由哪几个部分组成?试叙述 LEX 编译程序的功能。

5-8　编写一个 LEX 输入文件将 C 程序中以字母 b 开头或结尾的所有输入行均输出。

第6章

语法分析(1)

语法分析是编译过程的核心部分。语法分析的任务就是识别词法分析程序输出的单词序列是否为给定文法的正确句子,并确定其语法结构。尽管目前已提出了很多语法分析方法,但总体上语法分析的方法可分为两大类:自顶向下的分析方法和自底向上的分析方法。所谓自顶向下的分析方法就是推导的方法,即从文法的开始符号出发,试图向下构造待分析符号串的语法树,若语法树的叶结点可以构成该符号串(即能够推导出该符号串),则表示该待分析符号串是文法的句子;而自底向上的分析方法就是归约的方法,即从待分析符号串出发,从底向上构造语法树,若能构造至树根(即能够归约到文法的开始符号),则该待分析符号串是文法的句子。

常用的自顶向下的分析方法有递归子程序法,LL(1)分析法等;常用的自底向上的分析方法有算符优先分析法,LR(K)分析法等。本书将对这些方法作详细介绍。

6.1 常用终结符号集

为了方便以后讨论各种语法分析方法,首先介绍几种常用的终结符号集。它们是:①FIRST集(首符号集);②FOLLOW集(后继符号集);③SELECT集(可选集);④FIRSTVT集和LASTVT集。

6.1.1 FIRST集(首符号集)

定义6.1 设文法 $G[S]=(V_N,V_T,P,S)$,则

$$FIRST(x)=\{a \mid x \overset{*}{\Rightarrow} ay, a\in V_T, x,y\in V^*\}$$

特别,若 $x \overset{*}{\Rightarrow} \varepsilon$,则规定 $\varepsilon\in FIRST(x)$。

事实上,FIRST(x)是指由符号串 x 出发能够推导出的所有符号串中,处于串头的终结符号的集合。

设 $x=x_1x_2\cdots x_n$,根据定义,FIRST(x)可按以下算法求得:

令 $FIRST(x)=\Phi, i=1$

①若 $x_i\in V_T$,则 $x_i\in FIRST(x)$;

②若 $x_i\in V_N$,

ⅰ)若 $\varepsilon\notin FIRST(x_i)$,则 $FIRST(x_i)\in FIRST(x)$;

ⅱ)若 $\varepsilon\in FIRST(x_i)$,则 $FIRST(x_i)\backslash\varepsilon\in FIRST(x)$,然后令 $i=i+1$,重复①②,直至

$x_i \in V_T (i=2,3,\cdots,n)$，或 $x_i \in V_N$ 且 $\varepsilon \notin (FIRST(x_i)$，或 $i>n$ 为止；

③若 $x \overset{*}{\Rightarrow} \varepsilon$，则 $\varepsilon \in FIRST(x)$。

【注：】上述算法中，$FIRST(x_i)\backslash\varepsilon$ 表示 $FIRST(x_i)$ 去除 ε 后的集合。

例 6.1　设文法 $G[S]=(V_N, V_T, P, S)$，其中：

$$P=\{\ S \to abB \\ A \to SC \mid \varepsilon \\ B \to AbA \\ C \to B \mid c\ \}$$

求所有非终结符和符号串 AABcab 的 FIRST 集。

按算法，$FIRST(S)=\{a\}$

$FIRST(A)=FIRST(SC)\cup FIRST(\varepsilon)=FIRST(S)\cup\{\varepsilon\}$

$=\{a,\varepsilon\}$

$FIRST(B)=FIRST(AbA)=FIRST(A)\backslash\varepsilon \cup FIRST(bA)$

$=\{a,b\}$

$FIRST(C)=FIRST(B)\cup FIRST(c)$

$=\{a,b,c\}$

$FIRST(AABcab)=FIRST(A)\backslash\varepsilon \cup FIRST(A)\backslash\varepsilon \cup FIRST(Bcab)$

$=\{a\}\cup FIRST(B)=\{a,b\}$

6.1.2　FOLLOW 集(后继符号集)

定义 6.2　设文法 $G[S]=(V_N, V_T, P, S)$，$A \in V_N$，则

$$FOLLOW(A)=\{a \mid S \overset{*}{\Rightarrow} \cdots Aa \cdots, a \in V_T\}$$

特别，若 $S \overset{*}{\Rightarrow} \cdots A$，则规定 $\# \in FOLLOW(A)$。

实际上，FOLLOW(A)是指在文法 G[S]的所有句型中，紧跟在非终结符 A 后的终结符号的集合。

根据定义，FOLLOW(A)可采用以下算法求得：

①对于文法 G[S]的开始符号 S，有 $\# \in FOLLOW(S)$；

②若文法 G[S]中有形如 $U \to xAy$，$x \in V^*$，$y \in V^*$ 的规则，则

$FIRST(y)\backslash\varepsilon \in FOLLOW(A)$；

③若文法 G[S]中有形如 $U \to xA$ 的规则，或形如 $U \to xAy$ 的规则且 $\varepsilon \in FIRST(y)$，其中 $x \in V^*$，$y \in V^*$，则

$FOLLOW(U) \in FOLLOW(A)$。

例 6.2　设文法 $G[E]=(V_N, V_T, P, S)$，其中：

$$P=\{\ E \to E+T \mid T \\ T \to T * F \mid F \\ F \to (E) \mid i\ \}$$

求所有非终结符的 FOLLOW 集。

求 FOLLOW(E)：E 是文法的开始符号，∴ $\# \in FOLLOW(E)$

由规则 $E \to E+T$ 和 $F \to (E)$，$+,) \in FOLLOW(E)$

故 $FOLLOW(E)=\{+,),\#\}$

求 FOLLOW(T)：由规则 $T \to T*F$，$* \in FOLLOW(T)$

由规则 $E \to E+T|T$，$FOLLOW(E) \in FOLLOW(T)$

故 $FOLLOW(T)=\{*,+,),\#\}$

求 FOLLOW(F)：由规则 $T \to T*F|F$，$FOLLOW(T) \in FOLLOW(F)$

故 $FOLLOW(F)=\{*,+,),\#\}$

6.1.3 SELECT 集(可选集)

定义 6.3 设文法 $G[S]=(V_N,V_T,P,S)$，规则 $A \to x \in P$，则

$$SELECT(A \to x)=\begin{cases} FIRST(x)，当\ x \neq \varepsilon \\ FOLLOW(A)，当\ x=\varepsilon \end{cases}$$

由定义可见，SELECT(A→x)实际上是指在推导过程中，如果采用规则 A→x 进行推导，即用符号串 x 替换 A 时，下一个可能推导出的终结符号。

例 6.3 设有文法 G[S]：

$S \to aBc|bB$

$B \to bB|d|\varepsilon$

求各规则的 SELECT 集。

由定义，$SELECT(S \to aBc)=FIRST(aBc)=\{a\}$

$SELECT(S \to bB)=FIRST(bB)=\{b\}$

$SELECT(B \to bB)=FIRST(bB)=\{b\}$

$SELECT(B \to d)=FIRST(d)=\{d\}$

$SELECT(B \to \varepsilon)= FOLLOW(B)=\{c\} \cup FOLLOW(S)=\{\#,c\}$

$SELECT(C \to c)=FIRST(c)=\{c\}$

后面将看到，如果事先求出文法的所有规则的 SELECT 集，则在自顶向下的语法分析过程中，便有可能根据下一输入符号准确地选择候选式。

6.1.4 FIRSTVT 集和 LASTVT 集

定义 6.4 设文法 $G[S]=(V_N,V_T,P,S)$ 不含 ε 产生式，且任何产生式右部都不含有两个相继(并列)的非终结符，$A \in V_N$，则

$$FIRSTVT(A)=\{a|A \overset{+}{\Rightarrow} a\cdots 或\ A \overset{+}{\Rightarrow} Qa\cdots, a \in V_T, Q \in V_N\}$$

$$LASTVT(A)=\{a|A \overset{+}{\Rightarrow} \cdots a\ 或\ A \overset{+}{\Rightarrow} \cdots aQ, a \in V_T, Q \in V_N\}$$

由定义，FIRSTVT 集和 LASTVT 集可采用以下算法求得：

(1)求 FIRSTVT(A)集的算法

令 $FIRSTVT(A)=\Phi$

①若文法中有形如 $A \to a\cdots$ 或 $A \to Qa\cdots$ 的规则，则 $a \in FIRSTVT(A)$；

②若文法中有形如 $A \to Q\cdots$ 的规则，则 $FIRSTVT(Q) \in FIRSTVT(A)$。

(2)求 LASTVT(A)集的算法

令 LASTVT(A)＝Φ

①若文法中有形如 A→…a 或 A→…aQ 的规则，则 a∈LASTVT(A)；

②若文法中有形如 A→…Q 的规则，则 LASTVT(Q)∈LASTVT(A)。

例 6.4　设文法 G[E]＝(V_N，V_T，P，S)，其中：

P＝{ E→E＋T|T

T→T ∗ F|F

F→P ↑ F|P

P→(E)|i }

求每个非终结符的 FIRSTVT 集和 LASTVT 集。

由算法，FIRSTVT(P)＝{(，i}

FIRSTVT(F)＝{ ↑ }∪FIRSTVT(P)＝{ ↑ ，(，i}

FIRSTVT(T)＝{ ∗ }∪FIRSTVT(F)＝{ ∗ ， ↑ ，(，i}

FIRSTVT(E)＝{＋}∪FIRSTVT(T)＝{＋， ∗ ， ↑ ，(，i}

同理，　LASTVT(P)＝{)，i}

LASTVT(F)＝{ ↑ }∪LASTVT(P)＝{ ↑ ，)，i}

LASTVT(T)＝{ ∗ }∪LASTVT(F)＝{ ∗ ， ↑ ，)，i}

LASTVT(E)＝{＋}∪LASTVT(T)＝{＋， ∗ ， ↑ ，)，i}

6.2　语法分析方法概述

语法分析方法可分为两大类：自顶向下的方法和自底向上的方法。由于对源程序总是从左到右扫描，因而最关心的是最左推导和最左归约。下面分别介绍两类分析方法所面临的难点及其处理方法。

6.2.1　自顶向下分析方法

(1)自顶向下分析方法的回溯问题及其解决策略

自顶向下分析是从文法的开始符号出发，通过一次次直接推导，试图推导出待分析符号串的过程。在语法分析中，所谓待分析符号串实际上是指源程序经词法分析后的单词串，因而也称为(待)输入串或源程序，为简便起见，这种单词串常用形如 abcd# 的符号串表示。由于自顶向下分析是试图通过一次次直接推导得到待分析符号串的，推导的每一步都可能面临产生式的选择问题。因此就整个推导过程来说，存在着推导路径的选择问题。

例如，设有文法 G[S]，待分析符号串为 abc…，如果采用最左推导，当推导进行到某一步时，有

$S \overset{+}{\Rightarrow} aU$

而关于 U 的规则为　$U \to x_1 | x_2 | \cdots | x_n$

(x_1，x_2，…，x_n称为 U 的候选式)

显然，此时通过推导已推出待分析符号串的第一个符号 a，下一步直接推导应在 U 的 n 个候选式中选择一个能够推导出 b 的候选式 $x_i(1\leqslant i\leqslant n)$ 进行替换。如果不存在这样的候选式，则可以肯定待分析符号串 abc…不是文法 G[S]的句子。

现在的问题是，在下一步直接推导之前，如何准确地判断是否存在满足条件的规则，如果存在，是哪一个，如果有多条这样的规则又如何处理。

1)带回溯的自顶向下分析

带回溯的自顶向下分析实际上是在推导过程中，总是试图用穷尽一切可能的方法进行推导。如上面的例 12，当在目前句型 aU 中要被替换的非终结符 U 有多个候选式 $U\rightarrow x_1|x_2|\cdots|x_n$ 时，推导过程成为一试探过程：依次选择不同的规则 $x_1, x_2, \cdots$，每一次都试图将该非终结符 U 与当前输入符号 b 匹配。若匹配失败，则退回到出错点(产生回溯)，再选择下一可能的规则，如此反复，直到匹配成功，或所有规则都匹配失败为止。

显然，这种分析方法盲目寻找候选式，不可避免地产生回溯，效率极低。特别是当推导长度较长，每次直接推导都有多个候选式待选的时候。因此避免回溯是自顶向下分析方法需要解决的主要问题。

2)确定的自顶向下分析

由可选集的定义知，规则 $A\rightarrow x$ 的可选集 $SELECT(A\rightarrow x)$ 是指采用该规则能够推导出的下一个终结符号的集合。因此利用 SELECT 集，可以在采用自顶向下分析时根据当前输入符号有目的的选择产生式。

例如，在分析开始之前，可以首先对文法的每个非终结符的所有规则

$$U\rightarrow x_i \quad (i=1,2,\cdots,n)$$

求可选集。这样，在最左推导过程中，若当前句型的最左非终结符为 U，待输入符号为 a，且

$$a\in SELECT(U\rightarrow x_i)$$

时，采用规则 $U\rightarrow x_i$ 一定能推导出待输入符号 a。

不过，为了确保每次直接推导只有惟一的规则可选择，即可以进行确定的自顶向下分析，在上述情况下还必须满足

$$a\notin SELECT(U\rightarrow x_j) \qquad (j=1,2,\cdots,n,i\neq j)。$$

因此，一般地，对文法 G[S]，要能够进行确定的自顶向下分析，当且仅当对文法的任一非终结符 A，其所有规则

$$A\rightarrow x_1|x_2|\cdots|x_n$$

满足 $SELECT(A\rightarrow x_i)\cap SELECT(A\rightarrow x_j)=\Phi \quad (i,j=1,2,\cdots,n,i\neq j)$

即各规则的 SELECT 集两两不相交。

例 6.5　设有文法G[S]：

$$S\rightarrow aA|c$$

$$A\rightarrow bAS|\varepsilon$$

考查该文法能否进行确定的自顶向下分析。

对 G[S]有

$SELECT(S\rightarrow aA)=\{a\}, SELECT(S\rightarrow c)=\{c\},$

$SELECT(A\rightarrow bAS)=\{b\},$

$SELECT(A\rightarrow \varepsilon)=FOLLOW(A)=\{a,c,\#\}$

因此，　SELECT(S→aA)∩SELECT(S→c)＝Φ

SELECT(A→bAS)∩SELECT(A→ε)＝Φ

故该文法可进行确定的自顶向下分析。

下面考查对该文法,符号串 abbcc 的分析过程(设采用最左推导),如表 6.1 所示。

表 6.1　符号串 abbcc 的自顶向下分析过程

当前句型	输入符号	余留符号串	下一步选用产生式
S	a	bbcc	S→aA　(∵a∈SELECT(S→aA))
aA	b	bcc	A→bAS　(∵b∈SELECT(A→bAS))
abAS	b	cc	A→bAS　(∵b∈SELECT(A→bAS))
abbASS	c	c	A→ε　(∵c∈SELECT(A→ε))
abbSS	c	c	S→c　(∵c∈SELECT(S→c))
abbcS	c		S→c　(∵c∈SELECT(S→c))
abbcc			

表中"当前句型"中带下划线的非终结符号是句型下一步将要被替换的最左非终结符。若当前输入符号属于该非终结符的某一规则的 SELECT 集,说明采用该规则进行推导可推出该输入符号,因而可确定下一步应采用该规则。否则,则说明采用该非终结符的所有规则都不可能推出该输入符号,因而输入串不满足文法。

由此可见,对最左推导而言,所谓确定的自顶向下分析是指,若输入串是文法的句子,则从文法的开始符号出发每一步直接推导都只有惟一的规则可选择。也即从文法的开始符号到待分析符号串之间,只有惟一一条推导路径。若不存在这样的路经,则输入串一定不是文法的句子。

确定的自顶向下分析避免了回溯,解决了回溯问题。

(2)与自顶向下分析有关的文法变换

1)SELECT 集相交时的文法变换

由前面知道,只有当文法的每一个非终结符的所有规则的 SELECT 集两两不相交时,才能进行确定的自顶向下分析。如果某一个非终结符有两个或两个以上的规则 SELECT 集相交,则回溯仍不可避免,此时可通过改造文法,即对 SELECT 集相交的候选式提取左公因子,使其满足确定的自顶向下分析的条件。

例如,对文法 G[S]:

$S \to if\ B\ then\ S_1\ else\ S_2 \mid if\ B\ then\ S_1$

有 $SELECT(S \to if\ B\ then\ S_1\ else\ S_2) \cap SELECT(S \to if\ B\ then\ S_1) = \{if\}$

通过提取左公因子 if B then S_1,文法可变为

$S \to if\ B\ then\ S_1\ S'$

$S' \to else\ S_2 \mid \varepsilon$

此时,$SELECT(S' \to else\ S_2) = \{else\}$,

$SELECT(S' \to \varepsilon) = FOLLOW(S') = \{\#\}$,

故 $SELECT(S' \to else\ S_2) \cap SELECT(S' \to \varepsilon) = \Phi$

因而对改造后的文法,可进行确定的自顶向下分析。

2)消除文法的左递归

下面将看到,对采用最左推导的自顶向下分析方法,如果文法具有左递归,将使分析过程陷入无限循环。

例如,设有直接左递归文法 G[N]:

N→ND|D

D→0|1|2|…|9

若采用自顶向下分析方法,则对任何符号串,总是从文法的开始符号 N 开始推导。如果用 N 的第一个规则 N→ND 的右部去替换 N,得到句型 ND,由于 N 处在句型的最左部,下一步又要用 N 的第一个规则 N→ND 的右部去替换 N,又得到以 N 开头的句型,…,如此循环而无终止。同理,如果文法具有间接左递归,也会出现类似的情况。

事实上,在左递归文法中,对左递归的非终结符来说,其规则的 SELECT 集必然相交。因而不满足确定的自顶向下分析的条件。

例如,对上面的文法 G[N]有

$$\text{SELECT}(N\to ND)\cap\text{SELECT}(N\to D)=\{0,1,\cdots,9\}$$

只是在这种情况下,造成 SELECT 集相交的原因是文法的左递归,因而不可能单纯地通过提取左公因子来解决,而只能通过治本的方法——消除左递归来解决。

与自顶向下分析有关的文法变换将在具体的自顶向下分析方法——LL(1)分析法中作详细讨论。

6.2.2 自底向上分析方法

自底向上分析方法,也称移进－归约法,是从待分析符号串开始,通过不断在当前符号串中寻找可归约串,用相应产生式左部替换可归约串,试图最终归约到文法开始符号的过程。由于总是从左到右扫描输入串(源程序),因此寻找的可归约串是最左可归约串。

下面以规范归约(最左归约)为例说明自底向上分析的一般方法。在前面已经知道,规范归约的可归约串是当前句型的句柄。

自底向上分析一般都设置一个符号栈(也称分析栈),用来记录已扫描的符号串的分析历史。分析开始时符号栈中只有一个＃,分析开始后,将输入串中符号从左到右依次移进符号栈,当分析栈栈顶形成句柄时就进行一次归约,归约后再检查栈顶是否形成句柄,若形成则再归约,直至栈顶没有形成句柄。然后重复上述过程,继续从剩余输入串中由左到右依次将符号移进符号栈,…,若最终栈底为＃和文法的开始符号,且输入串只剩结束符＃,则表明输入串为文法的句子,否则输入串不满足文法,报告错误。

例 6.6 设有文法 G[S]:

① S→aAcBe

② A→b

③ A→Ab

④ B→d

采用规范归约的自底向上分析方法,分析符号串 abbcde＃。

按照上述算法,可得分析过程如表 6.2 所示。

表 6.2 符号串 abbcde#的移进——归约分析过程

步骤	符号栈	输入符号串	句柄	下一步动作	产生式
0	#	abbcde#		移进	
1	#a	bbcde#		移进	
2	#ab	bcde#	b	归约	A→b
3	#aA	bcde#		移进	
4	#aAb	cde#	Ab	归约	A→Ab
5	#aA	cde#		移进	
6	#aAc	de#		移进	
7	#aAcd	e#	d	归约	B→d
8	#aAcB	e#		移进	
9	#aAcBe	#	aAcBe	归约	S→aAcBe
10	#S	#		接受	

由表 6.2 可看出，只有当符号栈栈顶形成句柄时（栈顶句柄用下划线划出）才用相应产生式进行归约，而不只是简单地当栈顶形成某一产生式右部就进行归约。例如，在表中第 4 步，栈顶符号串 b 和 Ab 分别是产生式(2)、(3)的右部，此时是否归约，用哪个产生式归约取决于栈顶是否形成句柄，句柄是什么。由此时的句型——符号栈中的符号串与剩余输入串的连接 aAbcde 知，此时句型的句柄为 Ab，故用产生式(3)进行归约。在表 6.2 的分析过程中，共进行了 4 次归约，每次归约都构造了语法树的一棵子树，当最后一次归约完成时正好构造出整个语法树，图 6.1 给出了表 6.2 中第 3、5、8、10 步所对应的语法树。

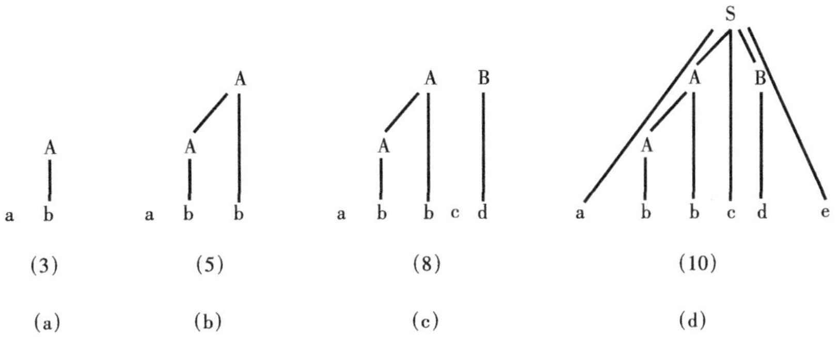

图 6.1 自底向上分析中每次归约所对应的语法树的构造过程

现在的问题是如何判断栈顶是否出现句柄，句柄是什么？这正是自底向上分析所要解决的问题：如何确定可归约串的问题。

此外，当文法中存在两个或两个以上右部相同的规则

例如，A→x

B→x

时，还存在着如何选择产生式进行归约的问题。

后面将结合具体的自底向上分析方法介绍上述问题的解决策略。尽管存在着多种自底向上分析算法，但限于时间和篇幅，本书只介绍算符优先分析法（本章）和 LR 分析法（下一章）这两种常用的自底向上分析算法。

6.3 递归子程序法

6.3.1 递归子程序法的基本思想

(1)递归子程序的构造方法

递归子程序法也称递归下降分析法，是一种简单直观易于构造的自顶向下分析方法，其方法思想是对文法的每个非终结符(即源程序的每个语法成分)编制一个处理子程序，而处理子程序的代码结构则由相应非终结符的规则右部所决定：规则右部的终结符应与输入符号相匹配，规则右部的非终结符与相应过程的调用相对应。因此若产生式是递归定义的，则相应的处理子程序也是递归调用的。由于程序设计语言的许多语法成分都是递归定义的，故这种分析方法又称为递归子程序法。

下面讨论不带回溯的递归子程序法。

如前所述，由于不带回溯，相应的文法必须满足确定的自顶向下分析的条件，即，对文法每一非终结符的所有规则

$$A \rightarrow x_1 \mid x_2 \mid \cdots \mid x_n$$

有 $SELECT(A \rightarrow x_i) \cap SELECT(A \rightarrow x_j) = \Phi \quad (i,j=1,2,\cdots,n, i \neq j)$

文法不带回溯的递归子程序的具体构造方法(算法)如下：

设有文法 $G[S]=(V_N,V_T,P,S)$，并假定采用允许递归调用的高级语言如 C 语言作编写语言。又设全局变量 token 存放当前输入符号，在 S()执行前，token 中存放的是待分析符号串的第一个符号，即源程序经词法分析后的第一个单词。且设子程序 get-token()为读单词程序(函数)，每调用一次，token 中换存下一个单词(即下一个待输入符号)。则：

①对文法 G[S]的每个非终结符 A 编制一个处理程序 A()：

ⅰ)若文法 G[S]中，关于 A 的规则只有一个：

$$A \rightarrow x \qquad (x \in V^*)$$

则非终结符 A 的类 C 语言处理程序 A()可以形如：

```
void A()
{
    P(x);
}
```

其中 P(x)为符号串(候选式)x 所对应的程序段，根据情况按②或③进一步构造。

ⅱ)若文法 G[S]中，关于 A 的规则形如：

$$A \rightarrow x_1 \mid x_2 \mid \cdots \mid x_n \mid \qquad (x_i \in V^*, i=1,2,\cdots,n)$$

且有

$$SELECT(A \rightarrow x_1) = \{a_1, a_2, \cdots, a_{m(1)}\}$$

$$SELECT(A \rightarrow x_2) = \{b_1, b_2, \cdots, b_{m(2)}\}$$

$$\cdots \cdots$$

$$SELECT(A \rightarrow x_n) = \{z_1, z_2, \cdots, z_{m(n)}\}$$

则非终结符 A 的类 C 语言处理程序 A()应具有以下两种结构之一：

```
void A()
{
    switch(token) {
      case "a1":
      case "a2":
          …
      case "am(1)":
          P(x1);
          break;
      case "b1":
      case "b2":
          …
      case "bm(2)":
          P(x2);
          break;
      …
      case "z1":
      case "z2":
          …
      case "zm(n)":
          P(xn);
          break;
      case "#":              /*符号串(源程序)遇结束符,分析成功,退出*/
          break;
      default:
          error();
    }
}
```

或者

```
void A()
{
if (token=="a1" || token=="a2" || … || token=="am(1)")
      {
        P(x1);
      }
    else if (token=="b1" || token=="b2" || … || token=="bm(2)" )
      {
        P(x2);
```

```
        }
    … …
    else if (token=="z1" || token=="z2" || … || token=="zm(n)")
        {
          P(xn);
        }
    else if (token=="#")   /* 符号串(源程序)遇结束符,分析成功,退出 */
        {
        }
    else error();
  }
```

其中 $P(x_i)(i=1,2,\cdots,n)$ 为符号串(候选式) $x_i(i=1,2,\cdots,n)$ 所对应的程序段,令 $x=x_i$,则依 x 的情况分别采用②或③所提供的方法进一步构造。

②若符号串 $x=\varepsilon$,则 P(x)所对应的程序段为“空”;

③若符号串 $x=y_1y_2\cdots y_t(y_j\in V$ 且 $y_j\neq\varepsilon,j=1,2,\cdots,t)$,则可通过以下从左到右逐步分解的方法构造相应程序段 P(x)。即

j=1;

ⅰ)若 $y_j\in V_N$,设 $y_j=B$,则 P(x)对应的类 C 语言程序段为:

```
B();
P(yj+1 yj+2 … yt);          /* 当 j=t 时,该句省略 */
```

ⅱ)若 $y_j\in V_T$,则 P(x)对应的类 C 语言程序段为:

```
if (token=="yj")
  {
    get-token();
    P(yj+1 yj+2 … yt);   /* 当 j=t 时,该句省略 */
  }
else error();
```

ⅲ)j=j+1,重复ⅰ)ⅱ),直到 j=t+1,即符号串的所有符号都转换为相应程序段为止。

应说明的是,在①的ⅰ)中,如果非终结符 A 只有一个候选式,相应的 A()也可采用①ⅱ)的方法构造。所不同的是,若 x 的第一个符号是非终结符,则方法①ⅰ)构造出的 A()较方法①ⅱ)构造出的 A(),形式上略为简单,但对错误的检测滞后。

例 6.7　构造文法 G[S]:

$$S\rightarrow(S)S|a$$

的递归子程序。

由于该文法只有一个非终结符,因而只需构造一个处理程序。

又因为SELECT(S→(S)S)={(}

SELECT(S→a)={a}

所以 SELECT(S→(S)S)∩SELECT(S→a)=Φ

故可构造不带回溯的递归子程序。

基于上述思想及算法，用类 C 语言写出非终结符号 S 的处理程序如下：

```
void S()
{
  switch(token) {
  case "(":
          get-token();
          S();
          if (token=="）")
          {
             get-token();
             S();
          }
          else error();
                break;
  case "a":
                get-token();
  case "#":
                break;
  default:
                error();
          }
  }
```

例 6.8　构造文法 G[S]：

S→bB

B→aB|ε

的递归子程序。

文法含有两个非终结符：S 和 B。

对 S：

SELECT(S→bB)={b}

对 B：

SELECT(B→aB)={a}

SELECT(B→ε)=FOLLOW(B)={#}

所以　SELECT(B→aB)∩SELECT(B→ε)=Φ

根据算法，可以写出如下的关于非终结符 S 和 B 的类 C 语言的处理程序：

```
void S()
{
  if (token=="b")
     {
        get-token();
```

```
            B()；
        }
    else if (token=="#")   /*遇结束符"#",表明分析成功,退出*/
    else error()；
}

void B()
{
    if (token=="a")
        {
            get-token()；
            B()；
        }
    else if (token=="#")   /*输入符号为"#",表明应用规则B→ε推导*/
    else error()；
}
```

由非终结符 B 的处理程序可看出，对 B 的两个规则，当待输入符号为“a”时，采用第一个规则进行推导；当待输入符号为“#”时，采用第二个规则进行推导。由于第二个规则 B→ε 对应的程序段为“空”，故认为“#”自动进行了匹配，而把真正的检查留在了后面。

(2)递归子程序法的分析过程

递归子程序法的分析过程总是从文法开始符号的处理程序（主程序）开始执行的，执行前变量 token 中存放待分析符号串的第一个符号。主程序可能调用包括主程序本身在内的一些处理程序，而这些处理程序又可能调用包括自身在内的另一些处理程序，如此这般，当当前处理程序中的终结符号与 token 中的当前输入符号匹配时，扫描指针向后移动一个符号（即调用 get-token()一次），程序继续执行，否则出错，输入串不满足文法。当主程序执行完毕，待输入符号串只剩结束符“#”时表明分析成功，输入串是文法的句子。

例 6.9 对例 6.8 的文法 G[S]：

S→bB

B→aB|ε

采用递归子程序法分析符号串 baa#。

利用例 6.8 的处理程序，可以得到符号串 baa#的分析过程，如图 6.2 所示。

由图 6.2 可见，分析开始时，变量 token 中保存待分析符号串的第一个单词，即 token="b"。然后分析过程从执行文法开始符号的子程序 S() 开始，其中对其他处理程序进行了多次调用，每当匹配了一个终结符，则调用一次 get-token()，取下一单词到 token，直到 S()执行完毕，且 token="#"为止。此时说明符号串 baa#是文法 G[S]的句子。

6.3.2 算术表达式文法的递归子程序

前面通过两个简单文法介绍了递归子程序的构造方法和分析过程，下面讨论算术表达式文法的递归子程序。

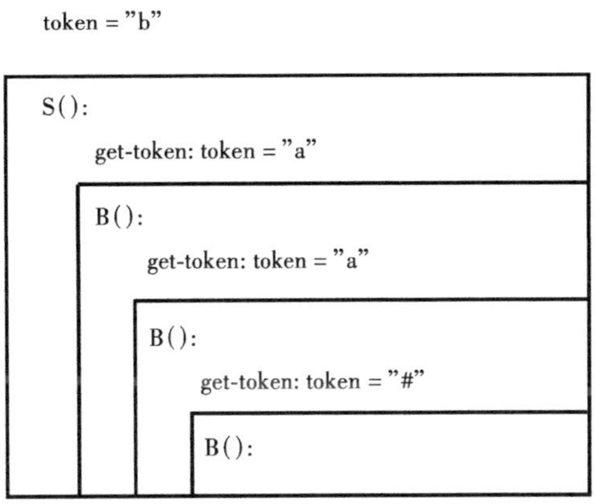

图 6.2　用递归子程序法分析符号串 baa#

(1)算术表达式文法的递归子程序

设有文法 G[E]:

E→E+T|E-T|T

T→T * F|T/F|F

F→P↑F|P

P→(E)|i

其中,E 表示表达式,T 表示项,F 表示因子,P 表示初等量,i 表示标识符。由于文法具有左递归,进行自顶向下的分析时可能陷入无限循环,现将其用无左递归的 EBNF 表示为 G′[E]:

E→T{(+|−)T}

T→F{(*|/)F}

F→P{↑P}

P→(E)|i

下面分别构造表达式 E、项 T、因子 F、初等量 P 的类 C 语言的递归子程序。其中函数 get-token()为取单词子程序,每调用一次,读取下一个单词到变量 token 中。

①表达式 E 的递归子程序

```
void E()
{
T();
while (token=="+" || token=="−")
  {
    get-token();
    T();
  }
}
```

②项 T 的递归子程序

```
void T()
{
```

```
F();
while (token=="*" || token=="/")
{
  get-token();
  F();
}
}
```

③因子 F 的递归子程序

```
void F()
{
P();
while (token=="↑")
  {
    get-token();
    P();
  }
}
```

④初等量 P 的递归子程序

```
void P()
{
  switch(token){
    case "(":
        get-token();
        E();
        if (token==")")get-token();
        else error();
        break;
    case i:
        get-token();
        break;
    case "#":
        break;
    default:
        error();
   }
}
```

(2)采用递归子程序法分析算术表达式

例 6.10 采用文法 G′[E]的递归子程序分析符号串 i+i*i#。

整个分析过程如图 6.3 所示。

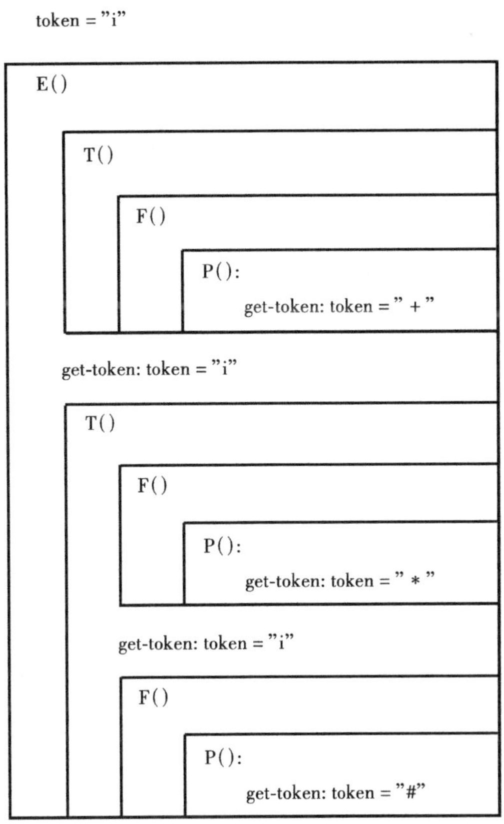

图 6.3　用递归子程序法分析符号串 i+i*i#。

6.3.3　TINY 编译器与递归子程序

由前面知道，对给定的文法，递归子程序的构造方法非常简单，程序结构和层次清晰明了，易于手工实现，这是它的优点。其缺点是对文法的要求较高，必须满足确定的自顶向下分析的条件(同一非终结符的规则 SELECT 集两两不相交，文法不含左递归)，且递归调用多，因而占用内存多、运行速度慢。但尽管如此，许多高级程序设计语言，如 C、PASCAL 等都采用递归子程序法，教学样本语言 TINY 语言、PL/0 语言也采用该方法作为语法分析方法。

本书在附录Ⅲ TINY 语言的编译技术中介绍了 TINY 语言的递归子程序，附录Ⅳ给出了 TINY 语言编译器源程序文本的下载网址。TINY 语言的文法如附录图 1 所示，语法分析程序为 parse. c 和 parse. h。

6.4　LL(1)分析法

本节将详细讨论另一种有效的自顶向下的分析方法——LL(1)分析法。

所谓 LL(1)分析，是指从左到右扫描输入串(源程序)，同时采用最左推导，且对每次直接推导只需向前查看一个输入符号，便可确定当前所应选择的规则。

实现 LL(1)分析的程序又称为 LL(1)分析程序或 LL(1)分析器。

6.4.1 LL(1)分析器的逻辑结构及工作过程

在逻辑上，一个 LL(1)分析器由一个总控程序、一个 LL(1)分析表和一个分析栈组成，如图 6.4 所示。其中，$a_1a_2a_3\cdots a_i\cdots a_n$ # 为输入串(源程序)。

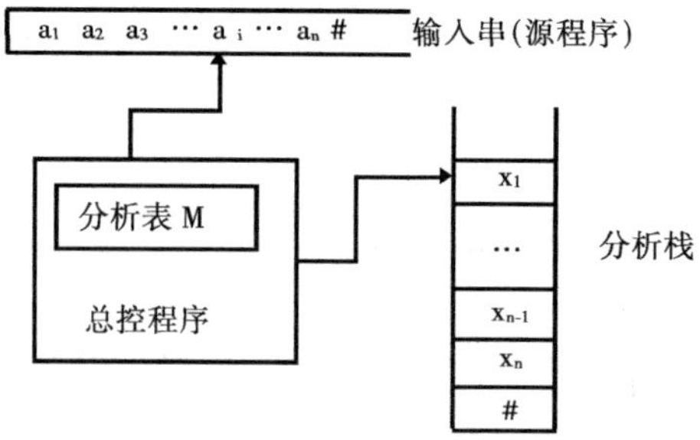

图 6.4 LL(1)分析器的逻辑结构

在 LL(1)分析器中，使用一个事先根据文法构造的 LL(1)分析表，由总控程序控制整个分析过程。分析开始时，分析栈中只有一个“#”和文法的开始符号，扫描指针指向待分析输入串的第一个符号。分析开始后，分析过程的动作主要是根据当前栈顶符号和待输入符号组成的二元式查 LL(1)分析表 M 而得到。分析表 M 是关于文法的非终结符和终结符的一个二维矩阵 M[A,a]，其取值或者为文法的某一规则，或者为“空白”，指明当栈顶符号为某一非终结符 A、待输入符号为某一终结符 a 时，分析过程将怎样进行。如为规则，则表明下一步应用该规则进行推导，即用该规则的右部替换栈顶的非终结符；若为“空白”，则表明“出错”，即待输入串不是文法的句子，应报错并退出分析过程。

事实上，LL(1)分析表是根据文法构造的，它反映了相应文法所定义的语言的固有特征，因此在 LL(1)分析器中，实际上是以 LL(1)分析表代替相应文法来进行分析的。

下面，通过一个例子说明 LL(1)分析器的分析过程。

例 6.11 设有文法 G[E]：

$E \to TE'$

$E' \to +TE' \mid \varepsilon$

$T \to FT'$

$T' \to *FT' \mid \varepsilon$

$F \to (E) \mid i$

其 LL(1)分析如表 6.3 所示。试利用该分析表分析符号串 i+i*i# 是否为文法 G[E]的句子。

表 6.3 文法 G[E]的 LL(1)分析表

	i	+	*	(	)	#
E	$E \to TE'$			$E \to TE'$		
E'		$E' \to +TE'$			$E' \to \varepsilon$	$E' \to \varepsilon$
T	$T \to FT'$			$T \to FT'$		
T'		$T' \to \varepsilon$	$T' \to *FT'$		$T' \to \varepsilon$	$T' \to \varepsilon$
F	$F \to i$			$F \to (E)$		

根据分析表,可以对符号串i+i*i#进行LL(1)分析,其分析过程见表6.4。分析结果表明,符号串i+i*i#是文法G[E]的句子。

由表6.4可见,①当分析栈栈顶符号为非终结符时,总是通过查分析表获得下一步动作的提示:或者"出错"退出,或者继续推导。如第0步时,由于M[E,i]=E→TE′,表明要由E推导出i,下一步应该用规则E→TE′进行推导,即用TE′替换栈顶符号E。必须指出的是,为了保证进行的是最左推导,弹出栈顶符号后规则右部的符号串必须按逆序进栈。②当分析栈栈顶符号为终结符时,该终结符必然与扫描指针所指示的待输入符号相同,表明该待输入符号已被推导出,此时弹出栈顶符号,扫描指针后移一个符号,即为推导下一个符号作准备(注:余留符号串中第一个符号就是扫描指针所指的待输入符号)。③当分析栈栈顶符号=待输入符号="#"时,表明待输入符号串分析成功,是文法的句子。

表6.4 符号串i+i*i#的LL(1)分析过程

步骤	分析栈	余留符号串	产生式	下一步动作
0	#E	i+i*i#	E→TE′	弹出E,E′T进栈
1	#E′T	i+i*i#	T→FT′	弹出T,T′F进栈
2	#E′T′F	i+i*i#	F→i	弹出F,i进栈
3	#E′T′i	i+i*i#		弹出i,扫描指针后移一个符号
4	#E′T′	+i*i#	T′→ε	弹出T′
5	#E′	+i*i#	E′→+TE′	弹出E′,E′T+进栈
6	#E′T+	+i*i#		弹出+,扫描指针后移一个符号
7	#E′T	i*i#	T→FT′	弹出T,T′F进栈
8	#E′T′F	i*i#	F→i	弹出F,i进栈
9	#E′T′i	i*i#		弹出i,扫描指针后移一个符号
10	#E′T′	*i#	T′→*FT′	弹出T′,T′F*进栈
11	#E′T′F*	*i#		弹出*,扫描指针后移一个符号
12	#E′T′F	i#	F→i	弹出F,i进栈
13	#E′T′i	i#		弹出i,扫描指针后移一个符号
14	#E′T′	#	T′→ε	弹出T′
15	#E′	#	E′→ε	弹出E′
16	#	#		分析成功

由表6.4还可以看出,借助于分析表,LL(1)分析过程非常简单规范,易于控制,易于程序实现。事实上,在LL(1)分析器中,表6.4所示的分析过程是由总控程序实现的。对不同的文法,LL(1)方法的总控程序是完全相同的,所不同的仅仅是LL(1)分析表。因此分析表的构造是构造LL(1)分析器的重要一环。

6.4.2 LL(1)分析表的构造

LL(1)分析表M[A,a]实际上是表明要由A推导出终结符a所应采用的产生式,而本章前面所定义的SELECT集则表明采用某产生式可推导出哪些终结符号。因此可以利用SELECT集可以构造LL(1)分析表。

下面给出LL(1)分析表的构造算法:

设有文法G[S]=(V_N,V_T,P,S),V_N={A_1,A_2,…,A_m}

令 i=1

①若关于 A_i 的规则有

$$A_i \to x_1 \mid x_2 \mid \cdots \mid x_n$$

求 A_i 的各规则的 SELECT 集；

②若 $a \in SELECT(A_i \to x_j)$，则

$$M[A_i, a] = A_i \to x_j$$

③i=i+1，重复①②，直至 i>m，即对文法 G[S]的所有非终结符求完为止。

例 6.12　设有文法 G[E]：

$E \to TE'$

$E' \to +TE' \mid \varepsilon$

$T \to FT'$

$T' \to *FT' \mid \varepsilon$

$F \to (E) \mid i$

试构造其 LL(1)分析表。

按算法，依次考查各非终结符：

对 F，有规则 $F \to (E) \mid i$，则

因为 $SELECT(F \to (E)) = \{(\}$

$SELECT(F \to i) = \{i\}$

所以 $M[F, (] = F \to (E)$，

$M[F, i] = F \to i$

对 T′，有规则 $T' \to *FT' \mid \varepsilon$，则

因为 $SELECT(T' \to *FT') = \{*\}$

$SELECT(T' \to \varepsilon) = FOLLOW(T') = \{+,), \#\}$

所以 $M[T', *] = T' \to *FT'$，

$M[T', +] = T' \to \varepsilon$，$M[T',)] = T' \to \varepsilon$，$M[T', \#] = T' \to \varepsilon$

对 T，有规则 $T \to FT'$，则

因为 $SELECT(T \to FT') = FIRST(F) = \{(, i\}$

所以 $M[T, (] = T \to FT'$，$M[T, i] = T \to FT'$

对 E′，有规则 $E' \to +TE' \mid \varepsilon$，则

因为 $SELECT(E' \to +TE') = \{+\}$

$SELECT(E' \to \varepsilon) = FOLLOW(E') = \{), \#\}$

所以 $M[E', +] = E' \to +TE'$，

$M[E',)] = E' \to \varepsilon$，$M[E', \#] = E' \to \varepsilon$

对 E，有规则 $E \to TE'$，则

因为 $SELECT(E \to TE') = FIRST(T) = \{(, i\}$

所以 $M[E, (] = E \to TE'$，$M[E, i] = E \to TE'$

于是，可得文法 G[E]的 LL(1)分析表，即例 6.11 中使用过的表 6.3。

为了使分析表简化，减少存储空间，有时只将产生式的右部写入表中。如表 6.3 可简化为表 6.5。有时为了总控程序方便，在实际处理时，还可将产生式的右部逆序写入表中。

表 6.5 简化了的文法 G[E]的 LL(1)分析表

	i	+	*	(	)	#
E	TE′			TE′		
E′		+TE′			ε	ε
T	FT′			FT′		
T′		ε	*FT′		ε	ε
F	i			(E)		

6.4.3 LL(1)文法

(1)LL(1)文法的判定

前面给出的分析表构造算法,适合于构造任何文法 G 的分析表 M。但对于某些文法,构造出的分析表 M 存在多重定义元素。

例 6.13 对文法 G[S]:

S→iCtSS′|a

S′→eS|ε

C→b

由于 SELECT(S′→eS)={e},SELECT(S′→ε)=FOLLOW(S′)={#,e}

所以有 M[S′,e]=S′→eS,M[S′,e]=S′→ε,M[S′,#]=S′→ε

因此元素 M[S′,e]有两条规则,为多重定义元素。

该文法的 LL(1)分析表如表 6.6 所示。

表 6.6 文法 G[S]的 LL(1)分析表

	a	b	e	i	t	#
S	S→a			S→iCtSS′		
S′			S′→eS,S′→ε			S′→ε
C		C→b				

显然,多重定义元素的存在,使分析过程无法确定地进行。

定义 6.5 对于文法 G[S],若其 LL(1)分析表 M 不含多重定义元素,则称该文法为 LL(1)文法。

按该定义,例 6.12 中的文法 G[E]为 LL(1)文法,而上例(例 6.13)中的文法 G[S]不是 LL(1)文法。

考查例 6.13 中的文法 G[S]不难发现,元素 M[S′,e]之所以是多重定义的,是因为 S′的两个规则的 SELECT 集相交(交集为{e})。由此可以得到定义 6.5 的等价定义:

对于文法 G[S],若其每个非终结符的所有规则的 SELECT 集都两两不相交,则称该文法为 LL(1)文法。

显然,该等价定义实际上就是 6.2 节中介绍的文法能够进行确定的自顶向下分析所必须满足的条件。因此可以得出结论:

对任一文法,要进行确定的自顶向下分析,当且仅当该文法为 LL(1)文法。

此外,已经证明,LL(1)文法具有如下重要性质:

①所有 LL(1)文法都是无二义性文法；

②左递归文法一定不是 LL(1)文法；

(2)某些非 LL(1)文法到 LL(1)文法的等价变换

由前面知道，如果文法具有下列性质之一，则不是 LL(1)文法：

①含有左递归；

②同一非终结符的两个规则的 SELECT 集相交。

因此，可以针对上述情况分别对文法进行等价变换，将某些非 LL(1)文法转换成 LL(1)文法。

1)消除文法的直接或间接左递归　许多具有左递归的文法，消除左递归后可以变成 LL(1)文法。

例如，算术表达式文法 G[E]：

$$E \to E + T \mid T$$
$$T \to T * F \mid F$$
$$F \to (E) \mid i$$

为直接左递归文法。

在 6.2 节中已经看到，对左递归的非终结符来说，其各规则的 SELECT 集必然存在相交的情况，如在本例：

SELECT(E→E+T)=FIRST(E)=FIRST(T)

SELECT(E→T)=FIRST(T)

∴SELECT(E→E+T)∩SELECT(E→T)=FIRST(T)={(,i}

故左递归文法 G[E]为非 LL(1)文法。

消除该文法的直接左递归，得到其等价的非左递归文法 G′[E]：

$$E \to TE'$$
$$E' \to +TE' \mid \varepsilon$$
$$T \to FT'$$
$$T' \to *FT' \mid \varepsilon$$
$$F \to (E) \mid i$$

或用无左递归的 EBNF 表示为 G″[E]：

$$E \to T\{+T\}$$
$$T \to F\{*F\}$$
$$F \to (E) \mid i$$

可见，文法 G′[E]实际上就是例 6.12 中的文法 G[E]，已经证明其为 LL(1)文法。而文法 G″[E]的非终结符 E、T 都只有一个候选式，且无左递归，故该文法也为 LL(1)文法，只是对该文法来说更易于编写递归下降分析程序，相应的例子已在 6.3 节看到。

因此，许多左递归文法可以通过消除左递归而成为 LL(1)文法。如果消除文法的左递归后，仍存在 SELECT 集相交的非终结符，则可按下面的提取左公因子的方法进一步处理。

有关文法消除左递归的具体方法，请参考 2.5“文法的实用限制”一节。

2)提取左公因子　对非左递归的其他非 LL(1)文法，必然至少存在一个这样的非终结符：其两个或两个以上规则的右部存在左公共因子，要么是显式的，要么是隐式的。

例如,对非 LL(1)文法 G[A]:

A→ac|Bd

B→aA|bB

∵SELECT(A→ac)={a},SELECT(A→Bd)={a,b}

∴SELECT(A→ac)∩SELECT (A→Bd)={a}

因此,规则 A→ac 与 A→Bd 存在隐式左公共因子 a。

对这样的非 LL(1)文法可以采用提取左公共因子的方法转换成 LL(1)文法。具体方法如下:

①对隐式左公共因子的情况,

ⅰ)若文法中非终结符 A 有两个或两个以上的规则 SELECT 集相交,且 A 有 ε 产生式,则应先消除该 ε 产生式;

ⅱ)通过代入法将所有的隐式左公共因子转为显式左公共因子;

②对显式左公共因子的情况,必然存在形如 A→ax|ay 的规则,这时可引入一个新的非终结符 A′,将其等价变换为:

A→aA′

A′→x|y

③若此时 A′的某些规则的右部仍含有左公共因子,则转①,采用上述方法反复提取,直至不再有左公共因子为止。

例如,上例文法中,存在隐式左公共因子的原因,是规则 A→Bd 右部以非终结符号开头。对规则 A→Bd 实施代入法,文法可变为:

A→ac|aAd|bBd

B→aA|bB

于是 A 的所有规则均以终结符开头,规则 A→ac 和 A→aAd 存在显式左公共因子 a。引入一个新的非终结符 A′,则文法 G[A]被等价变换为 G′[A]:

A→aA′|bBd

A′→c|Ad

B→aA|bB

显然,文法 G′[A]的所有非终结符的各规则的 SELECT 集均不相交,故该文法为 LL(1)文法。

当然,并不是所有的文法都可以等价变换为 LL(1)文法。

例如,对文法 G[S]:

S→iCtSS′|a

S′→eS|ε

C→b

有 SELECT(S′→eS)∩SELECT(S′→ε)={e},则规则 S′→eS 和 S′→ε 存在隐式左公共因子 e。

对文法 G[S]消除 ε 产生式,文法 G[S]变为:

S→iCtSS′|iCtS|a

S′→eS

C→b

显然，消除了规则 S′→ε 后，非终结符 S′只有一个规则，而非终结符 S 却出现了两个 SELECT 集相交的规则 S→iCtSS′和 S→iCtS，显然它们有显式左公共因子 iCtS。

引入一个新的非终结符 A，则文法 G[S]变为：

S→iCtSA|a

A→S′|ε

S′→eS

C→b

可见，文法经过多次变换后，又出现了隐式左公共因子的情况：

SELECT(A→S′)∩SELECT(A→ε)={e}

由此，可以预见，如果按上述方法继续进行变换，除了出现更多的非终结符和产生式外，仍然无法提取左公共因子。因此该文法为固有非 LL(1)文法。

6.5 算符优先分析法

算符优先分析法是一种有效的自底向上的分析方法。由前面知道，自底向上分析方法面临的主要问题是如何确定可归约串，而算符优先分析法根据两个终结符号之间的优先关系比较，成功地解决了可归约串的确定问题。不过，下面将看到，这种分析法是采用最左素短语进行归约的，因此严格来讲不属于规范归约的范畴。

6.5.1 算符优先关系与算符优先文法

(1)算符优先关系与算符优先矩阵的构造

由于文法的终结符号之间的优先关系是算符优先分析的基础，下面首先给出算符优先关系的定义：

定义 6.6 设有文法 $G[S]=(V_N,V_T,P,S)$，$A,B\in V_N$，$a,b\in V_T$，

①若 $S\overset{+}{\Rightarrow}\cdots aA\cdots$ 且 $A\overset{+}{\Rightarrow}b\cdots$ 或 $A\overset{+}{\Rightarrow}Bb\cdots$，则 $a\lessdot b$；

②若 $S\overset{+}{\Rightarrow}\cdots Ab\cdots$ 且 $A\overset{+}{\Rightarrow}\cdots a$ 或 $A\overset{+}{\Rightarrow}\cdots aB$，则 $a\gtrdot b$；

③若 $S\overset{+}{\Rightarrow}\cdots ab\cdots$ 或 $S\overset{+}{\Rightarrow}\cdots aAb\cdots$，则 $a\doteq b$。

注意：定义中的 $a\lessdot b$、$a\gtrdot b$ 和 $a\doteq b$ 分别表示在同一个句型中两相邻(或只隔一非终结符)的终结符对 a、b 之间的优先关系：前 a 的优先级低于后 b、前 a 的优先级高于后 b 和前 a 的优先级等于后 b。特别注意这是符号串中符号的优先关系比较，不可任意调换位置。如：

$a\lessdot b$ 不等价于 $b\gtrdot a$，$a\doteq b$ 不等价于 $b\doteq a$。

当文法较简单时，可以根据定义 6.6 直接构造文法的算符优先矩阵。所谓算符优先矩阵，是关于特定文法的所有终结符对之间算符优先关系的一个二维表。

例如，设有文法 G[S]：

S→aSb|ab

则按定义有：

因为 S⇒aSb 或 S⇒ab　所以 a $\doteq$ b

因为 S⇒aSb 且 S⇒ab　所以 a $\lessdot$ a, b $\gtrdot$ b

由于总有　# $\lessdot$ 句型的头终结符(含以一非终结符开头的情况),

句型的尾终结符(含以一非终结符结尾的情况) $\gtrdot$ #,

及 # $\doteq$ #

故　# $\lessdot$ a, b $\gtrdot$ #, # $\doteq$ #

于是得文法 G[S]的算符优先矩阵,如表 6.7 所示。

表 6.7　文法 G[S]的算符优先矩阵

	a	b	#
a	$\lessdot$	$\doteq$	
b		$\gtrdot$	$\gtrdot$
#	$\lessdot$		$\doteq$

此外,根据定义 6.6,还可以进一步给出构造文法算符优先矩阵的一般算法:

设有文法 G[S]=(V_N,V_T,P,S),A,B∈V_N,x,y∈V_T,则

①对文法 G[S]的每一非终结符构造 FIRSTVT 集和 LASTVT 集;

② ⅰ)若文法 G[S]中某个规则的右部形如

…aA…

则对任何 b∈FIRSTVT(A),有 a $\lessdot$ b;

ⅱ)若文法 G[S]中某个规则的右部形如

…Ab…

则对任何 a∈LASTVT(A),有 a $\gtrdot$ b;

ⅲ)若文法 G[S]中某个规则的右部形如

…ab…或…aBb…

则　a $\doteq$ b。

③ #与其他终结符号的优先关系:

ⅰ) # $\lessdot$ 文法中所有句型的头终结符(含以一非终结符开头的情况),即 # $\lessdot$ FIRSTVT(S);

ⅱ)文法中所有句型的尾终结符(含以一非终结符结尾的情况) $\gtrdot$ #,即 LASTVT(S) $\gtrdot$ #;

ⅲ)　# $\doteq$ #。

例 6.14　设文法 G[E]=(V_N,V_T,P,S),其中:

P={ E→E+T|T

T→T * F|F

F→P↑F|P

P→(E)|i }

试构造该文法的算符优先矩阵。

在例 6.4 中已经求得该文法所有非终结符的 FIRSTVT 集和 LASTVT 集,下面根据算法和产生式构造算符优先关系。

①求$\doteq$关系：

由规则 P→(E)，有($\doteq$)；

②求其他关系：

ⅰ)由规则 E→E+T，及 LASTVT(E)={+，*，↑，)，i}，有

$+, *, \uparrow,), i \gtrdot +$；

由规则 E→E+T，及 FIRSTVT(T)={*，↑，(，i}，有

$+ \lessdot *, \uparrow, (, i$

ⅱ)由规则 T→T*F，及 LASTVT(T)={*，↑，)，i}，有

$*, \uparrow,), i \gtrdot *$；

由规则 T→T*F，及 FIRSTVT(F)={↑，(，i}，有

$* \lessdot \uparrow, (, i$

ⅲ)由规则 F→P↑F，及 LASTVT(P)={)，i}，有

$), i \gtrdot \uparrow$；

由规则 F→P↑F，及 FIRSTVT(F)={↑，(，i}，有

$\uparrow \lessdot \uparrow, (, i$

ⅳ)由规则 P→(E)，及 FIRSTVT(E)={+，*，↑，(，i}，有

$(\lessdot +, *, \uparrow, (, i$；

由规则 P→(E)，及 LASTVT(E)={+，*，↑，)，i}，有

$+, *, \uparrow,), i \gtrdot)$

③ #与其他终结符的优先关系：

$\lessdot$ FIRSTVT(E)，LASTVT(E) $\gtrdot$

故有 $\# \lessdot +, *, \uparrow, (, i$

$+, *, \uparrow,), i \gtrdot \#$

$\# \doteq \#$

于是得文法 G[E]的算符优先矩阵，如表 6.8 所示。

表 6.8　文法 G[E]的算符优先矩阵

	+	*	↑	i	(	)	#
+	$\gtrdot$	$\lessdot$	$\lessdot$	$\lessdot$	$\lessdot$	$\gtrdot$	$\gtrdot$
*	$\gtrdot$	$\gtrdot$	$\lessdot$	$\lessdot$	$\lessdot$	$\gtrdot$	$\gtrdot$
↑	$\gtrdot$	$\gtrdot$	$\lessdot$	$\lessdot$	$\lessdot$	$\gtrdot$	$\gtrdot$
i	$\gtrdot$	$\gtrdot$	$\gtrdot$			$\gtrdot$	$\gtrdot$
(	$\lessdot$	$\lessdot$	$\lessdot$	$\lessdot$	$\lessdot$	$\doteq$	
)	$\gtrdot$	$\gtrdot$	$\gtrdot$			$\gtrdot$	$\gtrdot$
#	$\lessdot$	$\lessdot$	$\lessdot$	$\lessdot$	$\lessdot$		$\doteq$

(2)算符优先文法

定义 6.7　若一个文法的任何产生式的右部都不含有两个相继(并列)的非终结符，则称这种文法为算符文法(Operator Grammar)，简称 OG 文法。若一个算符文法不含有形如 A→ε 的产生式，则称该文法为 ε-无关算符文法。若一个 ε-无关算符文法 G 中的任何终结符号对(a，b)之间至多只存在下述三种优先关系之一：

$a \doteq b$, $a \lessdot b$, $a \gtrdot b$

则称 G 为算符优先文法(Operator Precedence Grammar),简称 OPG 文法。

例如,上例中的文法 G[E]:

$$E \rightarrow E+T \mid T$$
$$T \rightarrow T*F \mid F$$
$$F \rightarrow P \uparrow F \mid P$$
$$P \rightarrow (E) \mid i$$

既是算符文法、ε-无关算符文法,也是算符优先文法(其算符优先矩阵如表 6.8 所示,无多重定义元素)。

(3)素短语

前面提到算符优先分析法是采用最左素短语进行归约的,那么什么是最左素短语呢?下面就给出素短语的定义:

定义 6.8　所谓素短语,是指句型中具有这样性质的短语:至少含有一个终结符,且除自身之外,不再含有任何更小的素短语的短语。最左素短语,是指在句型的所有素短语中,处于句型最左边的素短语。

例 6.15　设文法 $G[E]=(V_N,V_T,P,S)$,其中:

$$P=\{\ E \rightarrow E+T \mid T$$
$$T \rightarrow T*F \mid F$$
$$F \rightarrow P \uparrow F \mid P$$
$$P \rightarrow (E) \mid i\ \}$$

求句型 $P*P+i$ 的短语、句柄、素短语、最左素短语。

首先作句型 $P*P+i$ 的语法树,如图 6.5。

由语法树可看出,句型 $P*P+i$ 的短语有:$P^{(3)}$、$P^{(2)}$、$P^{(3)}*P^{(2)}$、i、$P^{(3)}*P^{(2)}+i$;

其中简单短语有:

$P^{(3)}$、$P^{(2)}$、i;

图 6.5　句型 $P*P+i$ 的语法树

故句柄为 $P^{(3)}$。

至少含有一个终结符的短语有:

$P^{(3)}*P^{(2)}$、i、$P^{(3)}*P^{(2)}+i$

按素短语的定义,$P^{(3)}*P^{(2)}$ 和 i 为素短语,其中,$P^{(3)}*P^{(2)}$ 为最左素短语。

由算符优先文法的定义已经知道,一个算符优先文法的任何产生式的右部一定没有两个并列(相继)的非终结符,因此一般地,算符优先文法的句型(括在两个 # 之间)应具有如下形式:

$$\# N_1 a_1 N_2 a_2 \cdots N_n a_n N_{n+1} \#$$
$$(a_i \in V_T, N_j \in V_N, i=1,2,\cdots,n, j=1,2,\cdots,n,n+1)$$

其中,非终结符 N_j 可有可无。

即在算符优先文法的句型中,任何两个最相近的终结符之间最多只有一个非终结符。事实上,所有算符文法的句型都具有这样的性质。

下面给出关于这种句型的最左素短语的定理。

定理 6.1　一个算符优先文法 G 的任何句型

$$\# N_1 a_1 N_2 a_2 \cdots N_n a_n N_{n+1} \#$$

($a_i \in V_T, N_j \in V_N, i=1,2,\cdots,n, j=1,2,\cdots,n,n+1, N_j$可有可无)

的最左素短语是满足下列条件的最左子串：

$$N_j a_j N_{j+1} a_{j+1} \cdots N_i a_i N_{i+1}$$

其中，$a_{j-1} \lessdot a_j$

$a_j \doteq a_{j+1}, \cdots, a_{i-1} \doteq a_i$

$a_i \gtrdot a_{i+1}$

由该定理可以看出，在算符优先文法的句型中，任何素短语中最相近的两个终结符的优先级相等，且素短语中位于最前面的终结符的优先级高于在句型中紧临其前的终结符的优先级，而素短语中处于最后面的终结符的优先级高于在句型中紧随其后的终结符的优先级。

例如，例 6.15 中，对算符优先文法 G[E]，句型 $\# P^{(3)} * P^{(2)} + i \#$ 的素短语为

$$P^{(3)} * P^{(2)} \text{ 和 } i$$

由表 6.8 有，$\# \lessdot *, * \gtrdot +$

$+ \lessdot i, i \gtrdot \#$

后面将要看到，算符优先分析法正是基于这个定理来判别素短语的。由于是从左到右扫描源程序，因而寻找的可归约串是最左素短语。

6.5.2　算符优先分析法

下面，给出算符优先分析法的基本思想(算法)：

设有算符优先文法 $G[S]=(V_N, V_T, P, S)$，则

1)由文法 G[S]构造优先关系矩阵；

2)设置一个符号栈 S，存放已归约的或待形成最左素短语的符号串，另设一个工作单元 R，存放当前的待输入符号；

3)采用移进—归约的方法，当符号栈 S 的栈顶形成可归约串——最左素短语时，进行归约。具体方法如下：

①分析开始时，符号栈 S 中只有一个符号“#”，工作单元 R 中存放输入串(源程序)的第一个终结符；

②查优先关系矩阵，比较符号栈中最靠栈顶的终结符(假设为 a)与工作单元 R 中的终结符(假设为 b)的优先关系：

ⅰ)若 a，b 之间无优先关系，则出错并退出分析程序；

ⅱ)若 $a \lessdot b$ 或 $a \doteq b$，则将 b 进栈，扫描指针后移，工作单元 R 中存放下一待输入的终结符，重复②；

ⅲ)若 $a \gtrdot b$，则表明此时栈顶已形成最左素短语(且其右界已定)，转③；

③从符号栈中最靠栈顶的终结符 x_n 开始，依次向前(向栈底方向)与最近的终结符比较，若 $x_{n-1} \doteq x_n$，则继续比较 x_{n-2} 和 x_{n-1}，如此反复，直至

$$x_{i-1} \lessdot x_i \qquad (i=1,2,\cdots,n, \text{设 } x_0 = \#)$$

为止。

于是最左素短语的左界也已确定，此时最左素短语为从 N_i 开始(N_i 为在 x_i 之前紧临 x_i 的

非终结符,若为"空",则从 x_i开始)一直到栈顶的符号串:

$$N_i x_i N_{i+1} x_{i+1} \cdots N_n x_n N_{n+1}$$

④在文法 G[S]的产生式集中,选择其右部具有 $N_i x_i N_{i+1} x_{i+1} \cdots N_n x_n N_{n+1}$形式的规则进行归约(注意:此时非终结符号不必完全相同):弹出符号栈栈顶的最左素短语,相应规则的左部非终结符进栈。若此时分析栈中只有 # 和文法的一个非终结符,且待分析符号串只剩 #(即工作单元 R 中符号为 #),则表明分析成功,所分析的输入串(源程序)是文法 G[S]的句子,退出分析程序;否则,重复②。

下面通过例子进一步说明算符优先分析法的分析过程。

例 6.16　设文法 $G[E]=(V_N, V_T, P, S)$,其中:

$$P=\{\ E \rightarrow E+T \mid T$$
$$T \rightarrow T * F \mid F$$
$$F \rightarrow P \uparrow F \mid P$$
$$P \rightarrow (E) \mid i\ \}$$

其算符优先矩阵见表 6.8。试用算符优先分析法分析符号串 i+i*i#。

根据前面给出的算法,可以得到符号串 i+i*i# 的算符优先分析过程,如表 6.9 所示。

表 6.9　符号串 i+i*i# 的算符优先分析过程

步骤	分析栈 S	优先关系	待输入符号 R	余留输入串	下一步动作	可归约串	产生式
0	#	⋖	i	+i*i#	移进		
1	#i	⋗	+	i*i#	归约	i	P→i
2	#P	⋖	+	i*i#	移进		
3	#P+	⋖	i	*i#	移进		
4	#P+i	⋗	*	i#	归约	i	P→i
5	#P+P	⋖	*	i#	移进		
6	#P+P*	⋖	i	#	移进		
7	#P+P*i	⋗	#		归约	i	P→i
8	#P+P*P	⋗	#		归约	P*P	T→T*F
9	#P+T	⋗	#		归约	P+T	E→E+T
10	#E	≐	#		成功		

由表 6.9,注意到,在第 8 步时分析栈栈顶已形成最左素短语 P*P,而相应的归约所采用的产生式却是 T→T*F。该产生式的右部 T*F 与 P*P 同形,但具体的非终结符却不完全相同。类似的情况也出现在第 9 步。事实上,"同形即可归约"是算符优先分析法的特点,这使得分析过程跳过了所有单产生式所对应的归约步骤。这既是算符优先分析法的优点:大大加快了分析过程,也是它的缺点:存在某种错误的危险性,可能导致把本来不满足文法的输入串误认为是文法的句子。当然,这种缺陷可以从技术上加以弥补。

图 6.6 和图 6.7 分别给出了句子 i+i*i 采用规范归约和算符优先分析时所对应的语法树。由图可看出,与规范归约相比,算符优先分析确实大大简化了分析过程,提高了分析速度。

6.5.3　优先函数

前面看到,进行算符优先分析时,必须以算符优先矩阵为基础。若文法的终结符(运算符)

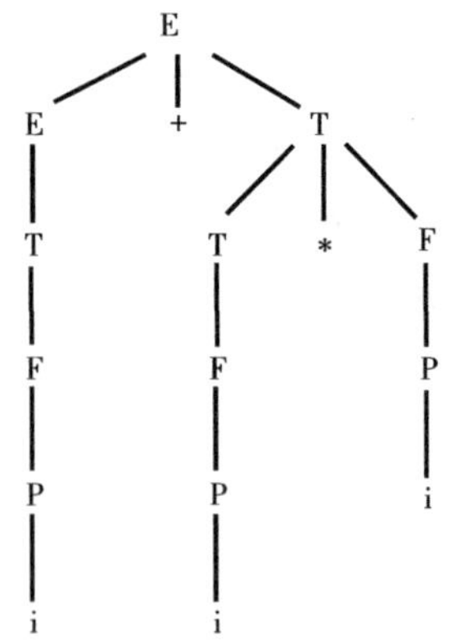

图 6.6　i+i*i 采用规范归约时所对应的语法树

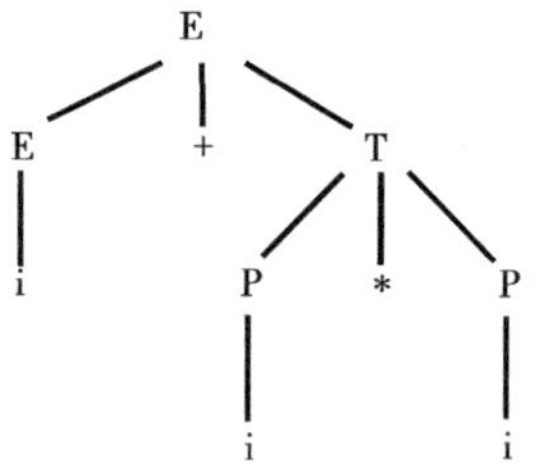

图 6.7　i+i*i 采用算符优先分析时所对应的语法树

有 n 个,则需要 $(n+1)^2$ 个(含 # 号)存储单元存放优先矩阵。当 n 很大时,将占用大量的存储空间。因此实际应用中常采用优先函数代替优先关系矩阵。

定义 6.9 设有文法 $G[S]=(V_N,V_T,P,S)$,对每个终结符引入两个优先函数:前优先函数 f 和后优先函数 g,使对于文法的任意终结符对 x,y,若有优先关系:

ⅰ) $x \gtrdot y$,则 $f(x)>g(y)$;

ⅱ) $x \lessdot y$,则 $f(x)<g(y)$;

ⅲ) $x \doteq y$,则 $f(x)=g(y)$

若已知优先关系矩阵,可以有多种方法构造优先函数。下面介绍构造优先函数的 Floyd 法。

设已知文法 G[S]的各终结符号(含 # 号)间的优先关系,可按如下步骤构造其优先函数:

①对文法 G[S]的所有终结符(含 # 号)$x_i(i=1,2,\cdots,n)$,

$$令\ f(x_i)=g(x_i)=1;$$

②若对任意终结符号对 x_i,x_j,有优先关系:

$$x_i \gtrdot x_j \qquad (i,j=1,2,\cdots,n,i\neq j)$$

但 $f(x_i)\leqslant g(x_j)$,则令 $f(x_i)=g(x_j)+1$;

③若对任意终结符号对 x_i,x_j,有优先关系:

$$x_i \lessdot x_j \qquad (i,j=1,2,\cdots,n,i\neq j)$$

但 $f(x_i)\geqslant g(x_j)$,则令 $g(x_j)=f(x_i)+1$;

④若对任意终结符号对 x_i,x_j,有优先关系:

$$x_i \doteq x_j \qquad (i,j=1,2,\cdots,n,i\neq j)$$

且 $f(x_i)\neq g(x_j)$,则令 $f(x_i)=g(x_j)=\max\{f(x_i),g(x_j)\}$

⑤重复②～④,直至过程收敛为止。若在重复过程中某个优先函数的值 $>2n$,则表明过程不会收敛,该文法不存在优先函数。

例 6.17　已知算术表达式文法 G[E]的算符优先矩阵如表 6.8 所示,试用 Floyd 法构造其优先函数。

首先令 G[E]的所有终结符(含 # 号)$x_i(i=1,2,\cdots,7)$,

$$f(x_i)=g(x_i)=1;$$

其次对算符优先矩阵逐行扫描，每扫描一个优先关系，就采用前面的算法步骤②～⑤对相应终结符的优先函数进行修正，这样，当对算符优先矩阵扫描完一次即为完成一次迭代。然后再对算符优先矩阵进行逐行扫描，对相应终结符的优先函数进行修改，如此反复，直到在一次迭代中所有优先函数不再发生变化为止。此时的优先函数即为所求。

表 6.10 给出了对文法 G[E]求优先函数时的迭代过程。

表 6.10　文法 G[E]的优先函数计算过程

迭代次数		+	*	↑	i	(	)	#
0 （初值）	f	1	1	1	1	1	1	1
	g	1	1	1	1	1	1	1
1	f	2	4	4	6	1	6	1
	g	2	3	5	5	5	1	1
2	f	3	5	5	7	1	7	1
	g	2	4	6	6	6	1	1
3	f	同第 2 次迭代						
	g							

由表 6.10 可见，该优先函数的计算经三次迭代收敛。第二次迭代的结果即为所求的优先函数。

关于优先函数，可以得出以下结论：

①对一确定的算符优先文法来说，其优先关系矩阵是惟一确定的，但对优先函数则不然：只要存在一组优先函数，必然存在无穷多组。

因为显然地，如果在一组优先函数的每一项上，加（减）同一个常数，或乘（除）同一个正数，其对应的优先关系不变。

②并不是所有的算符优先矩阵都存在相应的优先函数。

例如，对下面的算符优先矩阵：

	a	b
a	$\doteq$	$\lessdot$
b	$\doteq$	$\doteq$

有 f(a)＝g(a)，f(a)＜g(b)，

　f(b)＝g(a)，f(b)＝g(b)

故 f(a)＜g(b)＝f(b)＝g(a)＝f(a)自相矛盾！

因而其优先函数不存在。具体表现在通过迭代求优先函数时过程不收敛。

③在算符优先分析中，采用优先函数代替算符优先矩阵可以带来以下好处：

　　ⅰ)节省存储空间：

对具有 n 个终结符的文法，存储单元由采用算符优先矩阵时的$(n+1)^2$个减至 2＊(n＋1)个；

　　ⅱ)便于比较运算：将优先级的比较变为数字的比较。

④采用优先函数代替算符优先矩阵也带来一些问题：使本来不存在优先关系的终结符对也可以比较优先关系了，因而在语法分析时，就可能掩盖、至少不能及时检测出错误。

例如，在算术表达式文法 G[E]的优先关系矩阵（表 6.8）中，i 和 i 之间不存在优先关系，

即所有含有 ii 的输入串都不是 G[E]的句型。采用优先函数(表 6.10)后，f(i)=7，g(i)=6，前 i 和后 i 仍然可以比较优先关系，并可继续进行分析。

当然，这种缺陷可以通过其他语法检查手段来弥补。

习 题 6

6-1 设有文法 G[S]：

S→a|∧|(T)

T→T,S|S

①求符号串 S 和 T,S 的 FIRST 集；

②求非终结符 S 和 T 的 FOLLOW 集；

③求各产生式的 SELECT 集；

④求非终结符 S 和 T 的 FIRSTVT 集和 LASTVT 集。

6-2 判断题 6-1 的文法能否进行确定的自顶向下分析，为什么？如不能，则改造之，然后写出句子(a,∧,a)# 的最左推导过程(采用表 6.1 的格式)。

6-3 假定对题 6-1 的文法采用规范归约的自底向上分析，给出符号串((∧),a)# 的移进-归约过程，并指出句柄及归约所采用的产生式(采用表 6.2 的格式)。

6-4 设有文法 G[S]：

S→aAb

A→BdA|B

B→e|ε

改造该文法，使其能进行确定的自顶向下分析。然后对改造后的文法

①写出其递归子程序；

②构造其 LL(1)分析表。

并分别用递归子程序法和 LL(1)分析法分析句子 aedb# 。

6-5 对以下文法，用 C 或 PASCAL 等允许递归调用的高级语言写出递归下降分析程序：

①文法 G[P]：

P→begin d;X end;

X→d;X|sY

Y→;sY|ε

②文法 G[<程序>]：

<程序>→begin<语句>end

<语句>→<赋值语句>|<条件语句>

<赋值语句>→<变量>:=<表达式>

<条件语句>→if<表达式>then<语句>

<表达式>→<变量>|<表达式>+<变量>

<变量>→i

6-6 设有文法 G[A]：

A→(A)A|ε

①构造该文法的 LL(1)分析表；

②证明该文法是 LL(1)文法；

③采用 LL(1)分析法分析下列符号串：

a. (())()　b. (()())　c. ()(())

6-7　证明：①任何 LL(1)文法均为无二义性文法；

②任何具有左递归性的上下文无关文法均为非 LL(1)文法。

6-8　设有文法 G[S]：

S→A[]|[

A→aA|B]

B→a

求 G[S]的优先关系矩阵，并判断该文法是否为算符优先文法，为什么？

6-9　设有文法 G[A]：

A→(B)|dBe

B→c|Bc

①构造该文法的算符优先矩阵，并判断该文法是否为算符优先文法；

②构造该文法的优先函数(如果存在的话)；

③用算符优先分析法分析符号串(cc)＃。

6-10　试用类 C 或类 PASCAL 语言编写 LL(1)驱动程序的算法。

6-11　试用类 C 或类 PASCAL 语言编写算符优先分析程序的算法。

第7章 语法分析(2)——LR(K)分析方法

应该说明，LR分析法是一类分析方法的简称，通常记为LR(K)分析法。L是指从左到右扫描源程序，R是指最右推导(规范推导)的逆过程，K是指每次根据当前输入符号最多向前查看K个符号就可确定下一步动作。本章将首先介绍LR分析方法的逻辑结构和分析过程，然后依次介绍LR(0)、SLR(1)、LR(1)和LALR(1)四种分析方法。由于所有的LR分析方法都具有相同的逻辑结构和分析过程，所不同的只是相应分析表的构造方法不同，因此介绍上述四种分析方法时主要侧重分析表的构造。

在上述四种分析方法中，LR(0)分析表的构造方法最简单，但分析能力最低，对文法的限制最大，但它是LR分析方法的基础。SLR(1)即“简单LR(1)”，它是为解决LR(0)分析表的冲突项目而形成的一种方法。该方法既易于实现，又减少了对文法的限制，因而是一种有价值的方法，与前两种分析法相比，LR(1)分析法的分析能力最强，对文法的限制最低，适用于一大类的文法，但构造分析表的工作量大，分析表本身的规模大，占用存储空间多，而LALR(1)分析实际上是一种精简的LR(1)分析，它是通过合并LR(1)分析表的等价状态(同心状态)，在不影响LR(1)分析能力的前提下节省了存储空间，自动生成语法分析程序时常用该方法。

7.1 LR分析方法概述

LR分析方法是目前最广泛使用的一种无回溯的“移进－归约”方法，它是自左向右扫描源程序，当扫描过的部分形成句柄时则归约，用相应非终结符替换句柄后再继续扫描，当形成新句柄时再归约，重复这样的过程一直归约到文法的开始符号为止。用上下文无关文法描述的程序设计语言，一般均可用LR分析方法。这是因为LR分析方法对文法限制最少，而且效率同样很高，并且对发生的错误能准确定位。因此LR分析方法受到了充分的重视。

7.1.1 LR分析方法的逻辑结构

LR分析程序使用了分析栈来完成分析，是一种驱动的分析方式，有一个分析栈(含状态栈、符号栈)，一个控制程序(或称为驱动程序)，一张分析表。其模型如图7.1所示。

从图7.1中可知，分析表分为分析动作表(action表)和状态转换表(goto表)两部分。action表是由状态及文法终结符构成的一个二维矩阵，表中元素action[s_i,a]定义了当前栈顶为状态i，当前输入符为a时所应执行的动作。其动作有4种可能：

①移进：

action[i,a]＝shift j，将状态j及相应的输入字符a分别移入状态栈和符号栈栈顶，简记

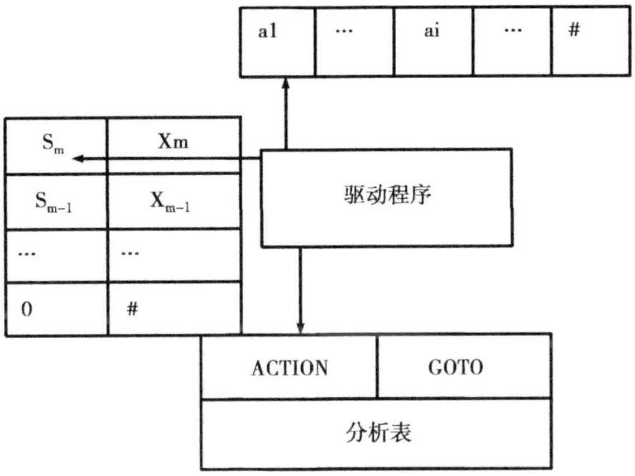

图 7.1　LR 分析器模型

为 s_j；

②归约：

action[i,a]=reduce　j,将栈顶内容按第 j 个产生式 A→β 归约,简记 r_j；

③接受：

action[i,a]=accept,分析成功,输入串被接受,简记为 acc；

④出错：

action[i,a]=error,出错。记录了一个出错处理程序入口,暂记空白。

goto 表是一个状态及文法非终结符构成的二维矩阵,goto[i,x]指出栈顶状态为 i,文法符号为 x 时应转到的下一个状态,所以 goto 表是以文法非终结符为字母表的有限自动机。

例 7.1　用于成对括号的扩充文法 G[S′]为：

①S′→S

②S→(S)S

③S→ε

其 LR 分析表如表 7.1 所示。

表 7.1

状态	ACTION			GOTO
	(	)	#	S
0	S_2	r_3	r_3	1
1			acc	
2	S_2	r_3	r_3	3
3		S_4		
4	S_2	r_3	r_3	5
5		r_2	r_2	

注意:采用 LR 分析方法时通常对文法进行扩充(也称拓广)(理由将在后面论述)。即若 S 是开始符号,那么就将新的开始符号 S′连同一个产生式：

S′→ S

填加到文法中。

7.1.2 LR 分析过程

(1)LR 分析步骤

LR 分析的具体步骤为：

①将初始状态 0、句子的左界符＃分别进状态栈和符号栈。

②从输入串中读入当前输入符 a，然后由状态栈栈顶元素 i 与当前输入字符 a 查 action 表，决定应取何种动作。

若 action[i,a]=s_j，则将状态 j 及相应的输入符 a 分别移入状态栈和符号栈栈顶。

若 action[i,a]=r_j，则按第 j 个生产式 A→β 右部符号 β 的长度 t 分别将符号栈、状态栈栈顶 t 个元素上托出栈，将归约后的 A 移入符号栈。据此时状态栈栈顶元素 i 与归约后的非终结符 A，查goto表的[i,A]项，设得到状态 j，则将状态 j 移入状态栈栈顶。

若为 action[i,a]=acc，则结束分析，输入串被接受。

否则转错误处理程序。

③重复②的工作，直到接受或出错为止。

(2)LR 分析程序描述

LR 分析程序描述如下：

```
使 ip 指向输入串第一个字符
将 0 和＃分别推入状态栈、符号栈中；
repeat  forever
begin
令 i 为栈顶状态，a 为 ip 所指的当前输入符；
if  action[i,a]=Sj  then
begin
将 j 和 a 分别推入状态栈、符号栈中，
ip 指向下一个输入符
end
else  if  action[i,a]=rj then
begin
设第 j 个生产式为 A→β；
从状态栈栈顶、符号栈栈顶分别上托 t 个元素(t 为 β 的长度)；
设栈顶状态为 i，将 goto[i ,A]及 A 分别推入状态栈和符号栈
end
else  if  action[i,a]=acc  then  return
      else  error( )
end
```

(3)具体分析过程

现用具体例子来说明 LR 方法的分析过程。

例 7.2 用于成对括号的扩充文法 G[S′]：

① S′→S

② S→(S)S

③ S→ε

其 LR 分析表如表 7.1 所示。表 7.2(a)和表 7.2(b)分别给出对串#()#的 LR 分析和采用规范归约的自底向上分析。

表 7.2(a)　符号串#()#的 LR 分析过程

步骤	状态栈	符号栈	输入串	动作	产生式
0	0	#	()#	移进	
1	02	#(	)#	归约	(3)S→ε
2	023	#(S	)#	移进	
3	0234	#(S)	#	归约	(3)S→ε
4	02345	#(S)S	#	归约	(2)S→(S)S
5	01	#S	#	接受	

表 7.2(b)　符号串#()#采用规范归约的移进-归约分析过程

	分析栈	输入	动作
0	#	()#	移进
1	#(	)#	用 S→ε 归约
2	#(S	)#	移进
3	#(S)	#	用 S→ε 归约
4	#(S)S	#	用 S→(S)S 归约
5	#S	#	用 S′→ S 归约
6	#S′	#	接受

对比表 7.2(a)和(b)可以看到,LR 分析实际上就是规范的移进一归约,可归约串为句柄,并且省略了最后一步到文法开始符号的归约。所不同的是,在 LR 分析过程中,由 LR 分析表指明在什么情况下句柄已经形成,应采用什么产生式进行归约。并且,由 LR 驱动程序根据分析表控制整个 LR 的分析过程,因此不论是采用 LR(0)、SLR(1)、LR(1)和 LALR(1)分析,驱动程序都是一样的,分析过程也一致,所不同的只是分析表的构造方法不同。因此对具体的文法来说,LR 分析表的构造是 LR 分析的关键。在后面几节将讨论各种 LR 分析表的构造。

7.2　活前缀与可归前缀

在例 7.2 中,对输入串#()#用自底向上归约的方法进行分析时,当归约到第 4 步时,S 位于分析栈的顶部,分析程序用 S→(S)S 归约,而在第 5 步,分析栈顶部也有 S,但分析程序却用 S′→S 归约,其原因在于已分析过的部分在栈中的前缀不同,分别为(S)S 和 S。当然,仅仅根据栈的内容并不足以确定移进一归约的下一步,还需将输入串中的下一个符号作为一个先行来考虑。为说明这个问题,再考查下面的例子。

例 7.3　考虑以下基本算术表达式的扩充文法(只有加法):

① E′→E

② $E \rightarrow E+n$

③ $E \rightarrow n$

表 7.3 是串 #n+n# 采用规范归约的自底向上的分析。

在例 7.3 中的第 2 步，E 在栈中，且发生了一个移进；但在第 5 步中，E 又在栈中，却用了 $E' \rightarrow E$ 归约。两者的区别仅在于：在第 1 步中，下一个输入符号为"＋"，而在第 4 步中，下一个输入符号为"#"。因此，任何移进－归约分析方法必须使用下一个输入符号（先行）来判断出适当的动作。在 LR 分析的各具体分析方法中，不同的方法以不同的方式使用先行，而这取决于具有不同能力和复杂性的分析表。在以后各节中，将分别介绍各种分析表的构造算法。

下面，为了构造 LR 分析表，首先介绍活前缀与可归前缀的概念。它是所有 LR 分析方法的基础。

表 7.3　例 7.3 中串 #n+n# 的自底向上分析过程

	分析栈	输入	动作
0	#	n+n#	移进
1	#n	+n#	用 $E \rightarrow n$ 归约
2	#E	+n#	移进
3	#E+	n#	移进
4	#E+n	#	用 $E \rightarrow E+n$ 归约
5	#E	#	用 $E' \rightarrow E$ 归约
6	#E′	#	接受

7.2.1　活前缀与可归前缀

自下而上的移进－归约分析，是对句柄进行规范归约，它是规范推导的逆过程。从例 7.2 及例 7.3 可见，可以归约的符号串必在栈顶，分析栈中的符号串是规范句型的一个前缀，而且它不含有句柄之后的任何符号。对于这个事实，引进下列定义：

定义 7.1　规范句型的一个前缀，如果它不含句柄后任何符号，则称它是该规范句型的一个活前缀，包含句柄的活前缀称为可归前缀。也即若 $A \rightarrow \beta$ 是文法的一个产生式，S 是文法开始符，并有：

$$S \underset{R}{\overset{*}{==>}} \alpha A \omega \underset{R}{\overset{*}{==>}} \alpha\beta\omega, \quad \omega \in V_t$$

则 $\alpha\beta$ 的任何前缀都是规范句型 $\alpha\beta\omega$ 的活前缀，$\alpha\beta$ 则称为可归规范前缀或可归前缀。

在定义 7.1 中，β 是句型 $\alpha\beta\omega$ 关于 A 的直接短语，并且它是一次最右推导（规范推导），所以 β 是最左直接短语，是一句柄，因此 $\alpha\beta$ 的任何前缀不含句柄后的任何符号，且句柄 β 是可归前缀 $\alpha\beta$ 的后缀。

在例 7.3 中，每次归约前句型的前部分依次为：

n　（用产生式③归约）

E+n（用产生式②归约）

E　（用产生式①归约）

分别对应步骤①、④、⑤时符号栈中的符号串，它们是文法 G[E′]的可归前缀。而且除了第(0)和第(6)是分析的初始状态和终止状态外，其他第(1)至第(5)步分析栈中的文法符号串都是各相应句型的活前缀，是分析进行到那一时刻已从输入串正确识别出的部分，以后只要对输入串的剩余部分继续识别即可，也即只要始终识别活前缀，LR分析便可正常进行，且当栈顶形成可归前缀时即可归约。

由此可见活前缀是可归前缀的前缀、句柄是可归前缀的后缀，如果能找到一个文法的所有可归前缀，自然也就能找到与各可归前缀相对应的各规范句型的句柄。

7.2.2　可归前缀的求法

对任一种文法，若有已知的可归前缀，则可求出所有可归前缀。方法如下：

设某文法有可归前缀

$\alpha A\beta$, $A \in V_n$

若有规则

$A \rightarrow \omega$

则 $\alpha\omega$ 也为文法的可归前缀。

例 7.4　设有文法

① $E \rightarrow E+n$

② $E \rightarrow n$

由于E可规范推导出E+n，且句柄为E+n，故E+n为文法的可归前缀。

按照上述方法，因E+n为可归前缀，且有规则

$E \rightarrow n$

所以，αn 即n(因为 $\alpha=\varepsilon$)也为文法的可归前缀。

上述文法的可归前缀有：

E+n , n

文法所有可归前缀构成的集合称为可归前缀集。例7.4的可归前缀集可用自动机表示为图7.2。

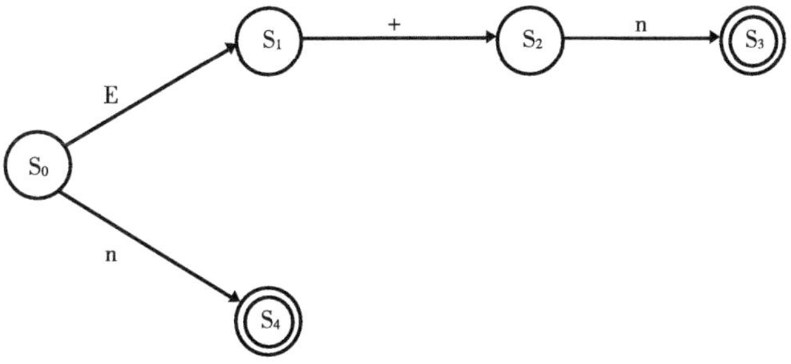

图7.2

从图7.2可知：

• 从初始态 S_0 到任一状态，其经过的有向边上的符号形成的符号串构成了某规范句型的活前缀。

• 从初始态 S_0 到任一终止态，其经过的有向边上的符号形成的符号串构成了某规范句型的可归前缀。

对一个上下文无关文法只要能构造出它的识别活前缀及可归前缀的有限自动机，就可以构造出其相应的状态转换表和分析动作表。在下一节中将介绍一种实用方法。

7.3 LR(0)分析法

为了直接从文法产生式构造识别活前缀和可归前缀的有限自动机，现引入 LR(0)项目的概念。

7.3.1 LR(0)项目

对文法 G，其产生式右部适当位置添加一个特殊符号“.”或“Δ”，则称为文法的一个 LR(0)项目。

例 7.5 考虑例 7.2 的文法

① $S' \to S$

② $S \to (S)S$

③ $S \to \varepsilon$

此文法有 3 个产生式及 8 个项目：

$S' \to \cdot S$ ①

$S' \to S \cdot$ ②

$S \to \cdot (S)S$ ③

$S \to (\cdot S)S$ ④

$S \to (S \cdot)S$ ⑤

$S \to (S) \cdot S$ ⑥

$S \to (S)S \cdot$ ⑦

$S \to \cdot$ ⑧

例 7.6 例 7.3 的文法存在以下 8 个项目：

$E' \to \cdot E$

$E' \to E \cdot$

$E \to \cdot E+n$

$E \to E \cdot +n$

$E \to E+ \cdot n$

$E \to E+n \cdot$

$E \to \cdot n$

$E \to n \cdot$

一般地，产生式 $A \to \beta$ 对应的项目个数为 $|\beta|+1$，特别地，产生式 $A \to \varepsilon$ 的项目个数只有一个，即 $A \to \cdot$ 。

每个项目的含义与圆点位置有关，如项目 $A \to \alpha \cdot \beta$，意味着 α 已出现在栈的顶部，β 则可能从随后的输入符号中获得。在例 7.5 中，项目③表示希望用 S 的右部归约，当前输入符号应为“(”；项目④表示希望用该产生式归约并已与第一个符号“(”相匹配，下面将要分析 S 的右部；项目⑤表示已匹配“(”，且分析了 S 的右部并已归约为 S，当前输入符号应为“)”；项目⑦表示 S 右部均已分析完毕，可以将栈顶符号串(S)S・归约到左部 S。

7.3.2　项目的有限自动机

文法的每一个 LR(0)项目都为 NFA 的一个状态。其状态之间的转换关系确定如下：

若有项目 $A \to \alpha \cdot X\eta$，那么在项目 $A \to \alpha \cdot X\eta$ 所代表的状态 i 与项目 $A \to \alpha X \cdot \eta$ 所代表的状态 j 之间存在一个由 X 引起的状态转换关系，如图 7.3 所示。

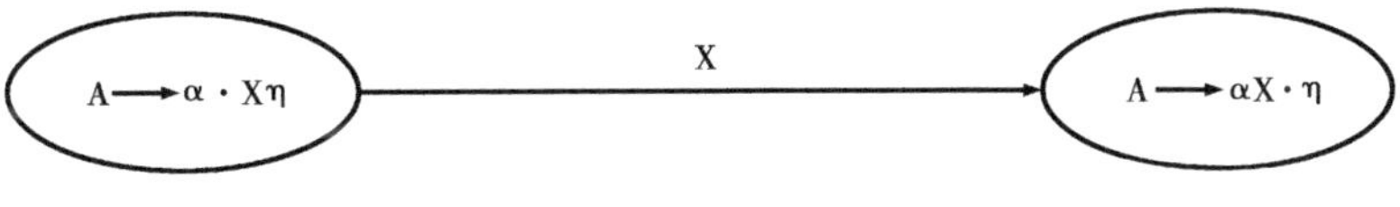

图 7.3

若 $X \in V_t$，则此转换与一个移进动作相对应，即将 X 移入符号栈，状态 j 移入状态栈。若 $X \in V_n$，转换仍与将 X 移进栈的动作相对应，但由于 X 是不可能作为输入符号出现，因此这个动作只发生在产生式 $X \to \gamma$ 形成归约时。由于执行这个归约动作前必须先对 γ 进行识别，而且由项目 $X \to \cdot \gamma$ 给出的状态代表了这个处理的开始，因此，对于每一个这样的项目 $A \to \alpha \cdot X\eta$，为 X 的每一个产生式 $X \to \cdot \gamma$ 增加一个 ε 产生式，如图 7.4 所示。

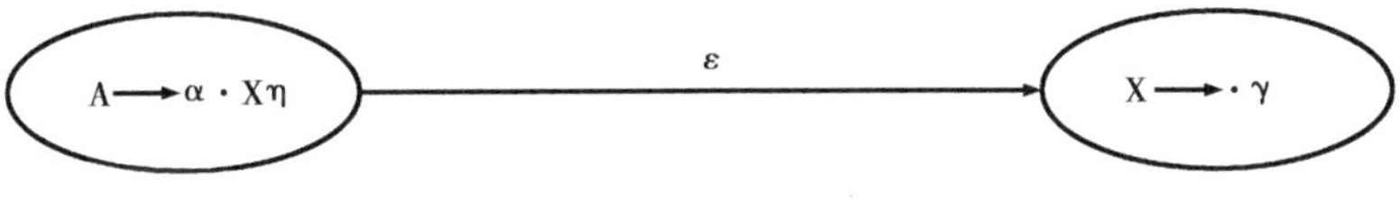

图 7.4

它的含义是通过识别 X 产生式右边的任意匹配来产生 X。

设 S 为文法的开始符，任何由 S 的产生式构成的项目 $S \to \cdot \alpha$ 均可作为开始状态，由于 S 可能有多个这样的产生式，故无法决定哪一个项目作为初始态，因此，引入一个新的非终结符 S′，使 $S' \to S$，让项目 $S' \to \cdot S$ 成为 NFA 的惟一初始态。

例 7.7　例 7.5 中给出了相应文法的 LR(0)项目

$S' \to \cdot S$　①
$S' \to S \cdot$　②
$S \to \cdot (S)S$　③
$S \to (\cdot S)S$　④
$S \to (S \cdot)S$　⑤
$S \to (S) \cdot S$　⑥
$S \to (S)S \cdot$　⑦
$S \to \cdot$　⑧

其识别活前缀的 NFA 如图 7.5 所示。

对于图 7.5 识别活前缀的 NFA，可利用自动机章节中介绍的确定化方法将其确定化。确定化后的 DFA 如图 7.6 所示。

同样，例 7.3 的文法存在以下 8 个项目：

$E' \to \cdot E$　①
$E' \to E \cdot$　②
$E \to \cdot E+n$　③
$E \to E \cdot +n$　④

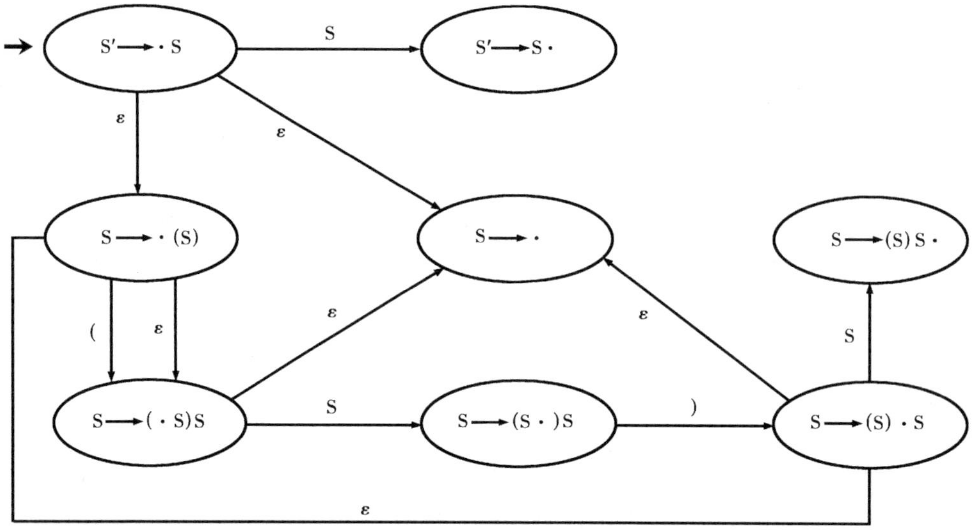

图 7.5

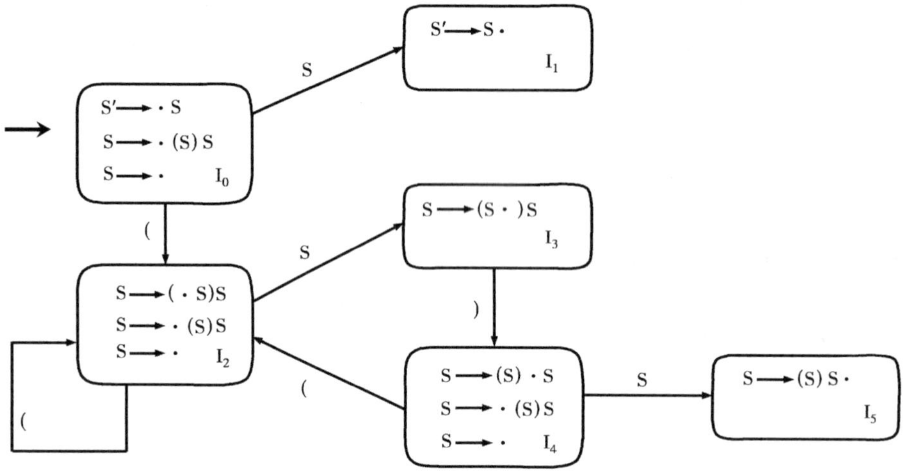

图 7.6

E→ E+·n ⑤

E→ E+n· ⑥

E→·n ⑦

E→ n· ⑧

其识别活前缀的 NFA 如图 7.7 所示。

对于图 7.7 识别活前缀的 NFA，确定化后的 DFA 如图 7.8 所示。

若识别活前缀项目集（状态）的 DFA 可通过一定算法直接构造出来，就比首先计算项目的 NFA 之后再应用子集构造出 DFA 要更简化一些。下面将介绍这样的算法。

7.3.3 LR(0)项目集规范族的构造

对于构成识别一个文法活前缀的 DFA 项目集的全体，称为这个文法的 LR(0)项目集规范族。

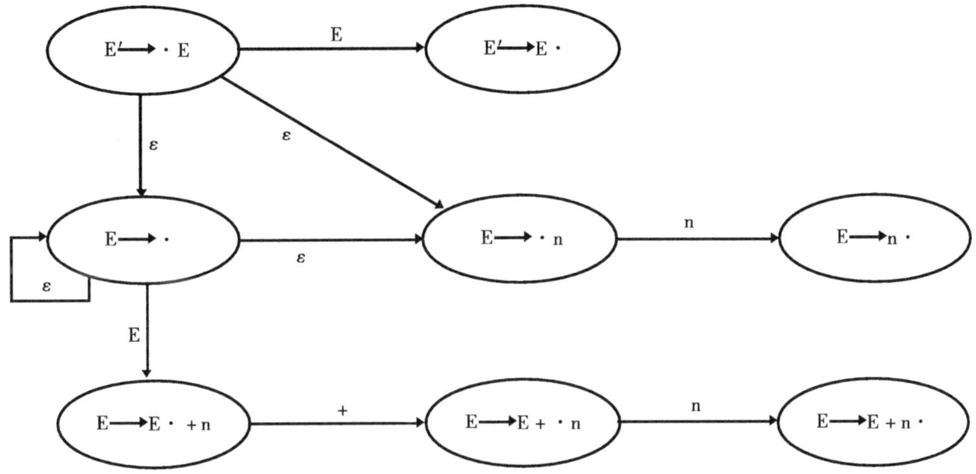

图 7.7

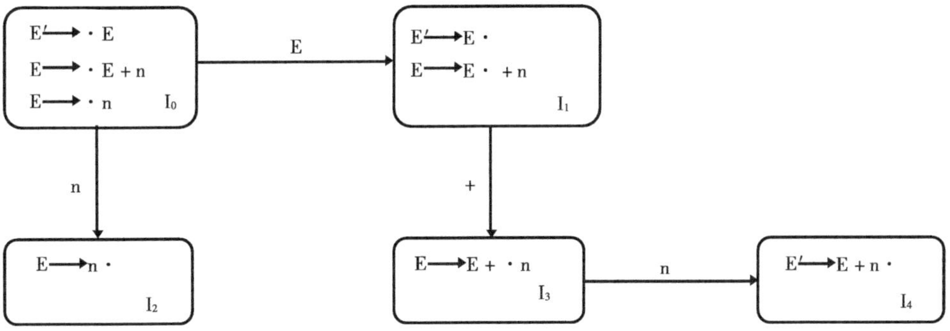

图 7.8

观察图 7.6 和图 7.8 中构成每个状态的项目之间的关系,容易发现如下规律:

若状态中包含形如 $A \to \alpha \cdot B\beta$ 的项目,则形如 $B \to \cdot \gamma$ 的项目也在此状态中。因此,可用闭包来求 DFA 一个状态的项目集。

设 I 是文法 G[S]的一个 LR(0)项目集,closure(I)是按如下规则构造的项目集:

①对任何 LR(0)项目 $i \in I$,都有 $i \in closure(I)$;

②若项目 $A \to \alpha \cdot B\beta \in closue(I)$,且 $B \to \gamma$ 为 G[S]的一个产生式,则 $B \to \cdot \gamma \in closure(I)$;

③重复规则(2),直至 closure(I)不再增大时为止。

设 I_i 是文法 G[S]的一个 LR(0)项目集,$X \in V_T \cup V_N$,定义 I_i 及 X 间的函数为:

$$go(I_i, X) = closure(J) = I_j$$

其中
$$J = \{A \to \alpha X \cdot \beta \mid A \to \alpha \cdot X\beta \in I_i\}$$

$go(I_i, X)$是一状态转换函数。

如果将每个项目集作为一个状态,含有 $S' \to \cdot S$ 项目集的状态作为初态,而把 G 中的文法符号作为字母表,$go(I_i, X)$作为状态转换函数,便可构造出 LR(0)项目规范族(状态集)的 DFA,而这恰好就是文法的识别活前缀的 DFA。

由此可知,借助于 LR(0)项目集规范族的构造算法,可以直接构造识别活前缀的 DFA,这大大简化了识别活前缀的 DFA 的构造过程。例如,对例 7.2 和例 7.3 的文法,采用上述算法,直接由文法便可构造出如图 7.6 和图 7.8 所示的识别活前缀的 DFA(读者可自己练习)。

有时为了方便，也用状态描述序列表示识别活前缀的DFA。例如，对图7.6的DFA，其状态描述序列为表7.4(可直接由前面LR(0)项目集规范族的构造算法得到)：

表7.4 图7.6的DFA状态描述序列

状态	项目集	后继符号	后继项目和后继状态
I_0	{ S′→·S	S	S′→S·∈I_1
	S→·(S)S	(	S→(·S)S∈I_2
	S→·}	#S→ε	终态I_6
I_1	S′→S·	# S′→S	终态I_6
I_2	{ S→(·S)S	S	S→(S·)S∈I_3
	S→·(S)S	(	S→(·S)S∈I_2
	S→·}	#S→ε	终态I_6
I_3	{ S→(S·)S}	)	S→(S)·S∈I_4
I_4	{S→(S)·S	S	S→(S)S·∈I_5
	S→·(S)S	(	S→(·S)S∈I_2
	S→·}	#S→ε	终态I_6
I_5	{S→(S)S·}	#S→(S)S	终态I_6
I_6	{ }		

与图7.6相比，表7.4的状态描述序列列出了DFA的终态，同时列出了各项目的后继符号和后继状态(其中，归约项目的后继符号标记为以#开头的相应产生式)。在本章后面虽然未采用状态描述序列，但所列出的所有DFA均可表示成这种形式。事实上，在构造各种LR分析表时，采用状态描述序列表示识别活前缀的DFA较状态转换图更方便、更实用。读者不妨自己练习。

前述构造LR(0)项目集规范族的算法可描述为：

```
begin
C:={closure({[S′→·S]})};
  Repeat
    for C 中每一项目集 I 和每一文法符号 Xdo
    if go(I,X)不空且 go(I,X)不属于 C then 将 go(I,X)加入 C 中 until C 不再增大
end
```

对所有可能的LR(0)项目规范族中的项目进行分析，可将它们分为4种类型：

①移进项目

形如A→α·aβ的项目，其中α,β∈V^*，a∈V_T，则此项目为移进项目。

②归约项目

形如A→β·的项目，其中β∈V^*，对于β=ε的项目为A→·，则此项目为归约项目。

③待约项目

形如A→α·Bβ，其中α,β∈V^*，B∈V_N，这意味着用A产生式右部归约时，先要将B产生式的右部归约为B，之后才能对A产生式继续归约。

④接受项目

当归约项目为S′→S·时，表明分析成功，即输入串为文法的句子。

在一个项目集中可能包含以上 4 种不同的项目，若在一个项目集中同时存在形如：

① $A \to \alpha \cdot$，　　$A \to \alpha \cdot X\beta$，其中 $X \in V_T$

或形如：

② $A \to \alpha \cdot$，　　$B \to \beta \cdot$

的项目，在第一种情形下，当面临输入符号 X 时因不能确定到底执行归约操作还是移进操作，故存在二义性，这种情形称为移进-归约冲突。在第二种情形下，不论面临什么输入符号，都不能确定是归约于 A 还是归约于 B，这种情形称为归约-归约冲突。

若一个文法的 LR(0)项目规范族不存在移进-归约冲突，或归约-归约冲突，则称这个文法为 LR(0)文法。

根据此定义可知，上面例子中所用到的文法都不是 LR(0)文法。在图 7.6 中，状态 0、状态 2、状态 4(即 I_0、I_2、I_4)都有移进-归约冲突；在图 7.8 中，状态 1(即 I_1)包含了一个移进-归约冲突。

7.3.4　LR(0)分析表的构造

LR(0)分析表是 LR(0)分析器的重要组成部分，不同文法对应不同的 LR(0)分析表，分析表分为分析动作表(action 表)和状态转换表(goto 表)两部分。action 表是由状态及文法终结符及＃号构成的一个二维矩阵，表中元素 action[i,a]定义了当前栈顶为状态 i，当前输入符为 a 时所应执行的动作。goto 表是一个状态及文法非终结符构成的二维矩阵，goto[i,x]指出栈顶状态为 i，文法符号为 x 时应转到的下一个状态。

设有文法 G[S]，其 LR(0)分析表的构造算法如下：

① 若项目 $A \to \alpha \cdot X\beta \in I_i$，$GO(I_i, X) = I_j$，
　如果 $X \in V_T$，则置　action[i,X]=S_j
　如果 $X \in V_N$，则置　goto[i,X]=j

② 若项目 $A \to \alpha \cdot \in I_i$，
　则对所有 $X \in V_T$，均置　action[i,X]=r_j

③ 若项目 $S \to \alpha \cdot \in I_i$，
　则置　action[i,＃]=acc

④ 其余情况均置出错。

下面给出一个 LR(0)文法的示例。

例 7.8　考虑文法

$A' \to A$　　(0)

$A \to (A)$　　(1)

$A \to a$　　(2)

根据 LR(0)项目集规范族的构造算法，容易构造该文法的 LR(0)项目的 DFA 如图 7.9 所示。

再根据 LR(0)分析表的构造算法，可得到例 7.8 中文法的 LR(0)分析表如表 7.5 所示。

采用表 7.5 中的分析表对符号串＃((a))＃进行分析，其状态栈、符号栈及符号串的变化

过程如表 7.6 所示。

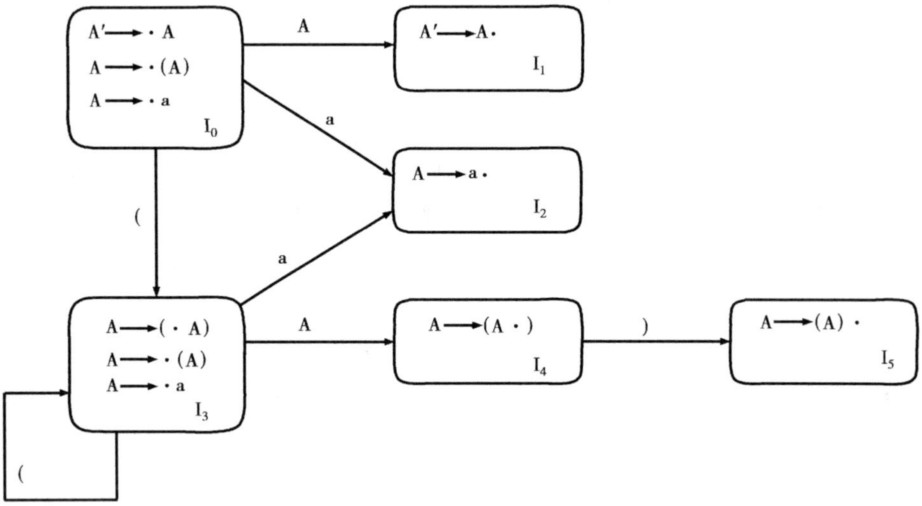

图 7.9

表 7.5　例 7.8 的 LR(0)分析表

状态	ACTION				GOTO
	(	a	)	#	A
0	S_3	S_2			1
1				acc	
2	r_2	r_2	r_2	r_2	
3	S_3	S_2			4
4			S_5		
5	r_1	r_1	r_1	r_1	

表 7.6　对符号串#((a))#的 LR(0)分析过程

步骤	状态栈	符号栈	输入串	动作	产生式	ACTION	GOTO
0	0	#	((a))#	移进		S_3	
1	03	#(	(a))#	移进		S_3	
2	033	#((	a))#	移进		S_2	
3	0332	#((a	))#	归约	A→a	r_2	4
4	0334	#((A	))#	移进		S_5	
5	03345	#((A)	)#	归约	A→(A)	r_1	4
6	034	#(A	)#	移进		S_5	
7	0345	#(A)	#	归约	A→(A)	r_1	1
8	01	#A	#	接受		acc	

7.4　SLR(1)分析法

SLR(1)分析法是简单的 LR(1)分析法，也使用 LR(0)项目集合的 DFA，它对 LR(0)规范族中有冲突的项目集采用向前看一个输入符号的方法进行处理，以解决移进-归约或归约-归约冲突。

在图 7.6 中，状态 0、状态 2、状态 4(即 I_0、I_2、I_4)都有移进-归约冲突：

$S \rightarrow \cdot(S)$　　(移进项目)

$S \rightarrow \cdot$　　(归约项目)

对项目 $S \rightarrow \cdot$ 而言，因对应的产生式 $S \rightarrow \varepsilon$ 句柄已形成，因此不论当前输入符号为什么，都应归约，但对项目 $S \rightarrow \cdot(S)$来说，当输入符号为“(”时，则应将“(”移进符号栈，状态 2 移进状态栈。

同样，在图 7.8 中，状态 1(即 I_1)包含了一个移进-归约冲突：

$E' \rightarrow E \cdot$　　(归约项目)

$E \rightarrow E \cdot + n$　　(移进项目)

下面讨论解决上述冲突的方法。

设在 LR(0)规范族中有这样一项目集

$I=\{X \rightarrow \alpha \cdot b\beta,\ A \rightarrow \alpha \cdot,\ B \rightarrow \alpha \cdot\}$

对于归约项目

$A \rightarrow \alpha \cdot,\ B \rightarrow \alpha \cdot$

求 FOLLOW(A)、FOLLOW(B)；

对于移进项目

$X \rightarrow \alpha \cdot b\beta$

求 FIRST(bβ)

如果这三个集合存在下列关系：

$FOLLOW(A) \cap FOLLOW(B) \cap FIRST(b\beta) = \Phi$

则移进或归约动作便可惟一确定。

即当前状态为 i 时：

①对移进项目 $X \rightarrow \alpha \cdot b\beta$，若 $a=b$，则将 a 移进；

②对归约项目 $A \rightarrow \alpha \cdot$，若 $a \in FOLLOW(A)$，则用产生式 $A \rightarrow \alpha \cdot$ 归约；

③对归约项目 $B \rightarrow \alpha \cdot$，若 $a \in FOLLOW(B)$，则用产生式 $B \rightarrow \alpha \cdot$ 归约；

④其余出错。

因此，对于文法 G[S]，相应分析表的 action 表及 goto 表可按下述方法构造：

①若项目 $A \rightarrow \alpha \cdot X\beta \in I_i$，$GO(I_i, X)=I_j$，

如果 $X \in V_T$，则置 $action[i,X]=S_j$

如果 $X \in V_N$，则置 $goto[i,X]=j$

②若项目 $A \rightarrow \alpha \cdot \in I_i$，且 $A \rightarrow \alpha$ 为第 j 个产生式，则对所有的输入符 $a \in FOLLOW(A)$，均置 $action[i,a]=r_j$

③若项目 $S\rightarrow\alpha\cdot\in I_i$，

则置 action[i,＃]＝acc

④其余情况均置出错。

如果用上述方法构造的分析表无多重入口，则称该分析表为 SLR(1)分析表，相应的文法称为 SLR(1)文法。

显然 SLR(1)分析表与 LR(0)分析表都是基于 LR(0)项目规范族的 DFA 构造的，所不同的是，在处理状态 i 的归约项目时，LR(0)分析完全不用考虑下一输入符号，action[i,所有输入符号]＝相应产生式；而 SLR(1)分析需要考虑下一输入符号，action[i,规则左部非终结符 FOLLOW集中的元素]＝相应产生式，因而减少了冲突的可能性。故 SLR(1)分析可以避免和解决部分移进-归约和归约-归约冲突。

例 7.9　考虑前面所给出的成对括号的文法，图 7.6 给出了它的 LR(0)项目的 DFA。对归约项目左部符号求 FOLLOW 集，有

$$FOLLOW(S)=\{\#,)\}$$

根据 SLR(1)分析表的构造方法，由图 7.6 的 DFA 得到表 7.7 所示的分析表。

表 7.7

状　态	ACTION			GOTO
	(	)	＃	S
0	S_2	r_3	r_3	1
1			acc	
2	S_2	r_3	r_3	3
3		S_4		
4	S_2	r_3	r_3	5
5		r_2	r_2	

显然该文法为 SLR(1)文法，而不是 LR(0)文法。用此分析表对输入串＃()()＃进行分析，分析过程如表 7.8。

表 7.8

步骤	状态栈	符号栈	输入串	动　作
0	0	＃	()()＃	移进 2
1	02	＃(	)()＃	用 S→ε 归约
2	023	＃(S	)()＃	移进 4
3	0234	＃(S)	()＃	移进 2
4	02342	＃(S)(	)＃	用 S→ε 归约
5	023423	＃(S)(S	)＃	移进 4
6	0234234	＃(S)(S)	＃	用 S→ε 规约
7	02342345	＃(S)(S)S	＃	用 S→(S)S 规约
8	02345	＃(S)S	＃	用 S→(S)S 规约
9	01	＃S	＃	接受

从例 7.9 中可看到状态栈和符号栈从持续扩展到最终规约的过程中，若持续扩展到一定程度，就会引起栈的溢出，这是自底向上分析程序在分析右递归规则中的一个特性。因此，应

尽量避免右递归规则在文法中出现。

例 7.10　对于例 7.3 中的文法，其 LR(0)项目集的 DFA 已在图 7.8 中给出，由于

$$FOLLOW(E')=\{\#\},FOLLOW(E)=\{\#,+\},$$

所以，相应的 SLR(1)分析表如表 7.9 所示。

表 7.9

状　态	ACTION			GOTO
	n	+	#	E
0	S_2			1
1		S_3	acc	
2		r_3	r_3	
3	S_4			
4		r_2	r_2	

用表 7.9 的 SLR(1)分析表，对输入符号串 #n+n+n# 进行分析，分析过程如表 7.10：

表 7.10

步骤	状态栈	符号栈	输入	动作
0	0	#	n+n+n#	移进 2
1	02	#n	+n+n#	用 E→n 归约
2	01	#E	+n+n#	移进 3
3	013	#E+	n+n#	移进 4
4	0134	#E+n	+n#	用 E→E+n 归约
5	01	#E	+n#	移进 3
6	013	#E+	n#	移进 4
7	0134	#E+n	#	用 E→E+n 归约
8	01	#E	#	接受

SLR(1)分析方法对于一般程序设计语言的文法都能进行分析，建立相应的分析表，但其也有局限性，对于某些文法不能给予解决，如：

例 7.11　考虑下列文法

S′→S

S→id | V:=E

V→id

E→V | n

此文法描述的语句可以是 PASCAL 语言中用于无参数的过程调用或是对变量的赋值，它们都是以标识符开头，只有看到句子的结尾或:=时，才能对它们作出准确判断。

对于上述文法项目集的 DFA 初始状态为：

S′→·S

S→·id

S→·V:=E

V→·id

这个状态对输入符号 id 有一个到新状态：

S→id·

V→id·

的转换。在此状态中，因为

FOLLOW(S)={#}

FOLLOW(V)={#,:=}

故 FOLLOW(S)∩FOLLOW(V)≠Φ

所以当输入符号为#时，就无法判断是用 S→id· 归约还是用 V→id·归约，即归约-归约冲突此时无法解决。基于上述事实，认识到 SLR(1)分析法存在一定的局限性，而 LR(1)方法恰好解决了 SLR(1)方法在某些情况下存在的无效归约问题。

7.5 LR(1)分析法

在例 7.11 文法对应的 DFA 状态中，有一种状态为：

S→id·

V→id ·

当活前缀 id(也为句柄)面临的输入符号为#时，应用 S→id 归约，若为:=时，则应用 V→id 归约，由此可见，在分析过程中应该向前搜索一个输入符号，将它代替 SLR(1)分析法中的 FOLLOW集，所以应该将向前搜索符号作为项目的一部分，加入到项目中。这种处理方法即为 LR(1)分析法。

7.5.1 LR(1)项目集族的构造

定义一个二元组形式：

$$\{A\rightarrow\alpha\cdot\beta,a\}$$

其中 $A\rightarrow\alpha\cdot\beta$ 是 LR(0)项目，a 是向前搜索符号，这样的二元组所构成的项目称为 LR(1)项目。向前搜索符号只对归约有意义，如有下面一个项目：

$$\{A\rightarrow\alpha\cdot, a\}$$

表示当符号栈栈顶形成了符号串 α 时，若紧接着将要输入字符为 a，则才能将 α 归约为 A。

下面给出一个定义：

对于文法 G[S]，如果 LR(1)的项目[$A\rightarrow\alpha\cdot\beta,a$]存在如下规范推导：

$$S \underset{r}{\overset{*}{\Rightarrow}} \delta A\omega \underset{r}{\Rightarrow} \delta\alpha\beta\omega$$

其中当 $\omega=\varepsilon$ 时，a=#，否则 a=FIRST(ω)，则称该项目对活前缀 δα 有效。

如果项目[$A\rightarrow\alpha\cdot B\beta,a$]对活前缀 δα 有效，并且有 $B\rightarrow\gamma$，则称项目[$B\rightarrow\cdot\gamma,b$]对活前缀 δα 也有效，其中 b=FIRST(βa)。

所有对活前缀 δα 有效的 LR(1)项目组成了 δα 的 LR(1)有效项目集，文法 G 的所有 LR(1)有效项目集组成的集合称为文法 G 的 LR(1)项目集规范族。整个文法的 LR(1)项目集族可通过初始项目[S′→·S,#]求闭包后再用转换函数逐步求出。具体步骤如下：

设 I 是文法 G 的一个 LR(1)项目集，closure(I)是按如下规则构造的项目集：

①对任何 LR(1)项目 i∈I，都有 i∈closure(I)；

②若项目[A→α·Bβ,a]∈closure(I)，且 B→γ 是文法的产生式，$\beta \in V^*$，则对任何 b=FIRST(βa)有[B→·γ,b]∈closure[I]；

③重复规则②，直至 closure(I)不再增大时为止。

例 7.12　考虑下列文法

S′→S　　①

S→id　　②

S→V:=E　　③

V→id　　④

E→V　　⑤

E→n　　⑥

设 I_0={[S′—S,#]}，求 closure(I_0)如下：

① [S′→·S,#]∈closure(I_0)

② 对于 S′→·S 有产生式 S→id，而相应的 β 部分为 ε，故 FIRST(βa)={#}，故[S→·id ,#]∈closure(I_0)

同样[S→·V:=E, #]∈closure(I_0)

③ 对于 S→·V:=E，有产生式 V→id，而相应的 β 部分为:=E，故 FIRST(βa)={:=}，故[V→·id,:=]∈closure(I_0)。

④ 至此 closure(I_0)不再增大，故

closure(I_0)={[S′→·S,#]， [S→·id ，#]，[S→·V:=E，#]，[V→·id，:=]}

定义　设 I 是文法 G 的一个 LR(1)项目集，$X \in V_T \cup V_N$，定义

go(I,X)=closure(J)

其中：

J={[A→AX ·β, a] | [A→α·Xβ, a]∈I}

不难验证，如果 I 是对活前缀 δα 有效的项目集，则 go(I,X)是对活前缀，δαX 有效的项目集，所以 go(I,X)是 LR(1)有效项目集间的状态转换函数，如同构造 LR(0)项目集规范放族那样，同样可以从作为初状态的 closure ({[S′→·S,#]})出发，通过 go(I,X)构造出 LR(1)的项目集规范族，并由此构造出识别活前缀 DFA 及相应的 LR(1)分析表。

考虑例 7.12 文法的扩展文法，它的 LR(1)项目集规范族构造如下：

I_0=closure({[S′→·S,#]})={[S′→·S,#]， [S→·id ，#]，
[S→·V:=E，#]，[V→·id，:=]}

I_1=go(I_0,S)={[S′→S·，#]}

I_2=go(I_0,V)={[S→V·:=E，#]}

I_3=go(I_0,id)={[S→id·,#]，[V→id ·,=]}

I_4=go(I_2,:=)={[S→V:= ·E ,#],[E→·V，#]，[E→·n ，#]，[V→·id,#]}

I_5=go(I_4,E)={ [S→V:= ·E ,#]}

I_6=go(I_4,V)={[E→V·,#]}

$I_7 = go(I_4, n) = \{[E \rightarrow n \cdot, \#]\}$

$I_8 = go(I_4, id) = \{[V \rightarrow id \cdot, \#]\}$

至此没有新的项目生成，所以 LR(1)项目集规范族 $C = \{I_0, I_1, I_2 \cdots, I_8\}$。上述状态相对应的 DFA 如图 7.10 所示。

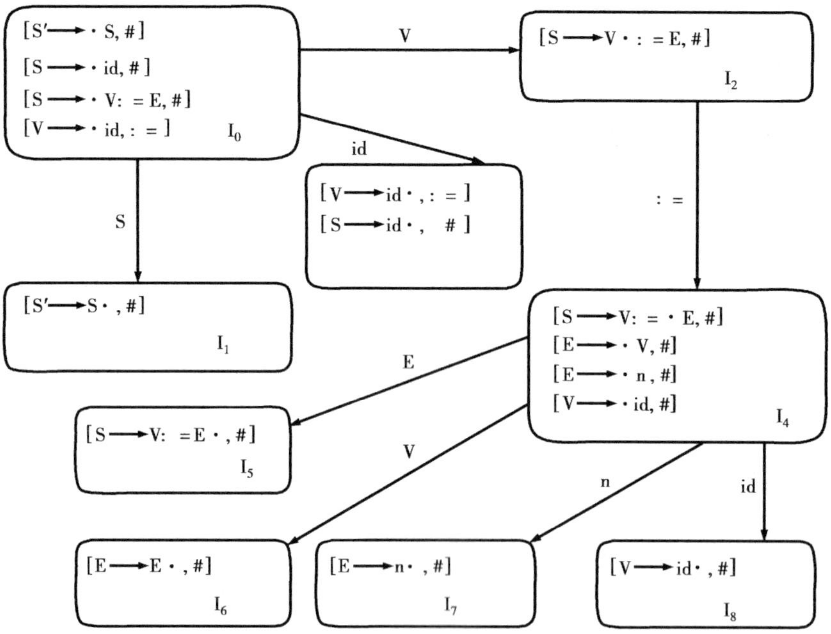

图 7.10

例 7.13　考虑下列文法

$A' \rightarrow A$　　⓪

$A \rightarrow (A)$　　①

$A \rightarrow a$　　②

它的 LR(1)项目集规范族构造如下：

$I_0 = \{[A' \rightarrow \cdot A, \#], [A \rightarrow \cdot (A), \#], [A \rightarrow \cdot a, \#]\}$

$I_1 = \{[A' \rightarrow A \cdot, \#]\}$

$I_2 = \{[A \rightarrow (\cdot A), \#], [A \rightarrow \cdot (A),)], [A \rightarrow \cdot a,)]\}$

$I_3 = \{[A \rightarrow a \cdot, \#]\}$

$I_4 = \{[A \rightarrow (A \cdot), \#]\}$

$I_5 = \{[A \rightarrow (\cdot A),)], [A \rightarrow \cdot (A),)], [A \rightarrow \cdot a,)]\}$

$I_6 = \{[A \rightarrow a \cdot,)]\}$

$I_7 = \{[A \rightarrow (A) \cdot, \#]\}$

$I_8 = \{[A \rightarrow (A \cdot),)]\}$

$I_9 = \{[A \rightarrow (A) \cdot,)]\}$

它对应 LR(1)项目集的 DFA 如图 7.11 所示。

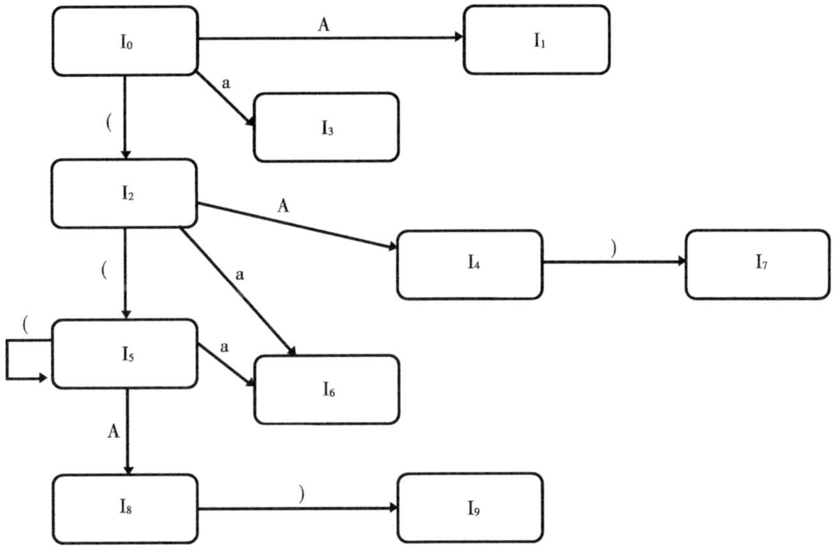

图 7.11

7.5.2　LR(1)分析表构造

在求得 LR(1)项目集规范族后,构造相应 LR(1)分析表的算法为:

①对每一个项目集 I_i,在分析表中记入状态 i 的分析动作:

若[A→α·aβ,b]∈I_i,而 go(I_i,a)=I_j,则 action[i,a]=S_j;

若[A→α·,a]∈I_i,且 A→a 为第 j 个产生式,则 action[i,a]=r_j;

若[S′→S·,#]∈I_i,则 action[i,#]=acc。

②若 go[I_i,A]=I_i,且 A∈V_N,则 goto[i,A]=j

③凡不能由规则①,②登记的空白项均为出错。

按上述算法构造的分析表若无多重定义入口,则称该分析表为 LR(1)分析表,称文法 G 为 LR(1)文法。

根据上述算法,例 7.12 中文法的 LR(1)分析表如表 7.12 所示。

用表 7.12 的分析表对输入符号串#X:=Y#进行分析。分析过程如表 7.11:

表 7.11

步骤	状态栈	符号栈	输入符号串	动作
0	0	#	X:=Y#	移进 3
1	03	#X	:=Y#	用 V→id 归约
2	02	#V	:=Y#	移进 4
3	024	#V:=	Y#	移进 8
4	0248	#V:=Y	#	用 V→id 归约
5	0246	#V:=V	#	用 E→V 归约
6	0245	#V:=E	#	用 S→V:=E 归约
7	01	#S	#	接受

由上述分析过程可知,符号串#X:=Y#是例 7.12 所述文法的合法句子。

表 7.12

状态	ACTION				GOTO		
	id	n	:=	#	S	V	E
0	S_3				1	2	
1				acc			
2			S_4				
3			r_4	r_2			
4	S_8	S_7				6	5
5				r_3			
6				r_5			
7				r_6			
8				r_4			

由前面我们看到，从 LR(0)、SLR(1)到 LR(1)分析，对文法的限制逐渐减少，分析能力逐渐增强。在实际中，几乎所有合理的程序设计语言的文法都是 LR(1)文法。但由于项目涉及向前搜索符号，因此 LR(1)分析法的状态要比 SLR(1)分析法的状态多，LR(1)分析表要比 SLR(1)分析表大，特别是当文法复杂时，这一点就显得格外突出，有时会相差一个数量级。能否找到一种方法，它的能力接近 LR(1)，但分析表大小接近 SLR(1)？由此引入一种新的分析法：LALR(1)分析法。

7.6 LALR(1)分析法

7.6.1 LALR(1)分析

我们观察例 7.13 文法的项目集(状态)：在这些状态的项目中，有的二元组的第一成分相同，即 LR(1)项目相同，但第二成分不同，即向前搜索符号不同，这种情况在 LR(1)分析方法中是经常存在的。LALR(1)分析采用将第一成分相同的项目进行合并的方法，从而达到减少状态个数的目的，同时每个项目仍保留向前搜索符号，进而保留了 LR(1)分析优于 SLR(1)分析的一些特性。在具体描述 LALR(1)分析表构造方法之前，先介绍一些定义。

定义 7.2　两个 LR(1)的项目集，如果除了向前搜索符号，它们是两两相同的，则称这两个项目集为同心集。

除去初态项目外，一个项目集的核是由此集中那些圆点不在最左端的项目组成，而初态项目集的核仅为{[S′→·S,#]}。

例如，例 7.13 中，I_2与I_5，I_3与I_6，I_4与I_8，I_7与I_9是两两同心的，如I_3与I_6，项目的第一成分均为 a·，而第二成分分别为#,)。如果将同心的 LR(1)项目集合并，显然项目集的个数(即状态数)与 SLR 相同；如果用核代替项目集，则可以压缩项目集的大小。这两种方法都能起压缩空间的作用，这就是 LALR 分析法的基本思想，下面以例 7.13 为例子，讨论将同心的 LR(1)项目集合并的方法。

在例 7.13 中将

I_2与I_5合并为I_2={[A→(·A)，#|)]，[A→·(A)，)]，[A→·a，)]}

I_3与I_6合并为I_3={[A→a·，#|)]}

I_4与I_8合并为I_4={[A→(A·)，#|)]}

I_7与I_9合并为I_7={[A→(A)·，#|)]}

于是状态数由原来 10 个减少为 6，不难发现它为 LR(0)项目集的个数。

合并后的 LR(1)项目集族 C={I_0，I_1，I_2，I_3，I_4，I_7}={S_0，S_1，S_2，S_3，S_4，S_5}，其 DFA 如图 7.11：

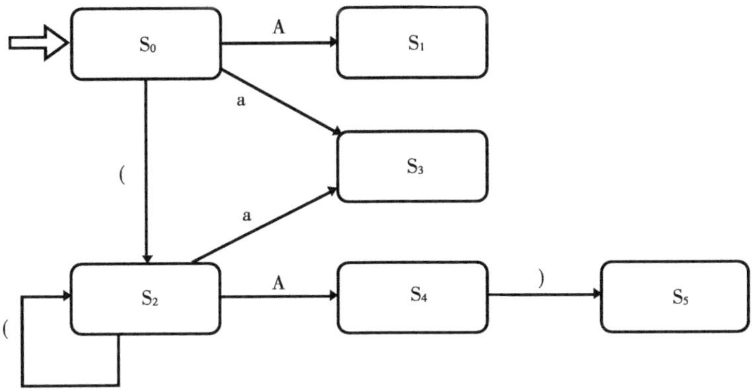

图 7.12

原来无冲突的 LR(1)项目集，在合并同心集后不会引起移进一归约冲突，但可能引起归约-归约冲突。说明如下：

①不可能引起移进-归约冲突。

如果合并后项目集 I 含有移进-归约冲突：即[A→α·，a]∈I，它表明当前输入符为 a 时，按 A→a 归约；并且有[B→α·aβ，b]∈I，它要求将 a 移进。则合并前的项目集中至少有一个项目集，它含有[A→α·，a]和[B→α·aβ，c]这就表明合并前已经有移进-归约冲突，与假设不符。因此无冲突的 LR(1)项目集在合并同心集后不会产生移进-归约冲突。

②可能引起归约-归约冲突。例如文法

S′→S

S→aAd|bBd|aBe|dAe

A→c

B→c

是一个 LR(1)文法，在它的 LR(1)项目集规范族 C 中，项目集{[A→c·，d]，[B→c·，e]}对活前缀 ac 有效，项目集{[A→c·，e]，[B→c·，d]}对活前缀 ac 有效，它们均不含冲突且为同心，将它们合并，则新项目集{[A→c·，d|e]，[B→c·，d|e]就含有归约-归约冲突。

如果合并同心集后并没有引起归约-归约冲突，便可构造分析表，构造文法 G 的具体步骤如下：

①LR(1)项目集规范族 C={I_0，I_1，…，I_n}，经合并同心集后得到的新的项目集族为 C′={I_0，I_1，…，I_m}，其中含[S′→·S，#]项目的 I 为分析表的初始状态。

②根据 C′构造 action 表，其方法与构造 LR(1)分析表的相同：

若[A→α·aβ，b]∈ I_k，且 go(I_k，a)=I_i，则令 action[K，a]=S_i；

若[A→α·,a]∈ I_k且 A→α 为第 j 个生产式,则令 action[K,a]=r_j;。

若[S′→S·,#]∈J_k,则令 action[K,#]=acc。

③构造 goto 表:

设 J_k是将 C 中的同心集 I_{i1},I_{i2},…,I_{in}合并后的项目集,go(I_{i1},X),go(I_{i2},X),…,go(I_{in},X)也是同心集,它们的合并集记为 J_i,则 go(J_k,X)=J_i。所以若 X 为非终结符,且 go(J_k,X)=J_j,则令 action[K,X]=j。

④不能由规则②,③登记的空白项均为出错。

按上述算法构造的分析表若无多重定义入口,则称它是文法 G 的 LALR 分析表,文法 G 是 LALR(1)文法。

例 7.13 拓广文法的 LALR 分析表如表 7.13 所示。

表 7.13　例 7.13LALR(1)分析表

状态	ACTION				GOTO
	(	a	)	#	A
0	S_2	S_3			1
1				acc	
2	S_2	S_3			4
3			r_2	r_2	
4			S_5		
5			r_1	r_1	

在输入串有错误时,LALR 可能会比 LR 多做一些归约动作,但对错误的定位能力却是相同的。例如拓广文法:

$$S'\to S$$

$$S\to BB$$

$$B\to aB|b$$

读者可以从这个文法的 LR(1)分析器和 LALR 分析器对输入串 ab# 的分析过程中证实这一点。

合并同心集的方法简单易行,LALR 分析表与 SLR 分析表的空间大小相同,但是它必须在构造 LR(1)项目集规范族基础上再合并同心集才可能得到,而 LR(1)项目集规范族则比 LR(0)项目集族要大得多,因此实现过程中的时间空间开销较大。

在本节开始定义了一项目集的核,事实上一个项目集是这个项目集核的闭包,如果用核来代替闭包,就可大大缩小存贮空间,这是构造 LALR(1)分析表的第二种方法,其具体实现方法可参阅相应参考资料。

Yacc(yet another compiler-compiler)是一个合并 LALR(1)分析程序的生成器,所谓分析程序生成器是指定某个格式中的一种语言的语法作为它的输入,并为该种语言产生分析过程以作为它的输出的程序。如何用 Yacc 自动生成语法分析程序,请参阅与本书配套的《编译技术课程设计与上机指导》中第二章及附录 A 的详细内容。

习 题 7

7-1　请对文法

S→AS | b

A→SA | a

① 造文法的 LR(0)项目集规范族；

② 造相应的 SLR 分析表；

③ 对输入串 bab 写出 LR 分析过程；

④ 构造相应的 LR(1)分析表和 LALR 分析表。

7-2　构造文法

S→aSSb | aSSS | c

的 LR(0)项目集规范以及识别活前缀的 DFA。

7-3　考虑以下文法

E→(L) | a

L→L,E | E

① 为这个文法构造 LR(0)项目的 DFA

② 构造 SLR(1)分析表

③ 对输入串((a),a,(a,a))写出 SLR(1)分析过程。

④ 这个文法是否为 LR(0)文法？若不是，请描述出 LR(0)冲突。

7-4　证明下列文法是 SLR 文法，并构造 SLR 分析表。

E→E+T | T

T→TF | F

F→F * | a | b

7-5　文法

S→(SA | a

A→,SA |)

是哪一类 LR 文法，请构造它的分析表。

7-6　说明以下文法是 LR(1)文法但不是 LALR(1)文法：

S→aAd | bBd | aBe | bAe

A→c

B→c

7-7　说明不是 LALR(1)文法的 LR(1)文法只能有归约-归约冲突。

7-8　请用 Pascal 或 C 写一程序：

(a)对输入之文法，构造其 LR(0)项目集规范族；

(b)求出每个非终结符的 FOLLOW 集；

(c)构造 SLR 分析表。

第8章 常用中间语言

一个编译程序在对源程序进行分析之后，再经过综合便可生成与源程序等价的目标代码。从前面的讨论看到，在语法制导下，经过语义分析便可直接生成与源程序相应的目标代码。但是这样做并不利于目标代码的优化。从编译结构上看，其未能把与机器无关的翻译工作（如词法分析、语法分析等）和与机器有关的翻译工作（如代码生成等）清晰地划分开来。为了使编译程序的结构在逻辑上更为简单明确，特别是，为了使目标代码的优化比较容易实现，许多编译程序都采用了某种复杂性介于源程序语言和机器语言之间的中间语言，即首先把源程序翻译成某种特殊形式的中间语言代码，然后再把它翻译成最终的目标程序。使用中间语言有以下好处：

① 中间语言与具体机器特性无关，一种中间语言可以为生成多种不同型号的目标机的目标代码服务。

② 可对中间语言进行与机器无关的优化，有利于提高目标代码的质量。

③ 把源程序映射成中间代码表示，再映射成目标代码的工作分在几个阶段进行，使编译算法更加清晰。

对于中间语言，要求其不但与机器无关，而且有利于代码生成，其有多种形式。本章将介绍几种常用的中间语言：逆波兰表示、四元式、三元式和树表示。

8.1 逆波兰表示

8.1.1 表示法

逆波兰表示又称后缀表示法，它是最简单的一种中间代码表示形式，早在编译程序出现之前，它就用于表示算术表达式。

只包含简单变量（包括常数）的表达式的逆波兰式定义如下：

①每个变量 a 是逆波兰式；

②如果 E_1 和 E_2 是逆波兰式，则 $E_1E_2\omega$ 也是逆波兰式，其中 ω 是任一运算符。

从上面的定义可以看出，逆波兰表示法是将运算对象写在前面，把运算符写在后面（后缀），例如，把 a+b 写成 ab+，把 a*b 写成 ab*。所以用这种表示法表示的表达式也称为后缀式。一般来说，若 θ 是一个 k($\geqslant$1) 目算符，它对后缀式 $e_1,e_2,...,e_k$ 作用的结果将被表示为 $e_1e_2...e_k$。

逆波兰表示法的特点是不再需要括号来明显地规定表达式运算的顺序。例如，表达式（x

—y) * z 将被表示为 xy—z * 。根据运算对象和运算符出现的先后位置，以及每个算符的目数，就完全决定了一个表达式的分解。

图 8.1 给出了程序设计语言中的一些表达式的逆波兰表示形式。

程序设计语言中的表示	逆波兰表示
a + b	ab +
a + b * c	abc * +
a * (b + c)	abc + *
(a + b) * (c + d)	ab + cd + *
a + b * (c + d) * (e + f)	abcd + * ef + * +

图 8.1 逆波兰表示示例

不难发现，表达式和它的逆波兰式中的运算对象顺序是完全一致的，即，表达式中的所有运算对象，均按原序排在其逆波兰式中。

8.1.2　逆波兰表示的计值

逆波兰式的计算过程严格按照运算符的顺序自左而右来进行。例如，假定有逆波兰式：

$$ab+c*de/-$$

并且用 R_i 表示第 i 次的计算结果，则上述表达式的计算过程如下：

$$\begin{aligned}&ab+c*de/-\\ \Rightarrow&R_1c*de/-\\ \Rightarrow&R_2de/-\\ \Rightarrow&R_2R_3-\\ \Rightarrow&R_4\end{aligned}$$

上述计算过程使用一个栈就很容易实现计算机的处理。一般的计值过程是：自左至右扫描后缀表达式，每碰到运算对象，就把它推进栈；碰到运算符，若该运算符是二目的，则对栈顶部的两个运算对象实施该运算，并将运算结果代替这两个运算对象而进栈。若是一目运算符，则对栈顶元素执行该运算，并以运算结果代替该元素进栈。最后的结果留在栈顶。一般来说，每当碰到一个 k 目算符时，它所有的 k 个运算量已在栈中，它的第 i 个运算量处于自栈顶而下的第 $k-i+1$ 项，$1\leqslant i\leqslant k$，这个算符在作用于栈顶部的 k 项之后将得出一个结果，在把原来的 k 项从栈中移出之后，这个新结果就被置于栈顶。

例如，逆波兰式 ab+c * （它的中缀表示为(a + b) * c)的计值过程为：

① a 进栈；

② b 进栈；

③ 栈顶两元素相加，两元素出栈，相加结果置于栈顶；

④ c 进栈；

⑤ 栈顶两元素相乘，两元素出栈，相乘结果置于栈顶，现在栈顶存放的是整个表达式的值。

由于逆波兰式表示上的简洁和计值的方便，特别适用于解释执行的程序设计语言的中间表示，也方便具有堆栈体系的计算机的目标代码生成。

8.1.3　逆波兰表示的推广

只要遵守运算对象后直接紧跟它们的运算符这条规则，就可以很容易地把逆波兰表示法推广到表达式以外的范围。我们可以用逆波兰式表示程序设计语言中的其他语法成分。下面分别叙述这些成分的逆波兰表示。

(1)赋值语句的逆波兰表示

对于赋值语句〈左部〉:=〈表达式〉。我们可以将赋值运算符":="看成一个特殊的双目运算符,则可以将赋值语句逆波兰表示写作

〈左部〉 〈表达式的逆波兰式〉:=

例如,赋值语句 x:=a+b*(c-d)的逆波兰表示为

xabcd-*+:=

(2)转向语句的逆波兰表示

转向语句形如 goto〈标号〉,其逆波兰表示为:〈标号〉LJ。即转向到〈标号〉处,符号 LJ 为单目运算符,〈标号〉为运算符 LJ 的运算分量。

例如,转向语句 goto 100 的逆波兰表示为

100 LJ

(3)条件语句的逆波兰表示

对于条件语句 if 〈exp〉then〈s1〉else〈s2〉,其逆波兰表示呈下列形式:

〈exp 的逆波兰式〉〈N1〉FJ〈s1 的逆波兰式〉〈N2〉RJ〈s2 的逆波兰式〉

其中〈N1〉指〈s2 逆波兰式〉的第一个符号在逆波兰表示中的序号,〈N2〉指跟在〈s2 逆波兰式〉后面的符号在逆波兰表示中的序号,也即该条件语句的后继语句的逆波兰式的第一个符号的序号。FJ 与 RJ 看作单目运算符,分别表示按假转与无条件转向某序号处。

例如,条件语句 if a>b then max:=a else max:=b 的逆波兰表示为

ab>11FJmaxa:=14RJmaxb:=

其中,左边第 1 个 a 的序号为 1,11FJ 表示按假转到 11 处,即从左向右数第 2 个 max 处,而 14RJ 则是无条件转到序号 14 处,即条件语句之后。

若将条件语句的逆波兰表示分成若干行列出,并把各行的第一个符号的序号标在其最左边的括号内,上述条件语句的逆波兰式也可表示为

①a b>

④11 FJ

⑥max a:=

⑨14 RJ

⑪max b:=

显然这种中间语言形式的语义与源程序中相应的条件语句语义完全一致。

(4)循环语句的逆波兰表示

对于循环语句 for i:=a to b do s 不能直接表示成逆波兰形式,必须将其展开成等价的条件语句形式,对照条件语句的情况,给出其逆波兰表示。

例如上述循环语句展开的等价条件语句形式为:

```
     i:=a;
  10:if i<=b  then
       begin
           s;
```

```
        i:=i+1;
        goto 10
    end
```

按照条件语句的逆波兰表示上述循环语句的逆波兰形式是

ia:=ib＜=17FJs'ii1+:=4RJ

其中 s'表示 s 的逆波兰式。例如,循环语句 for i:=1 to 20 do s:=s+ i 的逆波兰形式为:

i1:=i 20 ＜= 21 FJss i +:=i i1 +:=4 RJ

对于当语句 while exp do s 的逆波兰表示,同样需要将其转换为等价的条件语句,然后对照条件语句的情况,不难给出其逆波兰表示

＜exp 的逆波兰表示＞＜N_1＞FJ＜s 的逆波兰表示＞1RJ

其中 N_1FJ 表示按假转到序号 N_1处,即该当语句之后继位置,1RJ 表示无条件转到序号 1 处。

例如对于语句

```
while  i<=100 do
    begin
        s := s + i;
        i := i + 1
    end
```

可有如下的逆波兰形式

i100＜=18FJssi+:=ii1+:=1RJ

也可表示为:

①i100＜=18FJ

⑥ssi+:=

⑪ii1+:=

⑯1RJ

对于重复语句 repeat s until exp 其逆波兰表示可以类似地给出。请读者自行思考。

(5)复合语句的逆波兰表示

对于复合语句 begin s_1;s_2;…;s_n;end 其逆波兰式可以简单地表示为

＜s_1的逆波兰式＞＜s_2的逆波兰式＞…＜s_n的逆波兰式＞

然而要注意的是,分程序(程序分程序、过程分程序、函数分程序)的语句部分的复合语句与通常的复合语句有所不同,因此,应该对分程序复合语句的 begin 与 end 引入相应标记 block 与 blockend,因此分程序复合语句 begin s_1;s_2;…;s_n;end 其逆波兰式形式为

block ＜s_1的逆波兰式＞＜s_2的逆波兰式＞…＜s_n的逆波兰式＞ blockend

例如,对于下列分程序的复合语句

```
begin
    i:=1;   x:=1;   a:=0;
  10:if i<20 then
        begin
            b:=x;   x:=x+a;   a:=b;
            i:=i+1;
```

```
                goto 10
            end;
        fib:=x
    end
```

其逆波兰表示如下：

block i1:=x1:=a0:=10:i20<36FJbx:=xxa+:=ab:=ii1+:=10LJfibx:= blockend

或表示为：

①block

②i1:= x1:=a0:=

⑪10:

⑬i20<36FJ

⑱bx:= xxa+:=ab:=ii1+:=10LJ

㊱fibx:=

㊴blockend

8.2 四元式

四元式也是一种比较普遍采用的中间代码形式，其形式为：

(OP,ARG1,ARG2,RESULT)

其中：OP 为运算符，ARG1 为第一运算对象，ARG2 为第二运算对象，RESULT 为运算结果。运算对象和运算结果有时指用户自定义的变量，有时指编译程序引进的临时变量。我们很容易将一个表达式或一个语句表示为一组四元式。例如表达式 a+b 的四元式为：

(+,a,b,T)

在四元式表示法中，特别规定，对于单目运算符(单目减、逻辑非、类型转换等)，其四元式中的 ARG2 为空，一般用符号“/”或“—”表示。例如表达式—a 的四元式为：

(—,a,/,T)

8.2.1 表达式和赋值语句的四元式

表达式和赋值语句的四元式较简单，现举例说明如下。

对于表达式 a + b * c 其四元式表示为：

(*, b, c, T_1)

(+, a, T_1, T_2)

四元式对中间结果的引用必须通过给定的名字，也就是说，四元式之间的联系是通过临时变量实现的。从上式我们也可以看出，四元式出现顺序和表达式计值顺序是一致的。

对于赋值语句其 ARG2 为空，例如赋值语句 x:=a 的四元式呈如下形式

(:=,a,/,x)

赋值语句 y := —b * (c + d)的四元式表示为：

① (—, b,/ , T_1)

② (+ ,c,d , T_2)

③ (* ,T_1, T_2, T_3)

④ (:= , T_3, / ,y)

有时,为了更直观,也把四元式的形式写成简单赋值形式或更容易理解的形式。例如,赋值语句 y := −b * (c + d)的四元式序列可写成:

① T_1:=−b

② T_2:=c + d

③ T_3:=T_1 * T_2

④ y :=T_3

8.2.2　转向语句和条件语句的四元式

对于转向语句 goto L,其四元式形式为:(LJ,L,/,/)

为了表示条件语句的四元式,我们约定:

① 无条件转到序号为 A 的四元式形式为:(RJ,A,/,/)

② 当 B 为真时,转到序号为 A 的四元式形式为:(TJ,A,B,/)

③ 当 B 为假时,转到序号为 A 的四元式形式为(FJ,A,B,/)

同时,为清楚起见,给每个四元式按序编上四元式的序号。

对于条件语句 if a>b then max:=a else max := b,其四元式可表示为:

① (>, a, b, T_1)

② (FJ, 5, T_1, /)

③ (:=, a, /, max)

④ (RJ, 6, /, /)

⑤ (:=, b, /, max)

⑥ ( )

8.2.3　循环语句的四元式

对于循环语句,首先将其展开成等价的条件语句,然后再将其表示成四元式。

例如,循环语句 for i:=1 to 20 do s:=s+ i 等价的条件语句形式为

```
        i:=1;
  10:  if  i<=20  then
            begin
               s:=s+ i;
               i:=i+1;
               goto 10
            end
```

其四元式表示为:

① (:=,1,/,i)

② (<=,i,20,T_1)

③ (FJ,9,T_1,/)

④ (+,s,i,T_2)
⑤ (:=, T_2, /, s)
⑥ (+,i,1,T_3)
⑦ (:=, T_3, /, i)
⑧ (RJ,2,/,/)
⑨ (　　)

同样对于循环语句

```
while  i<=100 do
    begin
        s := s + i;
        i := i + 1
    end
```

的四元式表示为：

① (<=, i, 100, T_1)
② (FJ, 8, T_1, /)
③ (+, s, i, T_2)
④ (:=, T_2, /, s)
⑤ (+, i, 1, T_3)
⑥ (:=, T_3, /, i)
⑦ (RJ, 1, /, /)
⑧ (　　)

8.2.4 复合语句的四元式表示

对于下述分程序：

```
begin
      i :=1;x:=1;a:=0;
  10: if i<20 then
          begin
              b:=x;   x:=x+a;   a:=b;
              i:=i+1;
              goto 10
          end;
      fib:=x
end
```

其四元式表示为：

① (block,/,/,/)
② (:=,1,/,i)
③ (:=,1,/,x)
④ (:=,0,/,a)

⑤ (<,i,20,T_1)
⑥ (FJ,14,T_1,/)
⑦ (:= ,b,/,x)
⑧ (+,x,a,T_2)
⑨ (:= ,T_2,/,x)
⑩ (:=,b,/,a)
⑪ (+,i,1,T_3)
⑫ (:=,T_3,/,i)
⑬ (RJ,5,/,/)
⑭ (:=,x,/,fib)
⑮ (blockend,/,/,/)

8.3　三 元 式

8.3.1　三元式

另一类中间语言形式是三元式，三元式表示是与四元式类似的一种表示法，所不同的仅是三元式中没有表示运算结果的部分，凡要涉及到运算结果的均用三元式的位置或序号来代替。三元式的形式为：

(OP,ARG1,ARG2)

其中，OP 为运算符，ARG1 为第一运算对象，ARG2 为第二运算对象。运算对象 ARG1，ARG2 可以是变量名，也可以是三元式的编号。

例如，表达式 a+b*c 的三元式表示为：

① (*,b,c)
② (+,a,①)

其中，三元式中的元素①表示第一个三元式的结果。

(1)表达式和赋值语句的三元式

表达式和赋值语句的三元式比较简单，现举例说明。

例如，表达式 a*(b−c)/x+y 的三元式为：

① (−, b, c)
② (*, a, ①)
③ (/, ②, x)
④ (+, ③, y)

表达式 a−b*(c+d)−e/f 的三元式为：

① (+, c, d)
② (*, b, ①)
③ (−, a, ②)
④ (/, e, f)

⑤ (－，③,④)

赋值语句 x :=a+b*(c－d)的三元式为：

① (－， c， d)

② (*， b， ①)

③ (+， a， ②)

④ (:=， ③，x)

在三元式的表示中,可以含有对中间计算结果的显式引用,比如三元式②中的①表示第一个三元式的计算结果,它是第一个三元式在符号表中的位置。因此三元式中的运算对象 ARG1 和 ARG2 也可以是符号表中的地址。

在三元式表示中,对于一目算符 OP,只需选用一个运算对象,不妨规定只用 ARG1。至于多目算符,可用若干个相继的三元式表示。从上述表达式的三元式表示中可以发现,三元式出现的先后顺序和表达式各部分的计值顺序是一致的。由于三元式表示法中三元式之间是通过三元式的序号联系的,所以不容易改变三元式的相对位置。

(2)转向语句和条件语句的三元式

转向语句和条件语句的三元式与四元式类似,例如对于转向语句 goto L ,其三元式形式为(LJ,L,/)。

对于条件语句 if a>b then max:=a else max:=b 其三元式表示为：

① (>， a，b)

② (FJ，5， ①)

③ (:=， a，max)

④ (RJ，6，/)

⑤ (:=，b，max)

⑥ ( )

(3)循环语句的三元式

对于循环语句,与其四元式表示一样,首先将其展开成等价的条件语句,再将其表示成三元式。

例如,循环语句 for i:=1 to 20 do s:=s+ i 的三元式表示为：

① (:=，1，i)

② (<=， i，20)

③ (FJ， 9，②)

④ (+， s，i)

⑤ (:=， ④，s)

⑥ (+， i， 1)

⑦ (:=， ⑥， i)

⑧ (RJ， 2， /)

⑨ ( )

对于循环语句

```
while  i<=100 do
    begin
```

```
            s := s + i;
            i := i + 1
        end
```

其等价的条件语句形式为：

```
10: if i<=100 then
        begin
            s := s + i;
            i := i + 1;
            goto 10;
        end;
```

根据条件语句的三元式表示，上述循环语句的三元式表示形式为：

① (<=, i, 100)
② (FJ, 8, ①)
③ (+, s, i)
④ (:=, ③, s)
⑤ (+, i, 1)
⑥ (:=, ⑤, i)
⑦ (RJ, 1, /)
⑧ ()

(4)复合语句的三元式表示

对于下述分程序：

```
begin
    i:=1;x:=1;a:=0;
  10:if i<20 then
    begin
        b:=x;    x:=x+a;   a:=b;
        i:=i+1;  goto 10
    end;
    fib:=x
end
```

其三元式表示为：

① (block,/,/)
② (:=, 1, i)
③ (:=, 1, x)
④ (:=, 0, a)
⑤ (<, i, 20)
⑥ (FJ, 14,⑤)
⑦ (:=, b, x)
⑧ (+, x, a)

⑨ (:=, ⑪, x)
⑩ (:=, b, a)
⑪ (+, i, 1)
⑫ (:=, ⑪, i)
⑬ (RJ, 5, /)
⑭ (:=, x, fib)
⑮ (blockend, /, /)

8.3.2 间接三元式

为了便于代码优化处理，作为中间代码，常常不直接使用三元式表，而是另设一张指示器表(称为间接码表)，它将按运算的先后顺序列出有关三元式在三元式表中的位置。即用一张间接码表辅以三元式表的方法来表示中间代码。这种表示法称为间接三元式。例如，赋值语句

$$x := (a + b) * c$$
$$y := d-(a + b)$$

的间接三元式表示为：

间接码表

①
②
③
①
④
⑤

三元式表

	OP	ARG1	ARG2
①	+	a	b
②	*	①	c
③	:=	②	x
④	−	d	①
⑤	:=	④	y

由于在间接三元式表示中，间接码表是以三元式的运算顺序存放三元式在表中的位置，因此当在代码优化过程中需要调整运算顺序时，只需重新安排间接码表，而无需改动三元式表。

由于另设了间接码表，因此，相同的三元式就无需重复填进三元式表中。如上述两个赋值语句中均有子式(a + b)，而三元式(+, a, b)只在表中出现一次。这样，可以节省三元式表空间。

8.4 树表示

我们也可以用树形结构来表示一个表达式或语句。树形表示是三元式的翻版。在树的表示中，树叶均为运算对象，即常量或变量，其他结点表示运算符。

表达式的树形表示很容易实现：简单变量或常量的树就是该变量或常量自身，如果表达式 e_1 和 e_2 的树分别为 T_1 和 T_2，那么 $e_1 + e_2$，$e_1 * e_2$，$-e$ 的树分别为图 8.2：

表达式 $a * b + c * d$ 树形表示为图 8.3：

后序遍历上述二叉树便可得到该表达式的逆波兰表示 ab*cd*+。

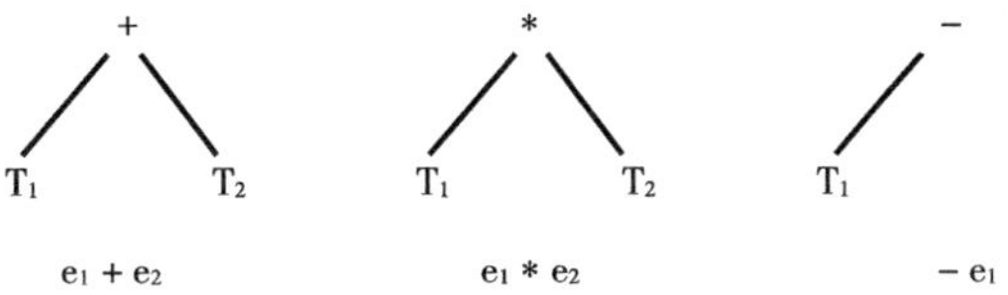

图 8.2

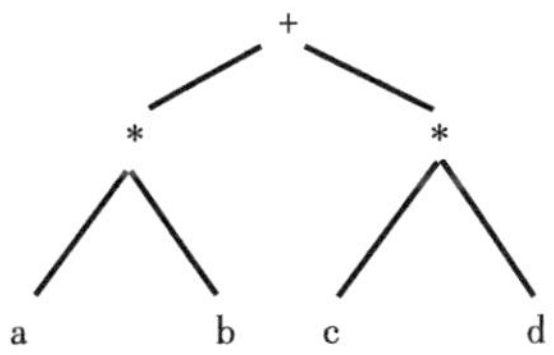

图 8.3

我们很容易把三元式表示成树形表示。每个三元式(OP,ARG1,ARG2)对应一棵二叉子树,OP 为子树的根,ARG1 和 ARG2 为子树的两棵子树,它们或为末端结点(终结符)或为下代子树的根,最后一个三元式③对应树的根。图 8.4 给出了三元式和树形表示的对应关系。

三元式

	OP	ARG1	ARG2
①	*	a	b
②	*	c	d
③	+	(1)	(2)

树形表示

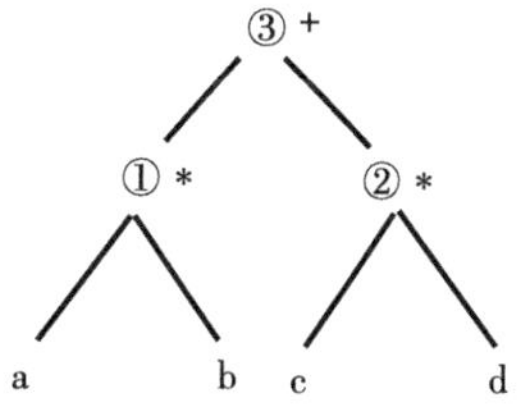

图 8.4　三元式与树形表示的对应关系示例

一般而言,双目运算对应二叉子树,多目运算对应多叉子树。但是,为了便于安排存储空间,一棵多叉子树可以通过引进新结点而表示成一棵二叉子树。

习 题 8

8-1　为什么要引进中间语言?

8-2　给出下面表达式的逆波兰表示。

①a * (-b + c)

②¬ A∨¬ (C∨¬ D)

③a + b * (c + d / e)

④(A∧B)∨(¬ C∨D)

⑤-a + b * (-c + d)

⑥(A∨B)∧(C∨¬ D∧E)

⑦a + b * (c + b * (a + b))

8-3　下列逆波兰式的值是什么？

①3　7　11 ＋ ∗ 4 －

②16　9　5　2 ∗ ＋ ∗

③1　2　3 - 4　5 ∗ 6　7 ＋ ∗ ＋ －

8-4　给出下列表达式的四元式序列：

①A ：＝ (B ＋ C) ∗ D

②A ：＝ －B ∗ (C ＋ D)

③A ：＝ (A ∗ B)＋(－C ∗ D)

④A ：＝ B ∗(－C ＋ D)

8-5　分别写出下列表达式相应的逆波兰表示、四元式和三元式：

①a ∗ b＋(c－d)/e

②a ∗ b－c ∗ d/e

③－(a＋b/c ∗ d)

④(a＞b) and (b＞c)

8-6　分别写出条件语句

```
if (a<b) and (a>0) then x:=b-a else x:=a-b
```

的逆波兰表示、四元式和三元式。

8-7　将下列程序段

```
    a:=0; b:=0;
 10: a:=a+1;
      if a<=100 then x:=x+a
          else a:=0;
          goto 10
```

写成逆波兰表示、四元式和三元式。

8-8　写出下列循环语句的逆波兰表示、四元式和三元式：

```
for i:=1 to 100 do x:=4*i
```

8-9　分别写出下列语句

```
while x+y>10 do
    begin
        a:=a+4*b;
        b:=a+b-b*c
    end
```

的逆波兰表示、四元式和三元式。

8-10　试给出重复语句 repeat S until C 的逆波兰形式。

8-11　试给出赋值语句 a[i]：＝b[j]的逆波兰表示。

8-12　下述程序段是求数组 a 中的最大值，试写出相应的四元式、三元式序列。

```
max := a[1];
```

```
index := 2;
while (index<=n) do
    begin
        if a[index]>max then max := a[index];
        index := index + 1;
    end;
```

第9章 语法制导翻译与中间代码生成

当编译程序完成了词法分析和语法分析之后，下一阶段的任务就是进行语义分析。所谓语义分析，有两个功能：一是进行语义检查，检查程序是否有意义；二是进行真正的翻译，将源程序翻译成具有相同语义的中间代码或目标代码。

有些编译程序在语义分析阶段直接产生目标代码，如 PL/0 编译器。这样的编译程序节省了把中间语言翻译到目标程序的额外开销，编译速度快。但是为了能够进行更充分的代码优化处理，最终生成高质量的目标代码，为使编译程序在结构上更为简单明确，特别是把编译过程中那些与机器无关的工作和与机器有关的工作尽可能地分开，许多编译程序都采用了复杂性介于源程序语言和机器语言之间的中间语言这一环节，即语义分析产生中间代码，然后在编译过程的下一阶段在中间代码一级进行优化处理，最后阶段完成中间代码到目标代码的转换。

应该说明，TINY 编译器在语义分析阶段也直接产生在 TM 目标机上运行的目标代码，只是这种 TM 机是由 C 语言编写的软件模拟实现的。

本章讨论采用中间代码的语义分析，中间语言采用四元式。但所用方法对于采用其他中间语言或直接生成目标代码的编译器同样适用。

9.1 语法制导翻译概述

由前所述，语义分析的翻译过程实际上是在语法分析的基础上，将源程序经词法分析后得到的单词序列转换成具有相同语义的中间代码。与编译过程的前两个阶段——词法分析和语法分析，都已有相当成熟的理论和算法不同，对于中间代码的产生还不能完全借助于一个形式化系统来实现。目前，许多编译程序都采用一种所谓的语法制导翻译方法进行语义分析，本节将讨论语法制导翻译的思想。当然，这种方法仍然不是形式化的，只能说是比较接近于形式化的。

下面我们介绍与语法制导翻译相关的属性文法的概念。

9.1.1 属性文法

在编译过程中，为便于描述程序设计语言的语法结构，引入了文法这个描述工具。同样，在语义分析阶段，为确切和比较形式化地描述内部语义，生成中间代码，我们引入属性和属性文法的概念。

对程序设计语言来说，所谓属性是指编程语言结构的任意特性，如变量的数据类型、表达式的值、变量在存储器中的位置等。如果在一个上下文无关文法的基础上赋予每个文法符号(非终结符或终结符)以一定的属性，并规定文法的每个产生式对相关属性的运算规则，则这种附加了一组属性和运算规则的文法称为属性文法。属性的运算规则又称为语义规则或语义子程序，显然与相应的产生式密切相关。

后面将看到，在属性文法中每个文法符号都与一组属性和语义规则相对应，而语义规则则建立了各文法符号属性之间的依赖关系。

(1)属性的表示

在属性文法中，文法符号 X 的属性 t 常用 X. t 来表示。例如，对于 X 的相关属性如类型、值和地址可分别表示为 X. TYPE、X. VAL 和 X. ADD。应该说明的是，对于一个特定的属性文法每个文法符号只可能涉及部分属性。

例如，对于算术表达式文法 G[E]：

E→E+T|T

T→T * F|F

F→(E)|i

显然只关心各文法符号的值属性。因此对每个非终结符 E、T、F，都有一个整数值的属性，分别表示为 E. VAL、T. VAL、F. VAL，而对于 i，由于它是词法分析程序送来的整型数，设其内部值用 LEXVAL 表示，则 i 的值属性可表示为 i. LEXVAL。至于文法符号 +、*、(、)，由于其代表的都是语义动作，如 + 和 * 是整型加、乘运算，(、)只是确定运算的优先顺序，这些语义动作将在语义规则中反映出来。

(2)语义规则的表示

在属性文法中，一个产生式所对应的语义规则(语义子程序)是根据该产生式所蕴涵的语义操作建立起来的，并与语义分析的目标有关。不同的产生式对应不同的语义规则，不同的语义分析目标也对应不同的语义规则。通常，对应某个产生式的所有语义规则写在该产生式后的“{”和“}”内。

下面我们以两个简单例子说明语义子程序的构造。

例 9.1　对于算术表达式文法 G[E]：

E→E+T|T

T→T * F|F

F→(E)|i

以表达式计值为目标，构造各产生式的语义规则。

因为语义分析的目的是求算术表达式的值，不产生中间代码，因而相应语义子程序只需进行值的运算和传递：

产生式	语义子程序
① $E \to E^{(1)} + T$	{E. VAL=$E^{(1)}$. VAL+T. VAL}
② E→T	{E. VAL=T. VAL}
③ $T \to T^{(1)} * F$	{T. VAL=$T^{(1)}$. VAL * F. VAL}
④ T→F	{T. VAL=F. VAL}
⑤ F→(E)	{F. VAL=E. VAL}
⑥ F→i	{F. VAL=i. LEXVAL}

注意：在上面，为区别同一产生式中的相同文法符号，采用了标注上标的方法，如 $E^{(1)}$、$T^{(1)}$。

例 9.2　对于上例的算术表达式文法 G[E]，构造各产生式的语义规则，使语义分析产生三元式序列。

分析该文法可以看到，G[E]含有两类蕴涵不同语义操作的产生式：一类为含有运算操作的，一类为仅含有传值操作的。因此为使语义分析后能生成三元式序列，语义规则要进行不同的处理：含有运算操作的产生式应对应产生三元式的语义处理，而仅含有传值操作的产生式则只进行传值的语义处理。

产生式	语义子程序
① $E \to E^{(1)} + T$	{E. VAL＝TRIP("＋",$E^{(1)}$. VAL,T. VAL)}
② $E \to T$	{E. VAL＝T. VAL}
③ $T \to T^{(1)} * F$	{T. VAL＝TRIP(" * ",$T^{(1)}$. VAL,F. VAL)}
④ $T \to F$	{T. VAL＝F. VAL}
⑤ $F \to (E)$	{F. VAL＝E. VAL}
⑥ $F \to i$	{F. VAL＝ENTRY(i)}

为表达方便起见，在上面的语义子程序中，调用了两个语义函数：ENTRY(NAME)和TRIP(OP,ARG1,ARG2)。其中，

① ENTRY(NAME)——查、填符号表的语义函数。对那些不要求标识符在使用前说明的语言，在符号表中查找名为 NAME 的项，若找到，则返回该项的位置；若未找到，则追加该项，并返回 NAME 的位置；而对那些要求标识符必须先说明后使用的语言，若 NAME 在符号表中，则返回 NAME 的位置，否则存在语法错误，并报告错误。

② TRIP(OP,ARG1,ARG2)——产生一个三元式(OP,ARG1,ARG2)的语义函数，将该三元式填到三元式表中，并返回其在表中的位置。

显然，在本例中，如果要求语义分析产生四元式或目标代码，则只需修改相应的语义函数即可。

由上可见，语义规则一方面抽象出了相应产生式所蕴涵的语义操作过程，另一方面在客观上又建立起了文法符号各属性之间的演算关系。

下面我们将看到，属性文法最适用于语法制导翻译方法。

9.1.2　语法制导翻译方法思想

顾名思义，所谓语法制导翻译就是指语法分析所引导的语义分析。具体地说，即首先建立属性文法，然后在对输入串进行语法分析的同时，一旦采用某产生式进行推导(对于自顶向上分析)或归约(对于自底向下分析)，即调用相应的语义子程序，产生与其语义相应的中间代码或目标代码。这样，随着语法分析的进行，中间代码或目标代码逐步形成。当整个输入串(源程序)成功地完成了语法分析时，与该输入串(源程序)具有相同语义的中间代码或目标代码序列也就产生完毕。如果语义动作是计值过程，则最终产生的“代码”就是输入符号串的“值”。

例 9.3　基于例 9.1 得到的属性文法，写出输入串 6＋7＊8＃的语法制导分析过程。设语法分析采用规范归约。

由于该属性文法的语义规则是计值程序，因而可以推知语义分析的结果必然是输入串6＋

7 * 8 的值。

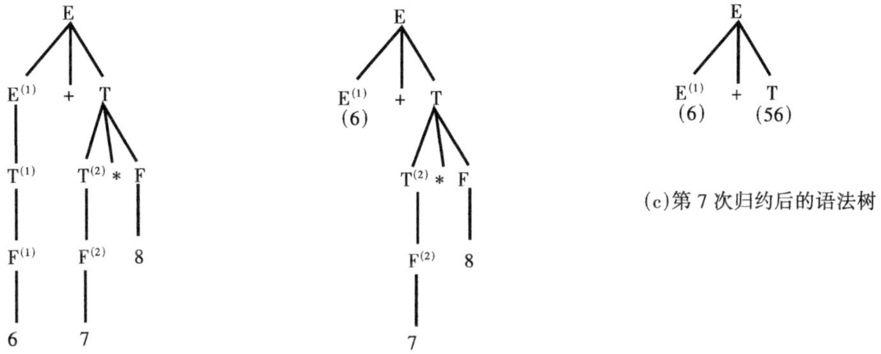

(a)符号串 6 + 7 * 8 的语法树　(b)第 3 次归约后的语法树　(c)第 7 次归约后的语法树

图 9.1　符号串 6+7 * 8 的语法制导分析

图 9.1 给出了该输入串在语法制导计算过程中的部分语法树，其语法制导(计值)分析过程如表 9.1 所示。由该表可见，语法分析每进行一次归约，语义程序就产生一次值的计算或传递，直至语法分析成功地归约到文法的开始符号，输入串的值也就计算出来。

表 9.1　符号串 6+7 * 8# 的语法制导计值分析过程

步骤	符号栈	语义栈	余留符号串	句柄	动作	产生式	语义规则
0	#	—	6+7 * 8#		进		
1	#i	—6	+7 * 8#	i	归	$F^{(1)} \to i$	$F^{(1)}.VAL=6$
2	#F	—6	+7 * 8#	F	归	$T^{(1)} \to F^{(1)}$	$T^{(1)}.VAL=F^{(1)}.VAL=6$
3	#T	—6	+7 * 8#	T	归	$E^{(1)} \to T^{(1)}$	$E^{(1)}.VAL=T.VAL=6$
4	#E	—6	+7 * 8#		进		
5	#E+	—6—	7 * 8#		进		
6	#E+i	—6—7	* 8#	i	归	$F^{(2)} \to i$	$F^{(2)}.VAL=7$
7	#E+F	—6—7	* 8#	F	归	$T^{(2)} \to F^{(2)}$	$T^{(2)}.VAL=F^{(2)}.VAL=7$
8	#E+T	—6—7	* 8#		进		
9	#E+T *	—6—7—	8#		进		
10	#E+T * i	—6—7—8	#	i	归	$F \to i$	$F.VAL=8$
11	#E+T * F	—6—7—8	#	T * F	归	$T \to T^{(2)} * F$	$T.VAL=T^{(2)}.VAL * F.VAL=56$
12	#E+T	—6—56	#	E+T	归	$E \to E^{(1)}+T$	$E.VAL=E^{(1)}.VAL+T.VAL=62$
13	#E	—62	#	acc			

由例 9.3 可以看出，语法制导分析方法实际上是将语义分析作为语法分析的子程序，语法分析每进行一次匹配，就调用相应的语义子程序，完成既定的翻译任务。

此外，在采用语法制导翻译方法时，在具体实现时需增设语义栈。

事实上，对同一文法，语法制导翻译既可以产生中间代码、目标代码也可以只是简单的计值，所不同的只是相应的语义规则不同而已。这种语义规则独立于语法分析程序，除了设计时要考虑语法分析的类型(自上而下或自下而上)以外，与具体的语法分析方法，以及分析算法的具体实现均无关系。当语法规则需要变换时只需替换相应的语义规则，而不涉及其他方面。

下面再看一个语法制导生成三元式的例子。

例 9.4 设拓广后的算术表达式文法 G[S]及语义规则为：

产生式	语义子程序
⓪ S→E	{S. VAL=E. VAL}
① $E \to E^{(1)}+T$	{E. VAL=TRIP("+",$E^{(1)}$. VAL,T. VAL)}
② E→T	{E. VAL=T. VAL}
③ $T \to T^{(1)} * F$	{T. VAL=TRIP(" * ",$T^{(1)}$. VAL,F. VAL)}
④ T→F	{T. VAL=F. VAL}
⑤ F→(E)	{F. VAL=E. VAL}
⑥ F→i	{F. VAL=ENTRY(i)}

写出输入串 A+B*C#的语法制导翻译过程。要求语法分析采用 LR 分析法，语法制导翻译的输出为三元式序列。已知算术表达式文法的 SLR(1)分析表如表 9.2 所示。语义规则中的函数 TRIP 和 ENTRY 意义同例 9.2。

表 9.2 算术表达式文法的 SLR(1)分析表

状态	ACTION						GOTO		
	i	+	*	(	)	#	E	T	F
0	S_5			S_4			1	2	3
1		S_6				acc			
2		r_2	S_7		r_2	r_2			
3		r_4	r_4		r_4	r_4			
4	S_5			S_4			8	2	3
5		r_6	r_6		r_6	r_6			
6	S_5			S_4				9	3
7	S_5			S_4					10
8		S_6			S_{11}				
9		r_1	S_7		r_1	r_1			
10		r_3	r_3		r_3	r_3			
11		r_5	r_5		r_5	r_5			

根据语法制导翻译思想，符号串 A+B*C#的分析过程如表 9.3 所示。

表 9.3 符号串 A+B*C#的语法制导翻译过程

步骤	状态栈	符号栈	输入符号	动作	产生式	语义规则	三元式
0	0	#	A+B*C#	进			
1	05	#i	+B*C#	归	(6)$F^{(1)} \to i$	$F^{(1)}$. VAL=A	
2	03	#F	+B*C#	归	(4)$T^{(1)} \to F^{(1)}$	$T^{(1)}$. VAL=$F^{(1)}$. VAL=A	
3	02	#T	+B*C#	归	(2)$E^{(1)} \to T^{(1)}$	$E^{(1)}$. VAL=$T^{(1)}$. VAL=A	
4	01	#E	+B*C#	进			
5	016	#E+	B*C#	进			
6	0165	#E+i	*C#	归	(6)$F^{(2)} \to i$	$F^{(2)}$. VAL=B	
7	0163	#E+F	*C#	归	(4)$T^{(2)} \to F^{(2)}$	$T^{(2)}$. VAL=$F^{(2)}$. VAL=B	
8	0169	#E+T	*C#	进			
9	01697	#E+T*	C#	进			

续表

步骤	状态栈	符号栈	输入符号	动作	产生式	语义规则	三元式
10	016975	#E+T*i	#	归	(6)F→i	F.VAL=C	
11	01697 10	#E+T*F	#	归	(3)$T\to T^{(2)}*F$	T.VAL=TRIP("*", $T^{(2)}$.VAL,F.VAL)=1	①(*,B,C)
12	0169	#E+T	#	归	(1)$E\to E^{(1)}+T$	E.VAL=TRIP("+", $E^{(1)}$.VAL,T.VAL)=2	②(+,A,(1))
13	01	#E	#		acc		

由表 9.3 我们看到,符号串 A+B*C# 在进行语法分析的同时,产生了三元式序列：

① (*,B,C)

② (+,A,①)

如果修改语义规则,可产生四元式或目标代码序列。

9.2　简单算术表达式和赋值语句的翻译

算术表达式和赋值语句在任何一种程序设计语言中都是必不可少的。这一节我们将讨论简单算术表达式和赋值语句到四元式的翻译。为简便起见,假定赋值语句中所有变量均为同一类型,故不必考虑类型转换的问题。并暂时忽略语义检查。

仅含简单变量的赋值语句的文法 G[A]为：

A→i：=E

E→E+T|E−T|T

T→T*F|T/F|F

F→(E)|i

为构造语义子程序,产生四元式,引入以下语义函数和语义变量：

① NEWTEMP——产生临时变量的函数过程。每调用一次,就产生一个新的临时变量,设其产生的临时变量依次为 $T_1,T_2,T_3,\cdots$。

② X.PLACE——是一与变量 X 相关的语义变量,用来标识 X 的语义值。

③ ENTRY(i)——查(填)符号表的函数过程,意义同前:即对 i 所代表的标识符查找符号表并返回其在表中的入口位置。

④ GEN(OP,ARG1,ARG2,RESULT)——是一个语义过程。每调用一次,就根据所给实参产生一个四元式,且送入四元式表中。

利用以上语义变量和函数过程,文法 G[A]的语义子程序可描述如下：

产生式	语义子程序
A→i:=E	{GEN(=,E.PLACE ,_ ,ENTRY(i))}
E→T	{E.PLACE=T.PLACE}
$E^{(1)}\to E^{(2)}+T$	{$E^{(1)}$.PLACE=NEWTEMP;
	GEN("+",$E^{(2)}$.PLACE,T.PLACE,$E^{(1)}$.PLACE)}
$E^{(1)}\to E^{(2)}-T$	{$E^{(1)}$.PLACE=NEWTEMP;

GEN("-",$E^{(2)}$.PLACE,T.PLACE,$E^{(1)}$.PLACE)}

$T \to F$	{T.PLACE=F.PLACE}
$T^{(1)} \to T^{(2)} * F$	{$T^{(1)}$.PLACE=NEWTEMP; GEN("*",$T^{(2)}$.PLACE,F.PLACE,$T^{(1)}$.PLACE)}
$T^{(1)} \to T^{(2)}/F$	{$T^{(1)}$.PLACE=NEWTEMP; GEN("/",$T^{(2)}$.PLACE,F.PLACE,$T^{(1)}$.PLACE)}
$F \to (E)$	{F.PLACE=E.PLACE}
$F \to i$	{F.PLACE=ENTRY(i)}

下面我们以一个例子说明赋值语句语法制导生成四元式的过程。

例 9.5 设赋值语句的属性文法 G[A]如上所列,试写出符号串 A:=(B+C)*D# 的语法制导翻译过程,并给出四元式序列。设语法分析采用算符优先分析法,文法 G[A]的优先关系矩阵如表 9.4 所示。

表 9.4 **文法** G[A]**的优先关系矩阵**

	:=	+	-	*	/	i	(	)	#
:=		$\lessdot$	$\lessdot$	$\lessdot$	$\lessdot$	$\lessdot$	$\lessdot$		$\gtrdot$
+		$\gtrdot$	$\gtrdot$	$\lessdot$	$\lessdot$	$\lessdot$	$\lessdot$	$\gtrdot$	$\gtrdot$
-		$\gtrdot$	$\gtrdot$	$\lessdot$	$\lessdot$	$\lessdot$	$\lessdot$	$\gtrdot$	$\gtrdot$
*		$\gtrdot$	$\gtrdot$	$\gtrdot$	$\gtrdot$	$\lessdot$	$\lessdot$	$\gtrdot$	$\gtrdot$
/		$\gtrdot$	$\gtrdot$	$\gtrdot$	$\gtrdot$	$\lessdot$	$\lessdot$	$\gtrdot$	$\gtrdot$
i	$\doteq$	$\gtrdot$	$\gtrdot$	$\gtrdot$	$\gtrdot$			$\gtrdot$	$\gtrdot$
(		$\lessdot$	$\lessdot$	$\lessdot$	$\lessdot$	$\lessdot$	$\lessdot$	$\doteq$	
)		$\gtrdot$	$\gtrdot$	$\gtrdot$	$\gtrdot$			$\gtrdot$	$\gtrdot$
#		$\lessdot$	$\lessdot$	$\lessdot$	$\lessdot$	$\lessdot$	$\lessdot$		$\doteq$

根据算符优先分析法和语义子程序,可以写出符号串 A:=(B+C)*D# 的语法制导翻译过程如表 9.5 所示。

表 9.5 **符号串** A:=(B+C)*D# **的语法制导翻译过程**

步骤	分析栈	优先关系	输入符号	余留输入串	动作	可归约串	产生式	语义栈 PLACE	语义过程	四元式
0	#	$\lessdot$	A	:=(B+C)*D#	进			-		
1	#i	$\doteq$	:=	(B+C)*D#	进			-A		
2	#i:=	$\lessdot$	(	B+C)*D#	进			-A-		
3	#i:=(	$\lessdot$	B	+C)*D#	进			-A--		
4	#i:=(i	$\gtrdot$	+	C)*D#	归	i	$F \to i$	-A--B	$F^{(1)}$.PLACE=ENTRY(i)=B	

续表

步骤	分析栈	优先关系	输入符号	余留输入串	动作	可归约串	产生式	语义栈 PLACE	语义过程	四元式
5	#i：=(F	$\lessdot$	+	C)＊D#	进			—A— —B		
6	#i：=(F+	$\lessdot$	C	)＊D#	进			—A— —B—		
7	#i：=(F+i	$\gtrdot$	)	＊D#	归	i	F→i	—A— —B—C	$F^{(2)}$.PLACE=ENTRY(i)=C	
8	#i：=(F+F	$\gtrdot$	)	＊D#	归	F+F	E→E+T	—A— —B—C	$E^{(1)}$PLACE=NEWTEMP=T_1GEN("+",B,C,T_1)	(+,B,C,T_1)
9	#i：=(E	$\doteq$	)	＊D#	进			—A— —T_1		
10	#i：=(E)	$\gtrdot$	＊	D#	归	(E)	F→(E)	—A— —T_1—	$F^{(3)}$.PLACE=$E^{(1)}$.PLACE=T_1	
11	#i：=F	$\lessdot$	＊	D#	进			—A— T_1		
12	#i：=F＊	$\lessdot$	i	#	进			—A— T_1—		
13	#i：=F＊i	$\gtrdot$	#		归	i	F→i	—A— T_1—D	$F^{(4)}$.PLACE=ENTRY(i)=D	
14	#i：=F＊F	$\gtrdot$	#		归	F＊F	T→T＊F	—A— T_1—D	$E^{(2)}$.PLACE=NEWTEMP=T_2;GEN("＊",T_1,D,T_2)	(＊,T_1,D,T_2)
15	#i：=E	$\gtrdot$	#		归	i：=E	A→i：=E	—A— T_2	GEN(：=,T_2,_,ENTRY(i))	(=,T_2,_,A)
16	#A	$\doteq$	#		acc"接受"					

因此,符号串 A:=(B+C)＊D#经语法制导翻译可得到以下四元式序列:

① (+,B,C,T_1)

② (＊,T_1,D,T_2)

③ (:=,T_2,_ ,A)

我们看到,这与手工翻译结果是一致的。

应该强调的是,以上的语法制导翻译过程实际上是由编译程序实现的,具体是由算符优先分析程序(主程序)与 G[A]的语义子程序共同完成的,它们可对任何符号串进行语法制导分析。表 9.5 只是模拟了程序对符号串 A:=(B+C)＊D#的成功的分析过程。读者还可写出对不满足文法 G[A]的符号串的分析过程(见习题)。

上面讨论了赋值语句的翻译,而对简单算术表达式文法 G[E]:

E→E+T|E−T|T

T→T＊F|T/F|F

F→(E)|i

或 G[E]的拓广文法 G[S]：

S→E

E→E+T|E−T|T

T→T*F|T/F|F

F→(E)|i

由于上面各产生式的语义子程序与赋值语句文法 G[S]的相应产生式一致，而且对该文法的语法分析我们已经十分熟悉，故对算术表达式到四元式的语法制导翻译不再作进一步讨论，读者可通过习题进行练习。

以上在构造赋值语句和算术表达式文法的语义子程序时，假定所有变量具有同一类型，因此并未考虑有关类型转换的语义处理。而在实际中表达式中常出现多种类型的变量和常量的混合运算，因此编译程序还必须进行这样的语义处理：首先对表达式中的运算对象进行类型检查，当出现多种类型的运算对象时，如果编译程序不允许，则报告错误；否则应进行类型转换。

例如，对于赋值语句文法 G[S]和算术表达式文法 G[E]，若允许整型和实型的混合运算，必须先将整型量转换为实型量。因此，假设语义变量 X. TYPE 表示变量 X 的数据类型，$+^i$、$*^i$分别代表整型加、乘运算，$+^r$、$*^r$分别代表实型加、乘运算，一目算符 itr 表示将整型运算对象转换为实型，则对于产生式 $E^{(1)}\rightarrow E^{(2)}+T$，带有类型信息的类 C 语言的语义子程序可写为：

产生式	语义子程序
$E^{(1)}\rightarrow E^{(2)}+T$	见下

```
{ E(1).PLACE=NEWTEMP;
if (E(2).TYPE==int&&T.TYPE==int){
    GEN(+i,E(2).PLACE,T.PLACE,E(1).PLACE);
    E(1).TYPE=int;
}
else if (E(2).TYPE==real&&T.TYPE==real){
    GEN(+r,E(2).PLACE,T.PLACE,E(1).PLACE);
    E(1).TYPE=real;
}
else if (E(2).TYPE==int)/*&&T.TYPE==real*/{
    U=NEWTEMP;
    GEN(itr,E(2).PLACE,_ ,U);
    GEN(+r,U,T.PLACE,E(1).PLACE);
    E(1).TYPE=real;
}
else /*E(2).TYPE==real&&T.TYPE==int*/{
    U=NEWTEMP;
    GEN(itr,T.PLACE,_ ,U);
    GEN(+r,E(2).PLACE,U,E(1).PLACE);
    E(1).TYPE=real;
}
}
```

类似地，可以构造出文法其他产生式的带有类型信息的类 C 语言的语义子程序。

上面的语义子程序只考虑了实型和整型的混合运算。若考虑更多的数据类型，翻译工作会更复杂一些。

9.3　布尔表达式的翻译

布尔表达式是另一种常用的表达式，除了用于逻辑演算，计算逻辑值外，最常用于条件语句、循环语句等控制语句的条件。因此布尔表达式的翻译是其他控制语句翻译的基础。

为简便起见，我们只考虑下面的文法 G[E]所描述的布尔表达式：

$$E \rightarrow E \wedge E \mid E \vee E \mid \neg E \mid (E) \mid i \mid i_1 \text{ rop } i_2 \quad (9.1)$$

其中，i 为布尔变量，i_1、i_2 为数值变量，rop 为关系运算符（包括：<、<=、=、>、>=、<>），∧、∨、¬ 为布尔算符（逻辑运算符）。

按一般习惯，计算布尔表达式的优先顺序（由高到低）为：

①括号：()

②算术运算符：*、/

　　　　　　　+、-

③关系运算符：<、<=、=、>、>=、<>

④逻辑运算符：¬

　　　　　　　∧

　　　　　　　∨

9.3.1　布尔表达式的两种翻译方法

通常，布尔表达式的计算方法有两种，因而也就对应两种不同的翻译方法：

第一种方法，与前面计算算术表达式的方法一样，从左到右、根据运算的优先顺序，一步步计算出整个表达式的逻辑值。例如，若以 1 代表 true，以 0 代表 false，则布尔表达式 $1 \wedge (\neg 0 \vee 1) \vee 0$ 的计算过程为：

$$\begin{aligned} & 1 \wedge (\neg 0 \vee 1) \vee 0 \\ =& 1 \wedge (1 \vee 1) \vee 0 \\ =& 1 \wedge 1 \vee 0 \\ =& 1 \vee 0 \\ =& 1 \end{aligned}$$

对应这种计算法，对布尔表达式的翻译可以采用与前面翻译算术表达式一样的方法。例如，布尔表达式 $A \wedge B \vee C = 0$ 可翻译成如下的四元式：

① $(\wedge, A, B, T_1)$

② $(=, C, 0, T_2)$

③ $(\vee, T_1, T_2, T_3)$

因此，仿照例 9.1 或 9.2 节赋值语句的语义规则，很容易构造布尔表达式的计值语义规则或生成四元式的语义规则（见习题）。

第二种方法，是试图用 if－else 来解释 $\wedge$、$\vee$ 和 $\neg$ 。即

把 A∧B 解释成：if (A)B
　　　　　　　　else false

把 A∨B 解释成：if (A)true
　　　　　　　　else B

把¬ A 解释成：if (A)false
　　　　　　　　else true

从上面看出，这种方法实际上采取了某种优化措施。以 A∧B 的

if(A)B
else false

解释为例，若 A 为“真”，则 A∧B 的值由 B 值确定；若 A 为“假”，则 A∧B 的值也为“假”，不必再计算 B 值。

对应于这种计算法的布尔表达式翻译，实际上是将其 if-else 解释转换为四元式序列，并给出表达式的“真出口”和“假出口”。

例如，A∧B 的 if-else 解释：

if (A)B
else false

可翻译为以下四元式：

①(jnz,A,_,3)
②(j,_,_,0)
“真出口” ⇒ ③(jnz,B,_,0)
“假出口” ⇒ ④(j,_,_,2)

注意：这里所谓的“真出口”是指使表达式为“真”的所有四元式连成的“真”链的头地址，而“假出口”是指使表达式为“假”的所有四元式连成的“假”链的头地址。在该例中，当 A、B 同时为“真”时，表达式才为“真”，因此四元式③是惟一能确定表达式为“真”的四元式，故“真”链中只有一个四元式③，“真出口”＝3。而当 A、B 之一为“假”时，表达式就为“假”，故“假”链中有两个四元式：②和④，其中四元式④为链头，通过其第四区指向四元式②，故“假出口”＝4。

这种翻译方法适用于作为控制语句条件的布尔表达式。由于在进行语法制导翻译过程中，常常会出现这样的情况，即当布尔表达式已经被翻译成四元式，并确定了“真”链和“假”链时，这些“真”链和“假”链上的条件或无条件转移四元式所要转移到的目标四元式尚未产生，因此只能将“真出口”和“假出口”作为语义信息保存并传递下去，当所期待的四元式产生后，再将其序号回填到相应的“真”链或“假”链上所有四元式的第四区。

图 9.2 示出了控制语句 if E then S、if E then S_1 else S_2 和 while E do S 翻译成四元式后的代码结构。其中，E 代表布尔表达式，S、S_1 和 S_2 代表语句块。

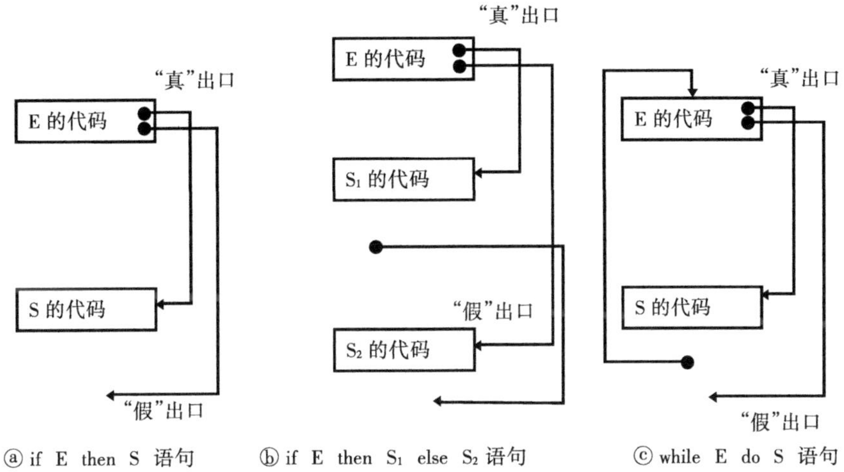

图 9.2　控制语句翻译成四元式后的代码结构

9.3.2　作为控制语句条件的布尔表达式的翻译方法

为方便语义分析，将前面的布尔表达式文法——文法(9.1)改造为以下形式：

G[E]：

$$E \to E^{\wedge} E \mid E^{\vee} E \mid \neg E \mid (E) \mid i \mid i_1 \text{ rop } i_2$$
$$E^{\wedge} \to E \wedge \qquad (9.2)$$
$$E^{\vee} \to E \vee$$

为构造语义子程序，引入以下语义变量和语义过程：

① X. TC 和 X. FC——语义变量，分别代表布尔表达式 X 的“真出口”和“假出口”的四元式地址。

② NXQ——四元式表指示器，用来指示下一个要生成的四元式的序号。

③ GEN——意义同前，且每调用一次，NXQ 值增 1。

④ MERGE(p_1,p_2)——函数过程，把链头分别为 p_1,p_2 的两条链进行合并。即把以 p_1 为链头的链连接到以 p_2 为链头的链之后，且当 $p_2 \neq 0$ 时 MERGE 取新值为 p_2，即合并后新链的链头为 p_2；而当 $p_2=0$(空链)时 MERGE 取新值为 p_1，即此时合并后新链的链头为 p_1。

⑤ BACKPATCH(P,t)——语义过程，把四元式序号 t 回填到以 P 为链头的链中各四元式的第四区(RESULT)中。

于是，可为文法(9.2)构造相应的语义子程序如下：

产生式	语义子程序
① E→i	{ E. TC=NXQ;E. FC=NXQ+1; GEN(jnz,ENTRY(i),_,0); GEN(j,_,_,0) }
② E→i_1 rop i_2	{ E. TC=NXQ;E. FC=NXQ+1; GEN(jrop,ENTRY(i_1),ENTRY(i_2),0); GEN(j,_,_,0) }
③ E→($E^{(1)}$)	{ E. TC=$E^{(1)}$. TC;E. FC=$E^{(1)}$. FC;}

④ $E\to\neg E^{(1)}$ { E. TC=$E^{(1)}$. FC;E. FC=$E^{(1)}$. TC;}

⑤ $E^{\wedge}\to E^{(1)}\wedge$ { BACKPATCH($E^{(1)}$. TC,NXQ);
 $E^{\wedge}$. FC=$E^{(1)}$. FC;}

⑥ $E\to E^{\wedge}E^{(2)}$ {E. TC=$E^{(2)}$. TC;
 E. FC=MERGE($E^{\wedge}$. FC,$E^{(2)}$. FC);}

⑦ $E^{\vee}\to E^{(1)}\vee$ {$E^{\vee}$. TC=$E^{(1)}$. TC;
 BACKPATCH($E^{(1)}$. FC,NXQ);}

⑧ $E\to E^{\vee}E^{(2)}$ {E. TC=MERGE($E^{\vee}$. TC,$E^{(2)}$. TC);
 E. FC=$E^{(2)}$. FC;}

由以上语义规则(如 $E\to i$ 和 $E\to i_1$ rop i_2 的语义规则)可以看出,每一个布尔变量都被翻译成两个四元式,如对规则 $E\to i$,布尔量 i 被翻译成:

(jnz,ENTRY(i),_,0);

(j,_,_,0)

即分别为该布尔量的“真”出口和“假”出口。此外,一个语义规则还要完成当前非终结符的“真”、“假”出口的计算和保存以及到目前为止可能的链的连接和回填。

例 9.6 求布尔表达式(A∨B)∧C#的语法制导翻译过程。设语法分析采用规范归约,生成代码为四元式。

为说明语法分析,首先根据文法(9.2)构造该布尔表达式的语法树,如图 9.3 所示。

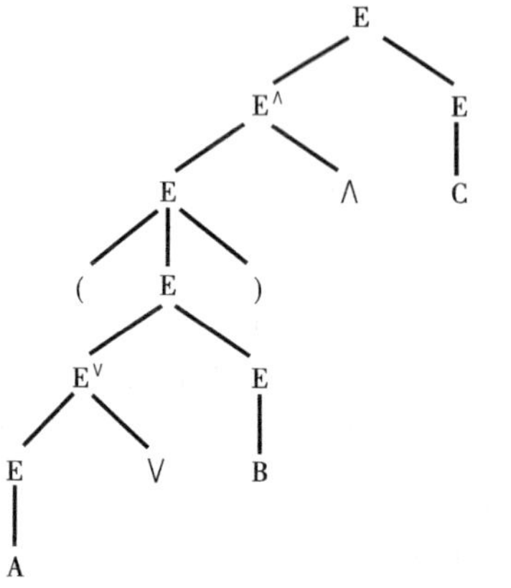

图 9.3 布尔表达式(A∨B)∧C#的语法树

根据语法树和前面所给出的语义规则,可以得到采用规范归约的布尔表达式(A∨B)∧C#的语法制导翻译过程如表 9.6 所示。注意,表中四元式第四区带删除线的数字表示被回填、替换的地址,如 ~~0~~,~~1~~ 等

表 9.6 采用规范归约的布尔表达式(A∨B)∧C#的语法制导翻译过程

步骤	栈	剩余输入串	动作	句柄	产生式	语义子程序	四元式
0	#	(A∨B)∧C#	进				
1	#(	(A∨B)∧C#	进				

2	#(A	∨B)∧C#	归	i	$E^{(1)}$→i	$E^{(1)}$.TC=NXQ=1; $E^{(1)}$.FC=NXQ+1=2; GEN(jnz,ENTRY(i),_,0); GEN(j,_,_,0) NXQ=3	(1) (jnz,A,_,~~0~~5); (2) (j,_,_,~~0~~3)
3	#($E^{(1)}$	∨B)∧C#	进				
4	#($E^{(1)}$∨	B)∧C#	归	$E^{(1)}$∨	$E^{(2)\vee}$ → $E^{(1)}$∨	$E^{(2)\vee}$.TC=$E^{(1)}$.TC=1; BACKPATCH ($E^{(1)}$.FC, NXQ) = BACKPATCH(2,3);	用 3 回填以 2 为头的链上所有四元式的第四区。
5	#($E^{(2)\vee}$	B)∧C#	进				
6	#($E^{(2)\vee}$B	)∧C#	归	i	$E^{(3)}$→i	$E^{(3)}$.TC=NXQ=3; $E^{(3)}$.FC=NXQ+1=4; GEN(jnz,ENTRY(i),_,0); GEN(j,_,_,0) NXQ=5	(3) (jnz,B,_,~~0~~15); (4) (j,_,_,0)
7	#($E^{(2)\vee}$ $E^{(3)}$	)∧C#	归	$E^{(2)\vee}$ $E^{(3)}$	$E^{(4)}$ → $E^{(2)\vee}$ $E^{(3)}$	$E^{(4)}$. TC = MERGE ($E^{(2)\vee}$.TC,$E^{(3)}$.TC) = MERGE(1,3)=3; $E^{(4)}$.FC=$E^{(3)}$.FC=4;	以 1 为链头的链连接到以 3 为链头的链的末尾:在此为以 1 回填四元式(3)的第四区。
8	#($E^{(4)}$	)∧C#	进				
9	#($E^{(4)}$)	∧C#	归	($E^{(4)}$)	$E^{(5)}$ → ($E^{(4)}$)	$E^{(5)}$.TC=$E^{(4)}$.TC=3; $E^{(5)}$.FC=$E^{(4)}$.FC=4;	
10	#$E^{(5)}$	∧C#	进				
11	#$E^{(5)}$∧	C#	归	$E^{(5)}$∧	$E^{(6)\wedge}$ → $E^{(5)}$∧	BACKPATCH ($E^{(5)}$.TC, NXQ) = BACKPATCH(3,5); $E^{(6)\wedge}$.FC=$E^{(5)}$.FC=4	用 5 回填以 3 为头的链上所有四元式的第四区。
12	#$E^{(6)\wedge}$	C#	进				
13	#$E^{(6)\wedge}$C	#	归	i	$E^{(7)}$→i	$E^{(7)}$.TC = NXQ = 5; $E^{(7)}$.FC=NXQ+1=6; GEN(jnz,ENTRY(i),_,0); GEN(j,_,_,0) NXQ=7	(5) (jnz,C,_,0); (6) (j,_,_,~~0~~4)
14	# $E^{(6)\wedge}$ $E^{(7)}$	#	归	$E^{(6)\wedge}$ $E^{(7)}$	E→$E^{(6)\wedge}$ $E^{(7)}$	E.TC=$E^{(7)}$.TC=5; E. FC = MERGE ($E^{(6)\wedge}$.FC,$E^{(7)}$.FC)= MERGE(4,6)=6	以 4 为链头的链连接到以 6 为链头的链的末尾:在此为以 4 回填四元式(6)的第四区。
15	#E	#	acc	分析成功			

由表9.6看到，在第2、6、13步进行归约时，所有刚产生的四元式的第四区均为0。随着分析的继续，才逐步回填各四元式的第四区，最后形成整个布尔表达式的“真”链和“假”链，及其头地址E.TC和E.FC(也即“真出口”和“假”出口)。

例如，在第2步时，得到的最初四元式为：

① (jnz,A,_,0)

② (j,_,_,0)

然后分别在第11步和第4步时，用5和3回填了这两个四元式的第四区，而某些四元式，如四元式(3)，还经过了不止一次的回填。

最后形成的四元式序列为：

① (jnz,A,_,5)

② (j,_,_,3)

③ (jnz,B,_,5)

④ (j,_,_,0)

E.TC ⇒ ⑤ (jnz,C,_,0)

E.FC ⇒ ⑥ (j,_,_,4)

E.TC＝5,E.FC＝6

“真”链为：→⑤

“假”链为：→⑥→④

应该说明的是，以上四元式序列只是阶段性结果，还有“真”链和“假”链上的四元式待回填。只有对以该布尔表达式为条件的控制语句继续分析时，才能最终完成以上的四元式序列。

9.4 控制语句的翻译

本节我们将讨论一些常用的控制语句，如条件语句、开关语句、循环语句、转移语句等到四元式的翻译。

9.4.1 条件语句的翻译

带有条件的控制语句包括if E then S、if E then S_1 else S_2和while E do S语句，这些语句在实用中常常是相互嵌套的。

下面考虑文法G[S]所定义的语句：

①S→if E then S

② |if E then S else S

③ |while E do S (9.3)

④ |begin L end

⑤ |A

⑥L→L;S

⑦ |S

其中，非终结符S,A,L,E分别代表语句、赋值句、语句串和布尔表达式。

显然该文法并不完全，如对非终结符 A 和 E 并没有进一步的描述，但对说明带有条件的控制语句的翻译已经足够了。

在上一节我们已经知道，布尔表达式 E 的两项语义值 E. TC 和 E. FC 指出了待回填的四元式串的“真”出口和“假”出口。对形如

$$\text{if } E \text{ then } S_1 \text{ else } S_2$$

的语句，E 的“真”链上的四元式只有在分析到 then 时才能回填，而其“假”链上的四元式更只有在处理了 S_1 到达 else 后才能回填，因此必须将 E. FC 的值传下去，直到到达了 else 并进行了回填为止。此外为保证语义的等价性，翻译时应在 S_1 之后加一条转到 S_2 后的无条件转移语句，但该转移目标要待 S_2 的语句翻译之后才能确定。对于更复杂的语句，如

$$\text{if } E_1 \text{ then if } E \text{ then } S_1 \text{ else } S_2 \text{ else } S_3$$

不难看出，E_1 的“假”链上的四元式只有在处理了 S_2 到达了相应的 else 后才能回填。而对于语句

while E do S

当 E 为“假”时，必须通过转移语句转到循环体外；而当语句串 S 执行完后，应有无条件转移语句转到循环条件判断语句。

因此与布尔表达式的翻译类似，引入

① 语义变量 X. CHAIN，用来保存四元式链的头地址。

② 语义变量 X. QUAD，用来保存 X 所对应的第一个四元式地址。

同时，为方便语义分析，及时回填有关四元式串的转移目标，将文法(9.3)进行改造，改造后的文法结构如下：

① $S \rightarrow C\ S$

② $\quad |\ T^P S$

③ $\quad |\ W^d S$

④ $\quad |$ begin L end

⑤ $\quad |\ A$

⑥ $L \rightarrow L^S S$

⑦ $\quad |\ S$　　　　(9.4)

⑧ $C \rightarrow$ if E then

⑨ $T^P \rightarrow C\ S$ else

⑩ $W^d \rightarrow W\ E$ do

⑪ $W \rightarrow$ while

⑫ $L^S \rightarrow L;$

相应的语义子程序如下：

产生式	语义子程序
① $S \rightarrow C\ S^{(1)}$	{S. CHAIN＝MERGE(C. CHAIN，$S^{(1)}$. CHAIN)}
② $S \rightarrow T^P S^{(2)}$	{S. CHAIN＝MERGE(T^P. CHAIN，$S^{(2)}$. CHAIN)}
③ $S \rightarrow W^d S^{(1)}$	{BACKPATCH($S^{(1)}$. CHAIN，W^d. QUAD)； GEN(j，_，_，W^d. QUAD)； S. CHAIN＝W^d. CHAIN}

④ S→begin L end　　{S. CHAIN=L. CHAIN)}

⑤ S→A　　{S. CHAIN=0)/ * 空链 * /}

⑥ $L \to L^S S^{(1)}$　　{L. CHAIN=$S^{(1)}$. CHAIN)}

⑦ L→S　　{L. CHAIN=S. CHAIN)}

⑧C→if E then　　/ * C——条件子句 * /

{BACKPATCH(E. TC,NXQ);

C. CHAIN=E. FC}

⑨ $T^P \to C\ S^{(1)}$ else　　/ * T^P——真部子句 * /

{q=NXQ;

GEN(j,_,_,0);

BACKPATCH(C. CHAIN,NXQ);

T^P. CHAIN=MERGE($S^{(1)}$. CHAIN,q)}

⑩ $W^d \to$ W E do　　/ * W^P——while 子句 * /

{BACKPATCH(E. TC,NXQ);

W^d. CHAIN=E. FC;

W^d. QUAD=W. QUAD}

⑪ W→while　　{W. QUAD=NXQ}

⑫ $L^S \to L$;　　{BACKPATCH(L. CHAIN,NXQ)}

我们看到，采用上述语义子程序，当语法分析归约到文法开始符号时，仍有语义值 S. CHAIN 保存在语义栈中，其所指示的链在后续分析过程的适当时候才能回填。

例 9.7　根据上述语义规则，给出语句

while (A∨B)∧C do

if D<=0 then X:=Y+Z else X:=X+1

的语法制导翻译过程。设语法分析采用规范归约，四元式的首地址为 100。

如前所述，文法(9.4)并不完全，没有包括布尔表达式和赋值语句的产生式，故我们在分析时假定(A∨B)∧C、D<=0、X:=Y+Z 和 X:=X+1 的四元式已经产生，只在需要时直接采用。下面分别列出(A∨B)∧C、D<=0、X:=Y+Z 和 X:=X+1 的四元式序列。

布尔表达式(A∨B)∧C 的四元式(在例 9.6 中求得)：

① (jnz,A,_,5)

② (j,_,_,3)

③ (jnz,B,_,5)

④ (j,_,_,0)

E. TC ⇒ ⑤ (jnz,C,_,0)

E. FC ⇒ ⑥ (j,_,_,4)

布尔表达式 D<=0 的四元式：

E. TC ⇒　(1) (j<=,D,_,0)

E. FC ⇒　(2) (j,_,_,0)

赋值语句 X:=Y+Z 的四元式：

① (+,Y,Z,T_1)

② (:=, T_1, _, X)

赋值语句 X:=X+1 的四元式:

① (+, X, 1, T_1)

② (:=, T_1, _, X)

应说明的是,上述四元式的序号只是所在序列的相对地址,绝对地址要在分析时才会产生。临时变量 T_1 也是在所在序列局部产生的,在全局分析时,临时变量的序号也应全局分配。

表 9.7 给出了整个语句的简化了的语法制导分析过程,其中对布尔表达式和赋值语句的分析进行了简化。

表 9.7　例 9.7 中控制语句的语法制导翻译过程

步骤	栈	剩余输入串	动作	句柄	产生式	语义子程序	四元式
0	#	while (A∨B)∧C …	进				
1	# while	(A∨B)∧C …	归		W → while	W. QUAD=NXQ=100	
2	# W	(A∨B)∧C …	进 …			忽略布尔表达式的移进-归约过程	
3	# W (A∨B)∧C	do if D<=0 then X:=Y+Z else X:=X+1	归 …	(A∨B)∧C		忽略布尔表达式(A∨B)∧C 的移进-归约过程,直接给出结果: $E^{(1)}$. TC=104 $E^{(1)}$. FC=105 NXQ=106	(100) (jnz, A, _, 104) (101)(j, _, _, 102) (102) (jnz, B, _, 104) (103) (j, _, _, 0) (104) (jnz, C, _, 0106) (105)(j, _, _, 103)
4	# $WE^{(1)}$	do if D<=0…	进				
5	# $WE^{(1)}$ do	if D<=0 then X:=Y+Z else X:=X+1#	归	$WE^{(1)}$ do	W^d → $WE^{(1)}$ do	BACKPATCH($E^{(1)}$. TC, NXQ)=BACKPATCH(104, 106); W^d. CHAIN=$E^{(1)}$. FC=105; W^d. QUAD=W. QUAD=100	用 106 回填以 104 为头的链上所有四元式的第四区。
6	# W^d	if D<=0 then X:=Y+Z else X:=X+1#	进				
7	# W^d if	D<=0 then X:=Y+Z…	进 …			忽略布尔表达式的移进-归约过程	

8	# W^d if D<=0	then X:= Y+Z else X:= X+1#	归…	D<=0		忽略布尔表达式 D<=0 的移进-归约过程，直接给出结果： $E^{(2)}$.TC=106 $E^{(2)}$.FC=107 NXQ=108	(106) (j<=,D,0,0108) (107) (j,_,_,0111)
9	# W^d if $E^{(2)}$	then X:= Y+Z …	进				
10	# W^d if $E^{(2)}$ then	X:=Y+Z else X:= X+1#	归	if $E^{(2)}$ then	C → if $E^{(2)}$ then	BACKPATCH($E^{(2)}$.TC, NXQ) = BACKPATCH (106,108); C.CHAIN = $E^{(2)}$.FC = 107	用 108 回填以 106 为头的链上所有四元式的第四区。
11	# W^dC	X:= Y + Z else …	进…			忽略赋值语句的移进-归约的具体过程	
12	# W^d C X:= Y+Z	else X:= X+1#	归…	X:= Y+Z		忽略赋值语句 X:=Y+Z 的移进-归约的具体过程，直接给出分析结果。 NXQ=110	(108)(+,Y,Z,T_1) (109)(:=,T_1,_,X)
13	# W^d C $A^{(1)}$	else X:= X+1#	归	$A^{(1)}$	$S^{(1)}$ → $A^{(1)}$	$S^{(1)}$.CHAIN=0	
14	# W^d C $S^{(1)}$	else X:= X+1#	进				
15	# W^d $CS^{(1)}$ else	X:=X+1#	归	$CS^{(1)}$ else	T^P→C $S^{(1)}$ else	q=NXQ=110; GEN(j,_,_,0); NXQ=111; BACKPATCH (C.CHAIN, NXQ) = BACKPATCH (107, 111); T^P. CHAIN = MERGE ($S^{(1)}$. CHAIN, q) = MERGE(0,110)=110	(110) (j,_,_,0100) 用 111 回填以 107 为头的链上所有四元式的第四区； 将空链连接到以 110 为链头的链的末尾，新链的链头为 110。
16	# $W^d$$T^P$	X:=X+1#	进…			忽略赋值语句移进-归约的具体过程	
17	# W^d T^P X:=X+1	#	归…	X:= X+1		忽略赋值语句 X:=X+1 的移进-归约的具体过程，直接给出分析结果： NXQ=113	(111)(+,X,1,T_2) (112)(:=,T_2,_,X)
18	# W^d T^P $A^{(2)}$	#	归	$A^{(2)}$	$S^{(2)}$ → $A^{(2)}$	$S^{(2)}$.CHAIN=0	
19	# W^d T^P $S^{(2)}$	#	归	T^P $S^{(2)}$	$S^{(3)}$ → T^P $S^{(2)}$	$S^{(3)}$. CHAIN = MERGE (T^P. CHAIN, $S^{(2)}$. CHAIN) = MERGE(110,0)=110	以 110 为头的链连接到空链之后，新链链头仍为 110。

20	$\#W^dS^{(3)}$	#	归	W^d $S^{(3)}$	$S\rightarrow W^d S^{(3)}$	BACKPATCH ($S^{(3)}$. CHAIN, W^d. QUAD) = BACKPATCH(110,100); GEN(j,_,_, W^d. QUAD) =GEN(j,_,_,100); S. CHAIN= W^d. CHAIN =105 NXQ=114	(113)(j,_,_,100) 用 100 回填以 110 为头的链上所有四元式的第四区。
21	#S	#	acc　分析成功				

最后得到语句

while (A∨B)∧C do

　if D<=0 then X:=Y+Z else X:=X+1

的四元式序列为：

(100) (jnz,A,_,104)

(101) (j,_,_,102)

(102) (jnz,B,_,104)

(103) (j,_,_,0)

(104) (jnz,C,_,106)

S. CHAIN ⇒ (105)(j,_,_,103)

(106) (j<=,D,0,108)

(107) (j,_,_,111)

(108) (+,Y,Z,T_1)

(109) (:=,T_1,_,X)

(110) (j,_,_,100)

(111) (+,X,1,T_2)

(112) (:=,T_2,_,X)

(113) (j,_,_,100)

由表 9.7 看到，尽管所分析的语句并不算复杂，而且在多处进行了简化，但生成四元式的过程却颇为繁杂。由此不难想象，分析一个完整的源程序的工作量将有多大。好在语法制导翻译非常规范，极易编程实现，上述工作完全由编译程序自动实现，表 9. 7 只是部分地模拟了编译程序的语法制导翻译过程。

如果把上面所分析的语句

while (A∨B)∧C do

　if D<=0 then X:=Y+Z else X:=X+1

看成是仅含单一语句的一个过程，则可以增加一个产生式：P→S，其相应的语义规则为：

P→S　　　{BACKPATCH(S. CHAIN,NXQ);

　　　　　GEN(return,_,_,_)}

其中(return,_,_,_)为“返回”四元式。

则表 9.7 的分析过程从 21 步起可继续进行，如表 9.7(续)所示。

表 9.7(续)　例 9.7 中作为一个过程的控制语句的语法制导翻译过程(续)

步骤	栈	剩余输入串	动作	句柄	产生式	语义子程序	四元式
21	#S	#	归	S	P→S	BACKPATCH(S.CHAIN, NXQ)=BACKPATCH(105,114); GEN(return,_,_,_)	用 114 回填以 105 为头的链上所有四元式的第四区。 ⑭(return,_,_,_)
22	#P	#	acc	分析成功			

于是，最后得到如下的四元式序列：

⑩ (jnz,A,_,104)
⑩ (j,_,_,102)
⑩ (jnz,B,_,104)
⑩ (j,_,_,114)
⑩ (jnz,C,_,106)
⑩ (j,_,_,114)
⑩ (j<=,D,0,108)
⑩ (j,_,_,111)
⑩ (+,Y,Z,T_1)
⑩ (:=,T_1,_,X)
⑪ (j,_,_,100)
⑪ (+,X,1,T_2)
⑪ (:=,T_2,_,X)
⑪ (j,_,_,100)
⑪ (return,_,_,_)

我们看到，由于此时分析的是一个完整的过程，故得到的四元式也是完整的，没有需保存的语义值和待回填的链。

9.4.2　for 循环语句的翻译

在程序设计语言中，除 while-do 循环语句外，for 循环语句也是一类重要的语句。下面我们考虑具有以下形式的 for 循环语句

G[S]:

$$S \rightarrow \text{for } i := E^{(1)} \text{ step } E^{(2)} \text{ until } E^{(3)} \text{ do } S^{(1)} \qquad (9.5)$$

如果按照 ALGOL 的意义来理解，则上述循环语句等价于(为简便起见，假定 $E^{(2)}$ 总是正的)：

```
        i:=E(1);
        goto OVER;
AGAIN:i:=i+ E(2);
```

OVER：if i≤$E^{(3)}$ then
　　　begin $S^{(1)}$；
　　　　　goto AGAIN
　　　end；

为了按上述顺序产生四元式，我们将文法(9.5)改写成如下的文法：

G[S]：

$S \to F_3$ do $S^{(1)}$

$F_3 \to F_2$ until $E^{(3)}$

$F_2 \to F_1$ step $E^{(2)}$

$F_1 \to$ for i：=$E^{(1)}$

下面列出这些产生式相应的语义动作：

产生式	语义子程序
$F_1 \to$ for i：=$E^{(1)}$	{GEN(：=，$E^{(1)}$.PLACE，_，ENTRY(i))； F_1.PLACE=ENTRY(i)； /＊保存控制变量在符号表中的位置 ＊/ F_1.CHAIN=NXQ；/＊保存下一四元式地址待回填＊/ GEN(j，_，_，0)；/＊goto OVER＊/ F_1.QUAD=NXQ　/＊保存 AGAIN 地址＊/}
$F_2 \to F_1$ step $E^{(2)}$	{F_2.QUAD=F_1.QUAD；/＊保存 AGAIN 地址＊/ F_2.PLACE=F_1.PLACE； /＊保存控制变量在符号表中的位置 ＊/ GEN(+，F_1.PLACE，$E^{(2)}$.PLACE，F_1.PLACE)； BACKPATCH(F_1.CHAIN，NXQ) /＊回填上面 goto OVER 的目标地址＊/}
$F_3 \to F_2$ until $E^{(3)}$	{F_3.QUAD=F_2.QUAD；/＊保存 AGAIN 地址＊/ q=NXQ； GEN(j≤，F_2.PLACE，$E^{(3)}$.PLACE，q+2)； F_3.CHAIN=NXQ； GEN(j，_，_，0)}
$S \to F_3$ do $S^{(1)}$	{GEN(j，_，_，F_3.QUAD)；/＊goto AGAIN＊/ BACKPATCH($S^{(1)}$.CHAIN，F_3.QUAD)； $S^{(1)}$.CHAIN=F_3.CHAIN}

类似例 9.7，采用上述语义子程序很容易实现 for 循环语句的语法制导翻译。例如，循环语句

for I：=0 step 2 until N do M：=M+I

将被翻译成如下的四元式序列：

⑩⓪ (：=，"0"，_，I)

(101) (j，_，_，103)

(102) (+，I，"2"，I)

⑩③ (j≤,I,N,105)

⑩④ (j,_,_,108)

⑩⑤ (+,M,I,T)

⑩⑥ (:=,T,_,M)

⑩⑦ (j,_,_,102)

⑩⑧

应该说明的是,上述关于 for 语句的语义规则是按 ALGOL 语言解释的。对不同的语言,for 语句的语法和语义的细节可能有所不同。如对 PL/1 语言,for 语句的语义可以解释为(同样假定 $E^{(2)}$ 总是正的):

```
        i:=E(1);
        incr:=E(2);
        limit:=E(3);
        goto OVER;
AGAIN:i:=i+incr;
OVER:if i≤limit then
        begin S(1);
              goto AGAIN
        end;
```

其中,incr 和 limit 是编译程序为翻译 for 循环语句所引进的两个变量。显然在这种解释下,在循环体内 $E^{(2)}$ 和 $E^{(3)}$ 的任何改变都不影响循环次数,即循环步长和循环终值都不会在循环体内被改变。

例如,比较下面的 for 语句在不同解释下的执行情况:

A:=10;

for i:=1 step 1 until A do A:=5;

如果按 ALGOL 语言的解释,该 for 语句的循环次数是 5,而按 PL/1 语言的解释,循环次数仍为 10。

当然,如果要按 PL/1 语言的语义进行语法制导翻译,产生式的语义规则要作相应的改变。

9.4.3 开关语句的翻译

程序设计语言的开关语句也称分叉语句,具有多种形式,如 case 语句、switch 语句等。甚至 FORTRAN 中的计算 GOTO 和赋值 GOTO,也可看作是一种开关语句。在此我们讨论以下形式的开关语句:

$$
\begin{array}{l}
\quad\quad \text{case } E \text{ of} \\
C_1: S_1; \\
C_2: S_2; \\
\quad \cdots \\
C_{n-1}: S_{n-1}; \\
\text{otherwise}: S_n
\end{array}
\tag{9.6}
$$

end

其中，case、of、otherwise 和 end 是关键字，E 是表达式，也称选择子，$S_i(i=0,1,\cdots,n)$为语句序列，$C_i(i=0,1,\cdots,n-1)$为常数。case 语句的语义是，根据 E 的取值选择要执行的语句序列，即若 E 的值等于某个 C_i，则执行相应的 $S_i(i=0,1,\cdots,n-1)$，否则执行 S_n。当相应的语句序列执行完后，转至 case 的后继语句。

因此一般情况下，可以把 case 语句翻译成如下的一连串条件转移语句：

```
      T=E;
  L1:if (T≠C1) goto L2;
      S1;
      goto NEXT;
  L2:if (T≠C2) goto L3;
      S2;
      goto NEXT;                                        (9.7)
  L3:
      …
  Ln-1:if (T≠Cn-1) goto Ln;
      Sn-1;
      goto NEXT;
  Ln:Sn;
  NEXT:
```

此外，还可以采用开关表的实现方法。即编译程序首先构造如表 9.8 的二元组表：

表 9.8

C_1	S_1的首地址
C_2	S_2的首地址
…	…
C_{n-1}	S_{n-1}的首地址
E 的现行值	S_n的首地址

并产生将当前 E 值传送到该表末项第一元的指令，及构造一个根据 E 值查找开关表的程序。运行该程序时，若 E 值与某个 C_i 匹配，则执行相应的 S_i，若没有这样的 C_i，则自动与末项匹配，执行 S_n。

为提高查表效率，开关表的组织应根据具体情况而定：

若 case 的分叉数较多，如超过 10，则最好选用杂凑表，以提高效率。

当 E 值变化范围较小，如从 0 到 127，且在该范围内只有少数几个值不属于 C_i时，则可以建立一个含 128 个元素的数组 B[0:127]作为开关表，数组中每个下标为 C_i的元素 B[C_i]存放相应 S_i的首地址，下标不属于 C_i的元素 B[J]存放 S_n的首地址。这样，E 值和 C_i的所有匹配过程都只须一步，因此用这种方法实现的开关语句效率最高。

下面给出 case 语句的便于语法制导实现的翻译法：

```
T=E;
```

```
        goto TEST;
    L1:关于 S1 的中间代码
        goto NEXT;
    L2:关于 S2 的中间代码
        goto NEXT;
         …
    Ln-1:关于 Sn-1 的中间代码                                        (9.8)
        goto NEXT;
    Ln:关于 Sn 的中间代码
        goto NEXT;
  TEST:if (T==C1) goto L1;
        if (T==C2) goto L2;
          …
      if (T==Cn-1) goto Ln-1;
      goto Ln;
  NEXT:
```

与(9.7)的翻译相比，上面的翻译的最大特点是把所有对 E 值和 C_i 的匹配测试集中安排在最后。这样便于以后产生高质量的目标代码，如可以对同一个 T 值产生多次测试的转移指令序列。另外与前面所介绍的表达式和控制语句的语义规则不同的是，在这里没有直接给出与各产生式相对应的语义动作。

将(9.6)的开关语句翻译成(9.8)的中间代码的大致过程如下：

当扫视到关键字 case 时，就产生内部标号 TEST 和 NEXT 及临时变量 T，然后在分析表达式 E 时计算 E 值，并产生相当于 T:=E 的四元式。当扫视到 E 后的关键字 of 时，则产生 goto TEST 的四元式，并保存该四元式序号即当前 NXQ 值待回填。然后设置一个空队列 QUEUE。

每当扫视到一个 C_i 时，就产生一个内部标号 L_i，并连同当前 NXQ 值填入符号表，然后将 C_i 及 L_i 在符号表中的位置 P_i 加入到队列 QUEUE 中，再产生 S_i 的四元式，和 goto NEXT 的四元式，并保存该 goto NEXT 的四元式地址待回填。同样，当扫视到关键字 otherwise 时，也产生一个内部标号 L_n，连同当前 NXQ 值填入符号表，并将 T 及 L_n 在符号表中的位置 P_n 加入到队列 QUEUE 中，然后产生 S_n 的四元式，和 goto NEXT 的四元式，同时保存该 goto NEXT 的四元式地址待回填。

当扫视到 case 语句的句末关键字 end 时，则以当前 NXQ 值回填 goto TEST 的四元式的第四区。然后从队列 QUEUE 头逐个取出(C_1,P_1)，(C_2,P_2)，…，(T,P_n)，即可形成如下的四元式序列：

(case,C_1,P_1,_)

(case,C_2,P_2,_)

…

(case,C_{n-1},P_{n-1},_)

(case,T,P_n,_)

(label,NEXT,_ ,_)

其中,T 为存放 E 值的临时变量,四元式(case,C_i,P_i,_)代表条件转移语句

if (T==C_i) goto L_i

的四元式。在产生最后一个四元式(label,NEXT,_ ,_)时,应以 NEXT 值回填所有 goto NEXT 的四元式的转移目标,并同时通知目标代码生成程序,它现在可以视不同情况产生多向转移指令组了。

另外应注意,算法中所使用的队列 QUEUE,是属于当前的 case 语句的,在嵌套的情况下,每一层 case 语句都有自己的队列。

例如,采用上述翻译方法,语句

```
case A+3*B of
        1: X:=0;
        2: X:=1;
        3: X:=-1;
        otherwise: X:=100
            end
```

可被翻译成:

```
             (1)  (*,3,B,T1)
             (2)  (+,A,T1,T)
             (3)  (j,_,_,12)              /* goto TEST 的四元式 */
  L1:        (4)  (:=,0,_,X)
             (5)  (j,_,_,17)              /* goto NEXT 的四元式 */
  L2:        (6)  (:=,1,_,X)
             (7)  (j,_,_,17)
  L3:        (8)  (:=,-1,_,X)
             (9)  (j,_,_,17)
  L4:        (10) (:=,100,_,X)
             (11) (j,_,_,17)
  TEST:      (12) (case,1,P1,_)           /* P1为 L1在符号表中的位置 */
             (13) (case,2,P2,_)           /* P2为 L2在符号表中的位置 */
             (14) (case,3,P3,_)           /* P3为 L3在符号表中的位置 */
             (15) (case,T,P4,_)           /* P4为 L4在符号表中的位置 */
             (16) (label,NEXT,_ ,_)       /* 产生标号 NEXT 的四元式 */
  NEXT:      (17)
```

9.4.4 标号和转移语句的翻译

在许多程序设计语言中,程序的转移是通过标号语句和 goto 语句共同实现的。如:

```
          …
    LOOP:A:=3
          …
```

goto LOOP

…

标号语句的一般形式是

L:S

而与其配合的 goto 语句的形式是

goto L

下面分别讨论对标号语句和 goto 语句的处理：

对标号语句：显然编译程序应保存标号语句中 S 的四元式的首址，以便 goto L 语句确定转移目标。因此当编译程序分析了 L:S 语句后，须在符号表中标号 L 的“地址”栏填上当前 NXQ 值，即语句 S 的四元式的首址，然后再将 S 翻译成四元式。此时标号 L 被认为是“定义了”的。

对 goto 语句：根据标号语句出现位置的不同，有不同的处理。

①语句 L:S 出现在 goto L 之前。则当编译程序分析到 goto L 时，L 必然是已定义的，此时只要通过对 L 查找符号表，即可获得它的定义地址 p，因此编译程序可以立即产生出 goto L 的四元式：(j,_,_,p)。

②语句 L:S 出现在 goto L 之后。则当编译程序分析到 goto L 时，标号 L 尚未定义。此时对 L 查找符号表，若 L 不存在(说明 L 第一次出现)，则将 L 填入符号表并标志上“未定义”。由于无法确定 goto L 的转移目标，因此此时只产生一个不完全的四元式(j,_,_,0)，并将该四元式地址填入符号表中 L 的“地址”栏待回填；若 L 已存在(说明之前已出现其他 goto L 语句)，则取出 L 的“地址”(设为 q)，将 NXQ 存入该“地址”，并产生四元式(j,_,_,q)。

上述方法实际上是将所有待回填的 goto L 的四元式采用“拉链”方法连接起来，并将链头填入符号表中 L 的“地址”栏待回填。如图 9.4 所示。

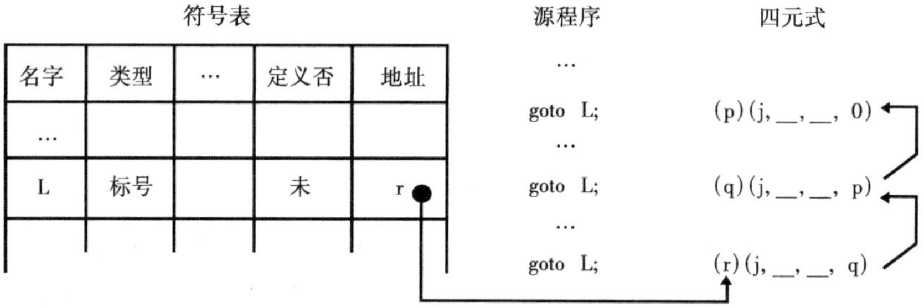

图 9.4　处理未定义标号时的待回填四元式链

下面我们再回过头来进一步讨论标号语句的处理。

标号语句可用下列产生式来定义：

S→label S

label→i:

根据前面对标号语句和 goto 语句的讨论，当用产生式 label→i:进行归约时，具体的语义动作应为：

① 若 i 所指的标识符(设为 L)不在符号表中，则将其填入，并置“类型”为“标号”，“定义否”为“已”，“地址”为 NXQ；

② 若 L 已在符号表中，但“类型”不为“标号”或“定义否”为“已”，则报告出错；

③ 若 L 已在符号表中，则把“定义否”由“未”改为“已”，把“地址”栏中的链头（记为 q）取出，并把 NXQ 填入其中，然后执行 BACKPATCH（q，NXQ）。实际上此时的 NXQ 即为标号语句 L:S 中语句 S 的的四元式首址，q 为待回填的 goto 语句四元式链的链头。

由该语义子程序可以看出，在同一符号表的作用域范围内，标号 L 不允许重复定义，不允许与符号表中其他类型的单词重名。

此外，上述的语义子程序并未考虑到标号的其他作用域问题。实际上，许多语言都不允许利用转移语句从外层分程序或循环体外转向它的内层，但却允许从内层向外层的转移。某些语言还允许不同层次的分程序中出现同名标号。这些通常通过对每一层次的分程序建立一个符号表来实现。

9.5　过程调用语句的翻译

过程调用实际上是把程序控制转移到子程序（过程段），子程序（过程段）执行完后返回调用语句的后继语句继续执行。因此编译程序在处理过程调用语句时必须做两方面的工作：其一是把实参的信息传递给被调用的子程序，其二是保存返回地址。由于目前的计算机的转子指令大多在实现转移的同时已把返回地址存放在某个寄存器或内存单元中，无需编译程序再做额外的工作。故在此只需考虑参数传递的问题。参数传递的方式很多，这里只讨论最简单的一种，即传递实在参数地址（传地址）的处理方式。有关参数传递的问题我们将在下一章详细讨论。

通常的过程调用方式，对子程序过程来说，或采用 CALL 语句或直接采用过程语句，而对函数过程来说，可以直接出现在表达式中作为初等量来引用。但不论采用何种调用方式，编译程序所需做的语义处理工作都十分类似。我们讨论采用 CALL 语句的过程调用：

CALL $S(p_1, p_2, \cdots, p_n)$

其中，实参 $p_1, p_2, \cdots, p_n$ 可以是简单变量、下标变量，也可以是表达式。采用传递实在参数地址的处理方式时，若实参 p_i 为简单变量和下标变量，则在调用代码序列中直接给出它的地址，若实参 p_i 为表达式，则计算出它的值并存放在某个临时单元 T 中，然后在调用代码序列中给出 T 的地址。当控制转入被调过程之后，由被调过程将这些实参的地址写入相应形式参数（简称形参）的形式单元。在下一章“参数传递”一节我们将看到，采用这种传地址的调用方式时，由于在被调过程中对形参的任何引用和赋值，都按对相应形式单元间接访问的寻址方式产生代码，因此被调过程中对形参的改变将引起相应实参的改变。

传实参地址可以采用将实参地址逐一放在转子指令前面的方法来实现。若过程调用语句为：

CALL S(A+2,B,Z(3))

则该语句可被翻译成：

```
计算 A+2 置于 T 的代码      /* T:=A+2 */
par  T                      /* 第一个实参地址 */
par  B                      /* 第二个实参地址 */
par  Z(3)                   /* 第三个实参地址 */
```

call S　　　　　　　　　　　/＊转子指令＊/

根据上述对过程调用语句翻译的模式，我们在下面给出过程调用语句的文法及其产生四元式的语义过程。

过程调用语句的文法可定义为：

① S→call i(＜arglist＞)

② ＜arglist＞→＜arglist＞,E　　　　(9.9)

③ ＜arglist＞→E

其中，call 为关键字，i 为过程名标识符，非终结符＜arglist＞代表过程调用语句的实参序列，E 代表一个实参表达式。在构造语义过程时，为处理实参方便起见，引入一项语义值 arglist. QUEUE，称为数据队列，用来按序记录每个实参的地址。此外，为进入子程序后进行参数个数的一致性检查，可以通过计数 par 的个数得到过程调用的参数数目。

下面列出与这些产生式相应的语义动作：

产生式	语义子程序
① S→call i(＜arglist＞)	{for (队列 arglist. QUEUE 的每一项 p) GEN(par,_,_,p); GEN(CALL,_,_,ENTRY(i))}
② ＜arglist＞→＜arglist＞$^{(1)}$,E	{把 E. PLACE 加入到队列 arglist. QUEUE$^{(1)}$ 的末端； arglist. QUEUE：＝arglist. QUEUE$^{(1)}$}
③ ＜arglist＞→E	{建立一个只包含一项 E. PLACE 的数据队列 arglist. QUEUE。}

在产生式③的语义子程序中，语义变量 E. PLACE 存放的是相应实参(如为简单变量或下标变量)的地址，或相应实参表达式的值所存放的临时变量的地址。

利用该文法和语义规则，采用自下而上的语法制导翻译(如类似前面几节所介绍的方法)，可以很容易得出过程调用语句 CALL S(A＋2,B,Z(3))的四元式序列：

① (＋,A,2,T)

② (par,_,_,T)　　　　/＊第一个实参地址＊/

③ (par,_,_,B)　　　　/＊第二个实参地址＊/

④ (par,_,_,Z(3))　　　/＊第三个实参地址＊/

⑤ (call,_,_,S)

而过程调用语句 CALL S(A＋2,B＊5＋6,Z(3))的四元式序列为：

① (＋,A,2,T_1)

② (＊,B,5,T_2)

③ (＋,T_2,6,T_3)

④ (par,_,_,T_1)　　　/＊第一个实参地址＊/

⑤ (par,_,_,T_3)　　　/＊第二个实参地址＊/

⑥ (par,_,_,Z(3))　　　/＊第三个实参地址＊/

⑦ (call,_,_,S)

9.6　简单说明语句的翻译

对程序设计语言来说，说明语句几乎是不可缺少的一类语句。说明语句的作用旨在定义各种有名实体的属性，如变量类型、数组维数和上下界等。说明语句的种类也多，如变量说明、过程说明、对象说明等。编译程序对说明语句的处理主要是把说明语句中所定义的名字及其属性登记在符号表中，以便以后检查名字的引用和说明是否一致。只有少数说明语句须由编译程序翻译成相应的代码。

程序设计语言中最简单的说明语句是类型说明。可以用以下文法描述：

D→integer <namelist>
　|real <namelist>　　(9.10)
　|boolean <namelist>
<namelist>→<namelist>,i
　　　|i

也可以用下面的文法描述：

D→D,i
　|integer i
　|real i　　(9.11)
　|boolean i

其中，integer、real 和 boolean 是关键字，i 代表标识符，可以是简单变量名，也可以是数组名。在此只讨论简单变量名的情形。

文法(9.10)与文法(9.11)是等价文法，相比之下后者更适于自下而上的语法制导翻译，因为它可以归约一个标识符，就登记到符号表一个标识符，而无需象文法(9.10)一样，只有当类型说明语句的所有标识符都处理完后，才知道所定义的具体类型，才能进行成批登记。

下面讨论文法(9.11)的语义子程序。引入语义变量 D. ATT，用来记录说明语句 D 所定义的属性(为 integer、real 和 boolean 之一)。引入语义过程 file(i,A)，其功能是把标识符 i 及其属性 A 分别填入符号表的“名字”栏和“类型”栏。

产生式	语义子程序
① D→integer i	{ file(i,int); D. ATT:=int}
② D→real i	{file(i,real); D. ATT:=real }
③ D→boolean	{file(i,boolean); D. ATT:=boolean }
④ D→$D^{(1)}$,i	{file(i,$D^{(1)}$. ATT); D. ATT:=$D^{(1)}$. ATT }

可见，根据该文法和相应的语义子程序，很容易实现说明语句所定义的标识符及其属性的填表操作(见习题)。

习 题 9

9-1 什么是语法制导翻译？简述语法制导翻译的基本思想。

9-2 为 9.2 节的赋值语句文法 G[A]写出语义子程序。要求对表达式进行计值，对赋值语句给出四元式。

9-3 分别为算术表达式文法 G[E]和拓广后的算术表达式文法 G[S]写出语义子程序。要求分别实现

① 对表达式进行计值；

② 翻译成四元式；

③ 翻译成三元式。

9-4 分别写出符号串 A/(B－C)＃翻译成三元式和四元式的语法制导翻译过程。要求语法分析采用算符优先分析法(算术表达式文法 G[E]的算符优先矩阵如表 6.8 所示)。

9-5 分别写出符号串 A/(B－C)＃翻译成三元式和四元式的语法制导翻译过程。要求语法分析采用 LR 分析法(拓广后的算术表达式文法 G[S]的 SLR(1)分析表如表 9.2 所示)。

9-6 写出符号串 A:＝(B＋C)＊D＃翻译成四元式的语法制导翻译过程。要求语法分析采用算符优先分析法。

9-7 符号串 A:＝B(C－D)＃是否是 9.2 节给出的赋值语句文法 G[A]的句子？写出其翻译成四元式的语法制导翻译过程。要求语法分析采用算符优先分析法。

9-8 仿照算术表达式文法的语义规则，对布尔表达式文法(9.1)分别写出各产生式的计值语义子程序和生成四元式的语义子程序。

注意，这里的四元式是指类似于算术表达式翻译后生成的四元式，而非用于控制语句条件的四元式。如 9.3 节所给的例子，对布尔表达式 A∧B∨C＝0 应翻译成如下的四元式：

① $(\wedge, A, B, T_1)$

② $(=, C, 0, T_2)$

③ $(\vee, T_1, T_2, T_3)$。

9-9 根据习题 9-8 得到的语义子程序，分别写出

① 布尔表达式 0∨(¬0∧1)∧1＃的语法制导(计值)分析过程。

② 布尔表达式(A<>0∨B)∧C＃的语法制导生成四元式的过程。

设语法分析均采用规范归约。

9-10 采用文法(9.2)及其相应的语义规则，写出布尔表达式 A<>0∧C＃的语法制导翻译过程。设语法分析采用规范归约，生成代码为四元式。

9-11 根据文法(9.4)及其相应的语义规则，给出语句

while A∨B do
  if C<>0 then Y:＝Y－1 else Y:＝Y＋1

生成四元式的语法制导翻译过程。要求语法分析采用规范归约。

9-12 根据相应文法及语义子程序，将

① 算术表达式－(A＋B/C)＊(C－D)翻译成三元式和四元式；

② 布尔表达式 A∨(B∧┐(C∨D))翻译成可作控制语句条件的四元式。

9-13 根据文法(9.4)及其相应的语义规则,给出语句

```
while A<C do
  if A=1 then C:=C-1
  else begin A:=A+2;
             C:=10
       end
```

的四元式序列。

9-14 采用规范归约,写出符号串

for i:=1 step 2 until 20 do m:=m*i#

的语法制导生成四元式的过程。

9-15 根据相应文法及语义子程序,写出符号串

for i:=A step A+5 until A*B+C do m:=m*i+9

的四元式序列。

9-16 根据 9.4 节给出的 case 语句的语法制导翻译方法,写出开关语句

```
case I+J of
    1:  I:=I+J;
    2:  I:=J;
    3:  I:=I-J;
    otherwise:I:=0;
        end
```

的四元式序列。

9-17 设有如下程序:

```
    …
  goto L;
    …
  goto L;
    …
L: A:=3
    …
  goto L;
    …
```

试分别写出当

① 未执行任何 goto 语句时;

② 执行完第一个 goto 语句时;

③ 执行完第二个 goto 语句时;

④ 执行完标号语句时;

⑤ 执行完最后一个 goto 语句时

符号表中 L 项的各相关栏目的取值。如果存在四元式链,也一并画出。

9-18　根据相应文法及语义子程序，写出过程调用语句

$$\text{CALL S}(A, I+J*5, Z(3))$$

的四元式序列。

9-19　若要求过程调用语句

$$\text{CALL S}(A_1, A_2, \cdots, A_n)$$

翻译后具有形如

①　(call,_,_,S)

(par,_,_,A_1)

(par,_,_,A_2)

…

(par,_,_,A_N)

②　(par,_,_,A_N)

(par,_,_,A_{N-1})

…

(par,_,_,A_1)

(call,_,_,S)

的中间代码，试分别写出相应的语义子程序。

9-20　根据文法(9.11)及其语义子程序，写出说明语句

integer A,B,C

的语法制导分析过程，要求语法分析采用规范归约，并说明符号表的变化情况。

第10章 运行时的存储组织与分配

一个程序要投入运行，在内存中必须要为其作存储分配，提供各种运行信息，这主要涉及变量以及变量的存储分配和存储管理的问题。本章主要讨论运行时的变量存储组织与分配问题。

10.1 存储组织概述

一个程序的存储空间包含代码空间和数据空间。

①代码空间

这是经翻译后生成的目标代码的存储区域，线性存放着目标指令序列。在绝大多数语言中，程序的代码长度不会随着程序的执行而发生变化，所以在编译时所有代码的地址都是可计算的。

②数据空间

每个程序都定义一定数量的变量和常数，翻译程序必须给它们分配相应的存储位置，也就是将程序中的每个变量名字与一个存储位置关联起来，该存储位置用以容纳名字的值。像逻辑型、整型、实型等初等类型的数据变量，通常以字节、字、双字等来存储；而像数组、串、记录结构等集合数据，一般用若干个连续的字节或字来存储。

由于一个程序的代码长度可以在编译时刻完全确定下来，因此，在编译时便可安排代码空间。但对数据空间来说，不仅程序实体的属性影响了存储分配（例如变量类型影响了每个数据元素的存储长度，作用域决定了变量绑定于某存储区的适当范围，生存期决定了这种约束的时间范围），而且语言的运行特性也决定了数据空间的分配和管理应采用的方法和策略。通常采用的分配策略有静态存储分配和动态存储分配两种策略。

• 静态存储分配：在运行前就能确定数据空间的大小，因而在编译时刻就能进行存储分配，这种分配策略称为静态分配。如 FORTRAN 语言。

• 动态存储分配：必须在运行时刻才能作分配，称之为动态分配。动态分配包括栈分配和堆分配。若语言中的变量生存期具有嵌套特性，即后进先出特性，则采用栈分配策略，若变量生存期具有随机交叉特性，即非后进先出特性则采用堆分配策略。

一般的运行时存储器组织如图 10.1 所示：

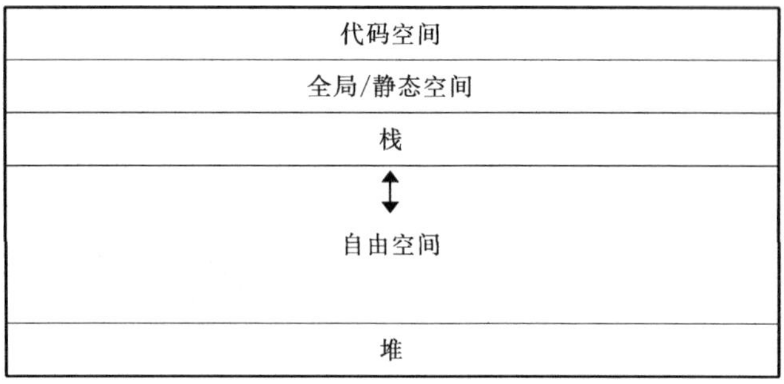

图 10.1 运行时存储器的一般组织

上图中箭头分别表示栈和堆的生长方向，由于堆不满足后进先出特性，因此它的生长与缩短比箭头所能描述的要复杂。具体内容可在堆分配这一节了解。

任一程序在运行时都需一个很重要的数据结构：活动记录。一个活动记录占据一连续存储区。一个程序过程的一次激活所需的信息管理是通过相应的活动记录来实施的。一个程序过程的每次激活，都建立一个与之相对应的活动记录，它是过程实例的一部分。通常，它至少包含如图 10.2 所示的几个部分。

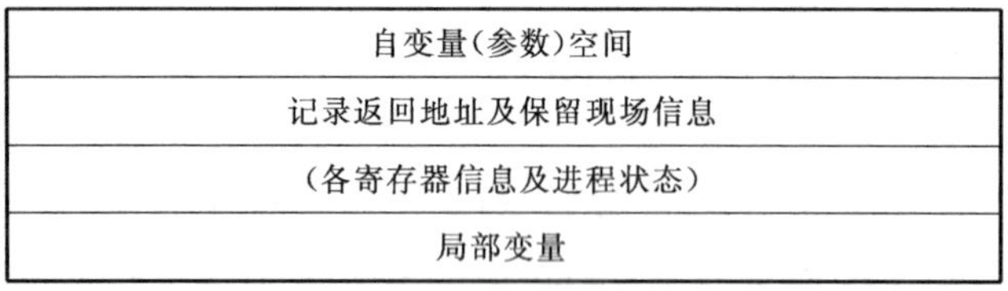

图 10.2　活动记录内容

应强调的是，该图仅表示活动记录的一般组织，其所含数据的顺序等特定细节则依赖于目标机器的体系结构、被编译的语言特性等。

10.2　静态存储分配

一个语言如果不允许递归调用、动态数组和动态类型时，便可采用静态分配模式。FORTRAN是一种典型的静态语言。下面讨论它的静态分配。

一个 FORTRAN 程序，其程序是段结构的，即由一个主程序和若干个子程序或者函数组成。每个程序段可独立编译，绑定于一个活动记录。活动记录及变量在运行前便可建立，其生存期延续到整个程序执行结束。各程序过程中定义的名字一般是相互独立的(除公共块和等价语句说明的名字外)，即变量的作用域局部于说明它的那个过程，同一个名字在不同的程序段表示不同的存储单元，不会在不同段之间相互引用、赋值。此外，它的每个变量名所需的存储空间都是常量。COMMON 语句说明的变量是全局于各过程的全局变量，分配在全局数据活动记录中。对于 FORTRAN 来说，整个程序所需数据空间的总量在编译时完全确定，每个变量的地址可静态进行分配。如果只关心存储分配，则一个 FORTRAN 程序的编译要经过三个步骤。

①编译时，变量约束于活动记录常量的位移，因此每一个变量的引用都可用二元式逻辑地址(程序段名，段内位移量)表示。而转换控制语句中对指令的引用也可翻译成二元式逻辑地

址(程序段名,指令在代码段中的位移量)。

②连接时,须将程序所有程序段连接起来。每连接一个程序段,就将它的代码段分配到代码区,活动记录分配到数据区。同时将二维的逻辑地址转换成一个一维的存储地址。例如程序段 i 的活动记录从 2000 存储单元开始分配,则二元式(i,6)表示的数据单元存储地址为 D[2006]。同样,程序段 i 的代码段从 3000 存储单元开始分配,则(i,5)表示的指令地址为 C[3005]。当然,实际的连接器应将各过程的代码段连接成一个可重定位代码。

③装入时,将连接后的可重定位代码程序装入主存储器并定位,成为可直接执行的机器代码,并将 ip 指向程序第一条指令,使程序处于可执行状态。

经过上述编译过程,一个 FORTRAN 程序所占用存储器如图 10.3 所示。

主过程的代码
过程 1 的代码
………
过程 n 的代码
全局数据区域
主过程的活动记录
过程 1 的活动记录
………
过程 n 的活动记录

图 10.3　一个 FORTRAN 程序所占用存储器

例 10.1　考虑下列 FORTRAN 程序:

```
PROGRAM  TEST
COMMON  MAXSIZE
INTEGER  MAXSIZE
REAL  TABLE(10),TEMP
MAXSIZE=10
READ  *,TABLE(1),TABLE(2),TABLE(3)
CALL  QUADMEAN(TABLE,3,TEMP)
PRINT  *,TEMP
END
SUBROUTINE  QUADMEAN(A,SIZE,QMEAN)
COMMON  MAXSIZE
INTEGER  MAXSIZE,SIZE
REAL  A(SIZE),QMEAN,TEMP
INTEGER  K
TEMP=0.0
IF((SIZE.GT.MAXSIZE).OR..(SIZE.LT.1)) GOTO 99
DO 10 K=1,SIZE
   TEMP=TEMP+A(K)*A(K)
```

```
10      CONTINUE
99      QMEAN=SORT(TEMP/SIZE)
        RETURN
        END
```

这个程序有一个主过程和一个子过程 QUADMEAN。在主过程和 QUADMEAN 中有由 COMMON MAXSIZE 声明给出的全局变量。图 10.4 给出了这个程序运行时环境。

在该图中，用箭头表示从主过程中调用时过程 QUADMEAN 的参数 A、SIZE、和 QMEAN 的值。在 FORTRAN77 中，参数值是隐含的存储引用，所以调用(TABLE，3，TEMP)的参数地址就被复制到 QUADMEAN 的参数地址中。其中①是全局数据区域，②是主过程的活动记录，③是子过程 QUADMEAN 的活动记录。

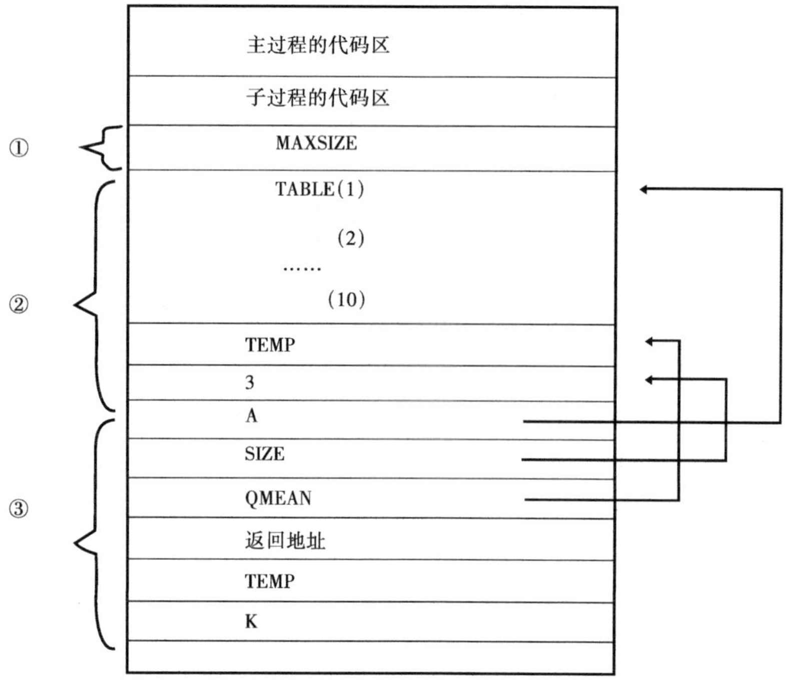

图 10.4

10.3 栈式存储分配

栈式存储分配策略是将整个程序的数据空间设计为一个栈。每当调用一个过程时，它所需的数据空间就分配在栈顶，每当过程运行结束时则释放相应空间。它们的调用关系是后进先出的栈模型。过程所需的数据空间内容如图 10.2 所示。

采用动态的栈存储分配策略的语言，它们都允许递归调用一个程序段，有的允许动态数组，有的允许动态建立数据对象，这类语言的另一个特点是静态嵌套的程序结构，采用静态作用域规则。

10.3.1　静态变量的栈式分配

(1)半静态变量

如果一个语言允许程序过程递归调用,则一个过程可递归地被多次激活,这就会为一个过程建立起多个活动记录。变量是在过程每次被激活时,动态地绑定于刚建立的活动记录。这类变量的长度必须是编译时可确定的,因而活动记录的长度,变量 X 在活动记录中的相对位置(即位移 offset(x)),都是编译时可确定的。运行时,一旦该过程被激活,相应活动记录便获得物理存储区 D,变量 x 便绑定于 D+offset(x)。这类变量称为半静态变量。

(2)半静态变量的栈式分配

这里指的是指允许递归调用的栈式分配。在这种情况下,每个变量的长度,以及整个活动记录的长度在编译时就可以确定。在运行时,每当进入一个过程,就为该过程分配一段存储区,当一个过程运行完毕返回时,它所占用的存储区则可释放。由于递归调用,程序运行时的存储空间在某一时刻可能会包含某个过程的几个活动记录,每个活动记录是在过程每次激活时动态建立并与代码段建立绑定关系的。另外,同样的一个存储位置,在不同运行时刻可能会分配给不同的数据对象。

在编译时,变量 X 绑定于它在活动记录中的常数位移 I,所以过程一旦被激活,相应活动记录便在数据存储器的栈顶获得分配,当前栈指针 current 便是活动记录的开始位置,释放指针 free 指向数据存储器下一可用单元,因此变量 X 的地址为 D[current+I]。对于数组元素来说,数组 a 的初始元素的位移为 I,栈当前指针为 current,则数组元素 a[I]的地址为

$$current+offset(a)+I$$

如果过程 A 调用了过程 B,使 B 激活,则从 A 的活动记录的栈顶之上(由 free 指示)建立起绑定于 B 的当前实例的活动记录。为了能返回 A,B 的活动记录应保存返回的地址和 A 的活动记录地址,称它为动态连接,由它组成了一个调用链,称为动态链。过程 B 的当前实例一旦结束,绑定于它的局部变量的生存期也告终结,相应的活动记录便可自栈顶撤销,由动态链可将当前指针 current 调整指向 A 的活动记录,使之处于栈顶位置,A 的这个实例又处于活动之中。如果以后 A 又调用 C,则 C 的活动记录又可分配于 A 的活动记录栈顶之上,即原先 B 的活动记录位置。很显然,活动记录的分配与释放是后进先出的。

例 10.2　利用 Euclid 算法的简单递归实现,计算两个非负整数的最大公约数,其 C 语言代码如下:

```
#include <stdio.h>
  int x,y;
  int gcd(int u, int v)
      {
        if (v==0) return u;
        else return gcd(v,u%v);
      }
  main ()
    {
      scanf("%d%d",&x,&y);
```

```
    printf("%d\n",gcd(x,y));
    return 0;
}
```

假设输入值分别为 15 和 10,则 main 就初始化调用 gcd(15,10),这个调用导致了一个递归调用 gcd(10,5),而这一递归调用又产生第 3 个递归调用 gcd(5,0),它将返回值 5。此例基于栈的环境如图 10.5 所示。

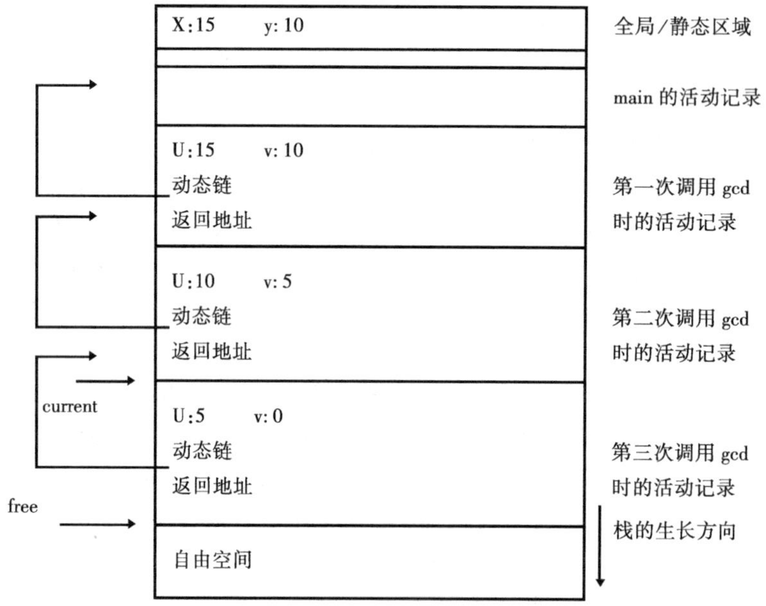

图 10.5　例 10.2 的基于栈的环境

调用最后一个 gcd 后,将按顺序从栈中弹出每个活动记录,当执行到 main 中语句 printf 时,只在环境中保留了 main 和全局/静态区域的活动记录。注,在 main 的活动记录中,包含将控制权转交给操作系统的信息。

10.3.2　半动态变量的栈式分配

(1)半动态变量

如在过程 U 中,有 ALGOL 68 的说明:

```
[1:m] int  a;
[1:n] real  b;
```

它定义了体积为 m 的整型数组 a 和体积为 n 的实型数组 b。如果 m 和 n 都不是常量,则它们的值只有当 U 被激活时才能确定,那么编译时不可能为它们作存储分配。即使在活动记录中为它们的存储作安排也不可能。虽然在本例中,数组 a 相对于活动记录的位移有可能在编译时确定,但它的长度在编译时是不能确定的。因此紧接着要作存储分配的数组 b 在活动记录中的相对位移,在编译时也不能确定了。因此动态数组不可能绑定于活动记录的常量位移。像动态数组这一类变量,称为半动态变量。

(2)半动态变量的栈式分配

如果语言不只允许递归调用,而且还允许定义像动态数组这样的半动态变量,在这种情形下,活动记录长度直到过程被激活变量得到具体值时才能确定。因此变量不可能绑定于常量位移,翻译时只能在活动记录中为半动态变量设置内情向量。以数组为例,内情向量应包含如下信息:动态数组在存储区的首址;数组元素的类型和数组的维数;每一维上、下界。

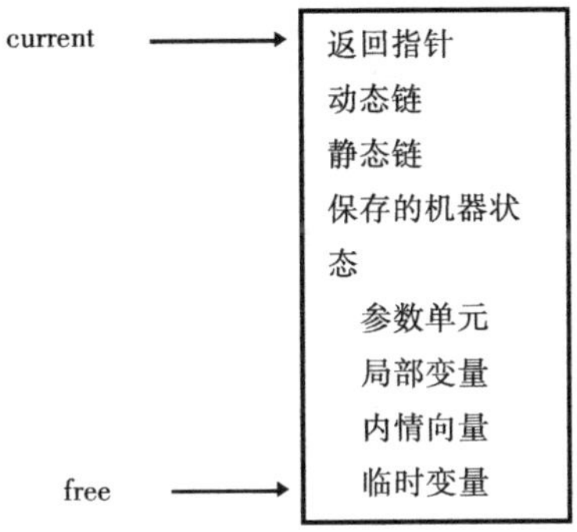

图 10.6　只含半动态变量的活动记录

这些信息中只有数组的维数影响内情向量的信息长度。由于维数静态可知,故内情向量的长度也静态可确定的。而内情向量的内容,如数组存储首址和每一维的上、下界需到运行时才能确定。因此含动态数组的过程,它的活动记录如图 10.6 所示。

从图 10.6 可知,活动记录由两部分组成,一部分由返回指针至临时变量之间的内容构成;另一部分由分配给动态数组的存储区构成。一个过程激活后,首先在栈顶分配活动记录的第一部分,分配后 free 指向栈顶之上。然后在每遇到一个动态数组说明时,将当时应确定的数组每一维的上、下界连同维数、类型记入内情向量,并计算出数组长度 L 自 free 所指过程(即数组首址)开始分配该数组,free:=free+L,使 free 指向该数组后的下一可用存储单元,并将数组首址记入内情向量。直至所有动态数组分配完。

以后对数组元素 $a[i_1, i_2, \cdots, i_N]$的访问,由 a 的内情向量查有关信息,计算该数组元素相对于数组首址的位移 K。例如对二维数组元素 a[i,j],假定数组按行存放,有 K=(i-l1) * d2+j-l2,其中 l1,l2 分别为第一,二维的下界,d2 为第二维界差。因此 a[i,j]的地址为 D[a0+K * W],其中 W 为每个数组元素的长度,如整型元素为 4 字节,实型为 8 字节等。由于是动态分配,上述活动都在运行时进行,因此相应的运行代码应在编译时生成。

例 10.3　给定一个 Ada sum 过程,此过程运用了 Ada 的非约束数组,程序如下:

```
type Int_Vector is
     array (INTEGER rang <>) of INTEGER
PROCEDURE Sum (low,high:INTEGER;
          A:Int_Vector) return INTEGER
Is
   Temp:Int_Array (low..high);
Begin
   …
End Sum
```

在此程序中,局部变量 temp 的大小是不可预测的。当对 SUM 调用时,其活动记录如图 10.7 所示(这个图具体地显示了一个当数组大小为 10 时对 SUM 的调用)

在上例所描述的实现中,调用程序必须知道 SUM 的任何活动记录的大小,而且编译程序也必须了解在调用点上的参数部分和保存的机器状态部分的大小(这是因为可以计算出自变量大小,而保存的机器状态与所有的过程都相同),但一般却不知道调用点上的局部变量部分的大小。因此,这个实现就要求编译程序为每个过程预先计算出局部变量的大小并将其存放

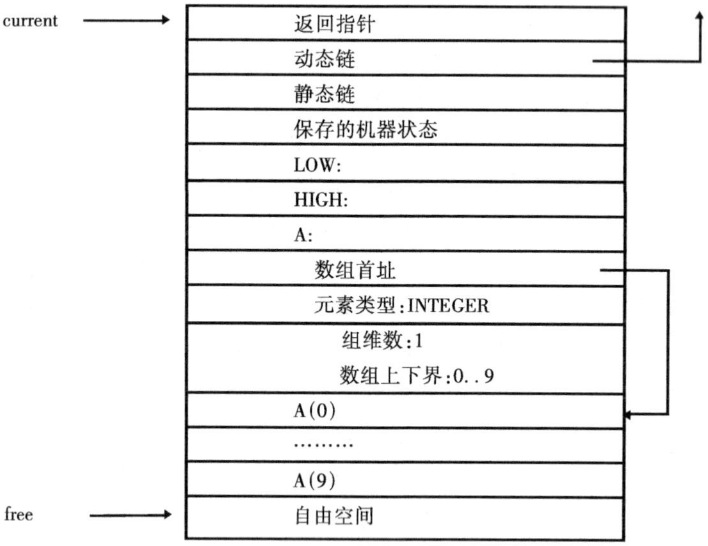

图 10.7

在符号表中以备后用。

10.3.3 动态变量的存储分配

(1)动态变量

有一类数据对象,即使到它所在过程被激活时,其活动记录的长度仍不能确定,因为这类数据对象的存储区域的大小在运行时仍有可能发生变化。如 PL/1 和 Pascal 等语言中,允许数据的动态扩大和压缩,由一组结点构成的数据结构,结点可以动态加入,也可以动态删除。像链表和树就是这样的数据结构,结点在程序运行时分配。对于这些在运行时可能改变变量类型和变量结构的,不仅数据对象本身不能静态分配,而且它们的内情向量的内容,甚至内情向量的长度都不是静态可确定的,这类变量称为动态变量。

(2)动态变量的存储分配

由于动态变量所表示的数据对象的长度、元素个数等,都可能在生存期中动态变化,因此只能在堆上进行存储分配,这类分配将在后面专门进行讨论。

10.3.4 非局部环境

上述讨论都只涉及对局部环境的引用。非局部环境的引用必须考虑变量的作用域。有两种作用域规则,即静态作用域规则和动态作用域规则。

(1)静态作用域规则

这是一种最近嵌套规则,类 ALGOL 语言的特点是分程序结构,即一个分程序要么与别的分程序无关(无公共部分),要么是嵌在别的分程序中(分程序 A 完全被包围在分程序 B 中)。

图 10.8(a)给出静态嵌套的例子,这种嵌套结构用相应的树结构表示(参见图 10.8(b))更直观。

```
Program chain
    Procedure p;
      Var x:integer;
      Procedure q;
        Var x:integer;
        Procedure r;
          Begin
            X:=2;
            …
            if... then p;
          end; (*r*)
        begin
          r;
        end; (*q*)
    begin
      q;
      end; (*p*)
  begin  (*main*)
    p;
  end.
```

(a)

chain→p →q→r

(b)

图 10.8

在这例子中，过程 r 嵌套于 q 中，过程 q 嵌套于 p 中，过程 p 嵌套于主程序 chain 中，为了表示嵌套的层次性，我们设最外层的过程(嵌套树的根单位)chain 为 0 层，直接嵌套在它内部的过程 p 为 1 层，chain 的局部变量 x 的层数也为 1 层，直接嵌套在 1 层内的过程 q 为 2 层，q 的局部变量 x 也为 2 层，直接嵌套在 2 层内的过程 r 为 3 层，等等。每一个过程的嵌套深度 n_i 是静态可知的，从嵌套树看，n_i就是 i 在树中所处的层次。在图 10.8(a)中，r 的直接外层为 q，q 的直接外层为 p，p 的直接外层为 chain。

最近嵌套规则是指：

①变量 x 在过程 U1 中被说明，则 x 的作用域局部于 U1，或称 x 在 U1 中是可见的。

②变量 x 在 U1 中没有被说明，那么若 U1 中出现的 x 的说明的作用域是在 U1 的包含层 U2 中，则应该(a)U2 中有 x 的说明，(b)U2 与任何别的包含有 x 说明的过程相比，它是最近包围 U1 的过程。

也可说，如果一个变量 x 在 U0 中说明，而嵌套在 U0 中的 U1 对它没有另作说明，则 U0 中说明的 x 的作用域包含了 U1，x 在 U1 中是非局部可见的，U1 中引用的 x 为 U0 中说明的 x，如果 x 在 U1 中另有说明，则 U1 中引用的 x 为 U1 中说明的 x，U0 中说明的 x 只在 U0 中扣除了 U1 的区域中可见。需要指出的是，有名过程 U1 的名如果是在过程 U0 中定义的，则 U1 的名与 U0 中说明的局部变量有相同的作用域。如，在图 10.8(a)中，嵌套在 chain 中的过程 p 与 chain 中定义的局部变量 x 有相同的作用域。

(2)动态作用域规则

这是一种最近活动规则，对非局部变量，引用的应是最近外层中说明的。静态作用域的最近外层是静态嵌套外层，而动态作用域的最近外层则指动态调用外层，这也是一种嵌套，只不过是生存期的嵌套。因此在 chain—p—r—p—q——r 的调用序列中，当前活动 r 的调用外层为 p，因此 r 中的 x 是 p 中说明的，若当前活动 r 的调用外层为 q，则 r 中的 x 是 q 中说明的。

如前所说，一个过程可能被激活多次，在活动记录栈中就会建立起多个相应的活动记录。

在这种情况下，动态作用域规则的最近外层是指最近外层的最新活动的记录。

例 10.4　下面一段程序说明了静态作用域与动态作用域的不同之处。

```
#include <stdio.h>
int I=1;
void f(void)
{
  printf("%d\n",I);
}
void main (void)
  {
    int I=2;
    f();
    return 0;
  }
```

运行这段程序，若采用静态作用域规则，则打印结果为1，因为文件层变量I的作用域扩展到了过程f。如果使用动态作用域，程序就打印出2，因为f在main中调用，main包含了说明(值为2)。

10.3.5　非局部环境的引用

(1)静态作用域规则

在这种情况下，我们引入静态连接的概念，它是指向嵌套直接外层的最新活动记录的指针。各嵌套程序过程的活动记录中，静态连接的序列构成一个静态链。因此对于chain—p—q—r的调用序列，如果只关心静态链，则活动记录栈如图10.9所示(为了便于比较，图中也画出了动态链)，并示意性地列出了每个过程及所说明的变量。

一般而言，在嵌套深度为n_p的过程p中，引用了在嵌套深度为n_t的过程t中说明的变量x，我们将x约束于一个二元式(d,offset)，其中d=np−nt，offset是指x在t的活动记录中的位移。因此在p中引用x，可以从p的活动记录开始，沿静态链在栈中向下搜索d步，到达t的最新活动记录D1。对于半静态变量，D1+offset为x的地址。对于半动态变量，则D1+offset为x的内情向量的地址，它的元素指向动态数组x在活动记录中的首址。如果d=0，则x为P中的局部变量。

为了设置活动记录中的静态连接，调用语句的操作语义应作修改。过程A调用了过程B，则B在A中是可见的：或B是A的外层，或A与B有相同的外层，或A是B的直接外层。因此，对B设置的静态连接，应为沿A的静态链在栈中向下搜n_a-n_b+1步所指向的活动记录。

(2)动态作用域规则

在这种情况下，活动记录中的静态连接是一指针，它指向动态调用直接外层的活动记录。显然它与动态链是一致的，可以合并。

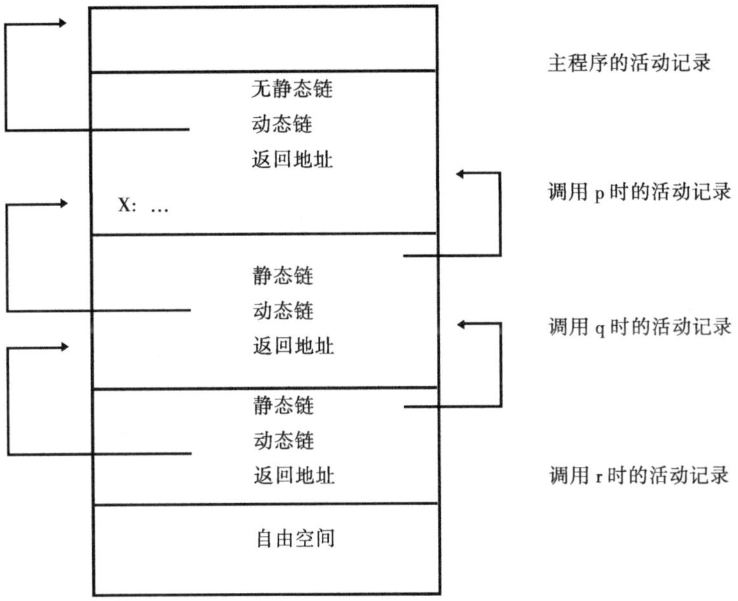

图 10.9 图 10.8(a)中代码第一次对 r 调用之后的运行时栈

10.4 堆分配

动态语言采用动态规则,通常指动态类型规则和动态作用域规则。如 APL、LISP 等。动态变量因其类型、访问方法、使用的操作,都不能在编译时确定,因此动态变量的内情变量的长度也是动态可变的。所以在活动记录中动态变量安排了指向内情变量和指向变量存储区的二个指针,而在堆上对内情变量和变量作存储分配。

堆提供两种操作:分配操作和释放操作。分配操作通常是按字节数得到一个存储区,并返回一个指向存储区的指针,若不存在,则返回空指针。释放操作得到一个指向被分配的存储区,并将它标志为空。这两种操作存在于许多语言中,如:在 PASCAL 语言中分别为 NEW,DISPOSE;在 C++中称作 NEW,DELETE;在 C 语言中有若干版本,但最基本的是 MALLOC,FREE。

作为堆的存储空间可以由固定长度或可变长度的存储块组成,在堆中可随机申请一个或几个存储块,活动结束时可随机释放,经过一段时间这样的分配、释放操作后,堆空间会由一个完整的自由空间被划分成大量的较小的存储区,即有很多碎片存在。如图 10.10 所示.

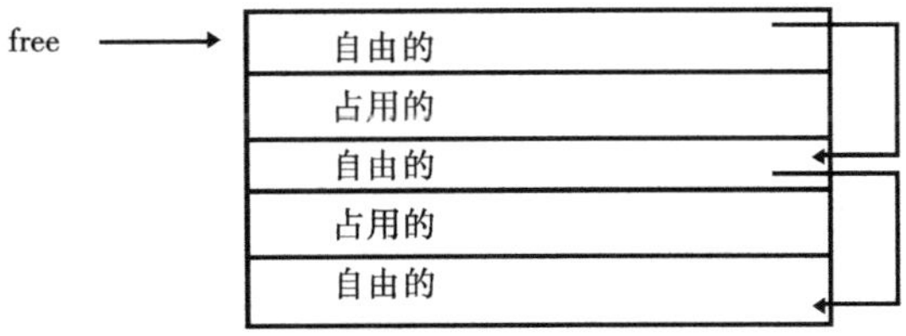

图 10.10

在这些存储块中,有些正在使用,由使用块记录指出各使用块的开始位置及块的大小等有关信息;有些则空闲,称为自由块。所有自由块将被链接起来,由指针 free 指向其起始块,每个自由块都有一指针指向下一自由块。当有一使用块被释放时,该块连接到 free 链中,并从使用块记录中撤消该块的记录项。设自由块总长度为 N,从中申请长度为 n 的新的使用块时,会出现下列几种可能:

①若干个由 FREE 链接的自由块,采用内存分配中可变分区的首次适应算法或最佳适应算法或最坏适应算法:搜索 free 链,寻找第一个满足其长度 L≥n 的自由块。该块分成长度为 n 的使用块和长度为 L－n 的自由块,分别加入使用块记录和自由块链 free。注,若采用首次适应算法,则自由块按地址从小到大排列于 free 链中,若采用最佳适应算法或最坏适应算法,则自由块分别按空间大小从小到大或从大到小排列于 free 链中。

②若每个自由块的长度都小于 n,但这些自由块的总长度 N 却大于等于 n,则可将这些碎片进行合并,形成一个连续空间后再对 n 进行分配。这时需将使用块移位,程序各引用点都得调整。其中,对引用堆对象的指针的调整比较困难。

③若 N<n,空闲区已不敷分配,这时需要调用无用单元回收器来隐式释放"没有使用"的使用块,或报无足够空间信息。

堆的管理在时间和空间上都需额外开销,高效率的堆管理问题是数据结构理论中的专门问题。以上只是堆分配的简述,以便与栈式分配作一比较。

10.5 参数传递

当一个过程调用其他过程时,调用过程和被调用过程之间的通信是由非局部变量或由参数传递来实现的。参数传递允许每次调用时传递不同的数据,如传值、传地址、传过程等,既具有灵活性,又有较高的可读性和可修改性。在下面例 10.5 中,i 和 j 是形式参数,简称形参,是 swap与它的调用者之间信息交换的媒介。调用语句 swap(m,n)按位置对应关系将实参数(简称实参)m 和 n 依次传递给形参 i 和 j。

例 10.5　下列过程作参数传递用例。

```
Procedure swap(i,j:integer);
Var temp:integer;
Begin timp:=i;
      i:=j
      j:=temp
      end  swap
```

实参与形参之间的参数传递有三种类型:数据参数传递、过程参数传递和类型参数传递。这里只介绍前两种。

10.5.1　数据参数传递

数据参数有地址(引用)调用、值调用和名调用三种传递方式。不同的语言有不同的约定。FORTRAN 以地址调用为标准传递方法,ALGOL 60 为名调用,也可指定值调用,Pascal 可指定值调用或地址调用。如何选择参数的传递方式将影响语言的语义,同一程序采用不同传递方式，将导致不同的结果。如图 10.11 的 PASCAL 程序，此程序的输出结果是 a=2，b=1，此时参数传递方式为传地址，但如果将第 3 行的 VAR 去掉，则程序的输出将为 a=1，b=2，这时参数传递方式为传值。

(1)值调用

传值或值调用的重要特点是对形式参数的任何运算不影响调用过程的活动记录中实参的值，可理解为形参只起局部变量作用，实参存储单元不能为形参共享，不能对调用程序单元的参数随意修改。这是最简单的参数传递方法，即将实参计算出它的值，然后将它传给被调用过程。具体步骤如下：

①当作过程的局部变量，即在被调用过程的活动记录中开辟了形式参数的存储空间，这些存储位置就是我们所说的实参或形式单元。

②调用过程计算实参的值，并将它们的值放在为形式单元开辟的空间中。

③被调用过程执行时，就象使用局部变量一样使用这些形式单元。

以图 10.11 所示的 PASCAL 语言程序为例，

```
program  exchange (input,output);
    var a,b:integer;
    procedure swap(var x,y:integer);
      var temp:integer;
      begin
        temp:=x;
        x:=y;
        y:=temp;
      end;
    begin
      a:=1;  b:=2;
      swap(a,b);
      writeln('a=',a);writeln('b=',b);
  end.
```

图 10.11　带有过程 swap 的 PASCAL 程序

在这个程序中，若第 3 行的关键字 VAR 去掉，则 swap(a,b)就为值传递，即将 a,b 的值分别传给在 swap 活动记录中开辟有存储空间的 x,y，然后过程 swap 就象使用局部变量一样对 x,y 进行操作，操作结果对 a,b 值无任何影响。

(2)引用调用

将调用环境中实参地址传递给形参的参数传递方式称为引用调用。如实参是常数或表达式，则将它的值存放在一中间存储单元(或称临时变量)中，将中间存储单元地址传递给形参。有些语言不允许向赋值左部的形参传送常数或表达式的实参，一旦出现这种情况，就作错误处理。被调用过程对形参的引用，被理解为对形参单元中实参地址的间接引用。被调用过程通过形参可对实参作修改，因此实参的存储单元为调用过程和被调用过程共享。

引用调用的实现方法是，向被调用过程的活动记录中的形参单元传送实参变量的地址，或传送存放参值的临时变量的地址。

以图 10.11 程序为例，设 wap(VAR x,y)是引用调用，其中 x 和 a,y 和 b 分别共享 a 和 b 的存储单元，因此，当 x,y 的值发生变化时，a,b 的值也跟着变化，从而当 swap 执行完毕，其活动记录退栈后，a，b 的值仍保留变化后的 2，1，而非原先的 1，2。

除了传地址、传值方法外，还有“得结果”、传名等参数传递方法，这里不再讨论。

10.5.2 过程参数的传递

数据参数是常见的、大量的，但也有将过程（子程序）作为参数进行传递的情况。例如一个问题的求解方法可能有好几个，如排序与检索，每一种方法对应于一个程序。如果想评价各种方法的优劣，如占用空间的大小，运行时间的长短等，就需要设计一测试程序 P(S)，用于测试过程 S 的性能，它将 S 作为形式参数，当测试某个方法所对应的子程序为 T 时，便可将实在参数 T 传递给 S。因此过程作为参数传递的这种方式是有实用价值的，为一些语言所采用。

程序 P 将实在过程 T 作为参数传递给程序单元 Q，这意味着在单元 P 中有过程调用语句 CALL Q(T)：

```
Unit P
CALL Q(T);
end P
```

而单元 Q 中存在着被区分为过程的形式参数，不妨记为 S。显然，在单元 Q 中，应有关于 S 的调用语句：

```
Unit Q(S:procedure)
CALL S;
end Q
```

在这种情况下，CALL S 实际上就是 CALL T。一般来讲，过程 P 把过程 T 做为实参传递给 Q 时，也是一种“传地址”方式，因此需建立两个临时单元用于记录 T 的代码首址和 T 的引用环境，并向形参 S 传递这记录代码首址这个单元的地址，以便在 CALL　S 时可转而调用 T 过程，并在 T 的环境下引用 T 的局部变量和非局部变量。但由于静态作用域规则和动态作用域规则的不同，在 CALL S 处 T 的引用环境也是不同的。

在静态作用域规则下，过程 P 可以先建立两个临时单元，第一个单元 B1 存放过程 T 的入口地址，第二单元 B2 存放 T 的静态链地址。然后把第一单元地址传送给 Q（即放置于 Q 活动记录的形式单元，如 S 中）。当 Q 执行到引用形参 S 时，S 已包含上述 B1 的地址，则 B1 的内容将作为转子指令的目的地址（即转进 T 过程），B2 的内容将传送给 T。

在动态作用域规则下，CALL S 处于 Q 中，不管在栈顶上将建立的实参过程是什么，它的动态外层都是 Q，实参过程 T 只需向 S 传递 T 代段的首址即可。非局部引用环境由动态链给出。

实参除了为过程外，还可为数组、标号、形式参数等，这些情况在这里不再讨论。

习 题 10

10-1　为以下的 PASCAL 程序画出活动记录的栈，并表示出在对过程 C 第二次调用之后的动态链和静态链。描述如何在 C 中访问变量 X。

```
program env;
```

```
  procedure a;
    var x:integer;

    procedure b;
      procedure c;
      begin
        x:=2;
        b;
      end;
    begin (*b*)
      c
    end;
   begin (*a*)
    b;
   end;
 begin  (*main*)
a;
end.
```

10-2　为以下的 PASCAL 程序画出活动记录的栈

a)　在对 p 的第一次调用中对 a 的调用之后

b)　在对 p 的第二次调用中对 a 的调用之后

c)　程序打印出什么？为什么？

```
Program closureex(output);
  Var x:integer;

  Procedure one;
  Begin
    Writeln(x);
  End;

 Procedure p(procedure a);
 Begin
   a;
 End;
 Procedure q;
   Var x:integer;
   Procedure two;
   Begin
```

```
     Writeln(x);
    End;

  Begin
    X:=2;
    P(one);
    P(two);
   End;  (*q*)
  Begin  (*main*)
    X:=1;
    q;
  End.
```

10-3 下列程序在静态作用域规则或动态作用域规则下会有什么输出。

```
  program  main
    var r:real;
    procedure show;
      begin
            write (r:5:3)
      end;
  procedure small;
    var r:real;
    begin
      r=0.125;
      show;
    end;
  begin
    r=0.25;
    show; small; writeln;
    show; small; writeln;
  end.
```

10-4 执行以下的 C 程序并用运行时环境解释其输出。

```
#include <stdio.h>
void g(void)
  {  {int x;
     printf("%d\n",x);
     x=3;}
     {int y;
     printf("%d\n",y);}
  }
```

```
int *f(void)
  { int x;
    printf("%d\n",x);
    return &x;
  }

void main()
  {int *p;
   p=f();
   *p=1;
   f();
   g();
  }
```

10-5　利用所学的参数传递方法给出以下程序的输出(在 C 语法中)：

```
#include <stdio.h>
int i=0;
void swap(int x, int y);
  { x=x+y;
    y=x-y;
    x=x-y;
  }
main ()
  {int a[3]={1,2,0};
   swap (i,a[i]);
   printf("%d%d%d%d\n",i,a[0],a[1],a[2]);
   return 0;
  }
```

第11章

代码优化

11.1 优化技术概述

不经任何优化直接生成的目标程序质量较低，于是出现了代码优化技术。代码优化是编译程序中很重要的一个环节，它是指编译程序为了生成高质量的目标程序而作的各种加工和处理。

定义 11.1　高质量的目标程序，是指对同一源程序其长度较短，故运行时所占的内存空间小，且在同一台机器上运行时间也较短的目标程序。

因此，优化技术的目的是为了提高由编译程序生成的目标程序的质量，即减少目标程序所占的存储空间及运行目标程序所需的时间。可见，一个目标程序质量的高低与优化工作是有密切联系的。目前优化技术比较成熟，但由于优化的算法比较复杂，而且会相应地延长编译时间，因此一个编译程序并不是对什么都进行优化，而只是做些不同程度的优化工作。

优化可以在编译过程的各个阶段进行，但最主要的一类优化是在目标代码生成以前，在语法语义分析生成中间代码以后，在中间代码上进行的。这类优化不依赖于具体的计算机，而取决于语言的结构。另一类优化是在生成目标代码时进行的，它在很大程度上与具体的计算机有关。

独立于机器的代码优化，根据它们所涉及的程序范围，可分为局部优化、循环优化和全局优化三个不同的级别。局部优化是指对只有一个入口和一个出口，且语句为顺序执行的程序段所进行的优化。这样的程序段，我们称之为基本块。所以局部优化也称为在基本块内进行的优化。由于这类优化是在顺序执行的线性程序段上进行的，不存在转进转出、分叉汇合等问题，所以处理起来比较简单。在基本块上可进行合并常量、删除多余运算和删除无用赋值等优化处理。循环优化，顾名思义就是对循环语句所生成的中间代码序列进行的优化处理。属于这类优化的有强度削弱、删除基本归纳变量、代码外提、循环展开和循环合并。全局优化指的是在非线性程序段(包含多个基本块)上的优化。因为程序段是非线性的，所以需要分析程序的控制流和数据流，处理比较复杂。

与机器相关的优化，是在目标程序这一级上进行的优化，它主要有寄存器的优化、多处理机的优化、特殊指令的优化和无用代码的消除。由于与机器有关的优化在很大程度上依赖于具体的计算机，在此我们不对其进行讨论，本章主要讨论独立于机器的代码优化。

为了叙述方便，我们以后把四元组写成更为直观的形式，即

把(op,B,C,A)写成 A:=B op C,

把(jrop,B,C,L)写成 if B rop C goto L,

把(j,_,_,L)写成 goto L。

11.2 局部优化

11.2.1 基本块及其划分

将优化的范围局限于单个的程序语句并严格地进行语句内的优化是完全可能的。然而这样会让人觉得所受的限制太多,因为它遗漏了许多相当容易处理的优化。更普遍的方法是把优化过程集中于比单个语句更加广泛的局部正文中,这种局部正文通常选择的范围就是基本块。下面,我们以程序的基本块为范围来讨论局部优化。

定义 11.2 基本块是指程序中一个顺序执行的语句序列,即一个程序段,它只有一个入口和一个出口,入口就是其中第一条语句,出口就是其中最后一条语句。

对一个基本块来说,执行时只能从其入口进入,从其出口退出。对一个给定的程序,我们可以把它划分为一系列的基本块。在各个基本块范围内,分别进行优化。局限于基本块范围内的优化称为基本块内的优化,或称为局部优化。

例如,有程序段:

```
a:=20;
b:=a + 20;
c:=a * b;
```

这组赋值语句的序列就组成了一个基本块。

又如,有程序段:

```
j:=1;
if  j > 10  then  m:=m + 1;
                 else  n:=n + 1;
```

因为这个程序段有一个入口和两个出口,所以该程序段不是一个基本块。

在介绍基本块内的优化之前,我们先给出将四元组程序划分为基本块的算法。

算法 11.1 将四元组程序划分为基本块的具体步骤如下:

第1步 求出四元组程序中各个基本块的入口语句,它们是以下三种情况之一:

①程序的第一条语句;

②能由条件转移语句或无条件转移语句转移到的语句;

③紧跟在条件转移语句后面的语句。

第2步 对以上求出的每一条入口语句,构造其所属的基本块。它是以下三种情况之一:

①该入口语句到下一条入口语句(不包括该入口语句)之间的语句序列;

②该入口语句到一条转移语句(包括该转移语句)之间的语句序列;

③该入口语句到一条停语句(包括该停语句)之间的语句序列。

第3步 凡是未被纳入某一基本块中的语句,都是程序中控制流程无法达到的语句,从而也是不会被执行到的程序,我们可以把它们从程序中删除。

例 11.1 图 11.1 是一个求最大公因子的程序

```
① read   X
② read   Y
③ R:=X//Y   ("//"表示两个整数相除,取其余数)
④ if  R = 0  goto  ⑧
⑤ X:=Y
⑥ Y:=R
⑦ goto  ③
⑧ write  Y
⑨ halt
```

图 11.1 求最大公因子的四元组程序

应用算法 11.1 来划分基本块,由第 1 步①,找出四元组①是入口语句;由第 1 步②,找出四元组③和⑧分别各是一条入口语句;由第 1 步③,找出四元组⑤是入口语句。然后应用第 2 步划分各基本块,划分后的程序如图 11.2 所示,其中基本块用方框线框出,打"*"号的语句即为各个基本块的入口语句。

```
* ①read  X
  ②read  Y
```

```
* ③R:=X//Y
  ④if  R = 0  goto  ⑧
```

```
* ⑤X:=Y
  ⑥Y:=R
  ⑦goto  ③
```

```
* ⑧write  Y
  ⑨halt
```

图 11.2 求最大公因子四元组程序的基本块

11.2.2 基本块的优化(局部优化)

在一个基本块内,通常可以进行三种优化:合并常量、删除多余运算和删除无用赋值,下面我们分别进行讨论。

(1)合并常量

所谓合并常量是指,在编译时就计算表达式中的常量运算,然后用计算所得的值去替换表达式中出现的所有这种常量运算,而不必等到程序运行时再计算。因此这种优化的第一步就是识别表达式中的常量运算或改写表达式,使得其中的常量运算尽可能集中以便于合并。第二步才是根据变化后的表达式生成目标代码。

例 11.2 设有程序段

```
J:= 1
A:= 5 * J- 2
B:= J + 7
C:= A + B
```

它所生成的未经优化的四元组为：

① J：= 1

② T1：= 5 * J

③ A：= T1 - 2

④ B：= J + 7

⑤ C：= A + B

显然 J 的值在编译时是已知的，T1、A、B、C 的值均能在编译阶段计算得到，没有必要等到运行时再执行它们。通过合并常量运算优化后，此程序段的四元组为：

① J：= 1

② A：= 3

③ B：= 8

④ C：= 11

(2)删除多余运算

所谓删除多余运算是指，假设有表达式 e_1 和 e_2，如果它们的值始终相同，则 e_2 的计算部分可以删除，只要用 e_1 的值即可。对于形式不相同的表达式来说，要判断它们的值是否一致是非常困难的，所以我们只考虑形式相同的表达式。如果表达式 e 多次出现，每次出现它的值都不变，则把除第一次运算外出现的表达式都叫做多余运算，有时我们也把删除多余运算称为删除公共子表达式。

例 11.3　设有程序段

A：= B * C + A；

D：= B * C + A；

C：= B * C + D；

它所生成的未经优化的四元组为：

① T1：= B * C

② A：= T1 + A

③ T2：= B * C

④ D：= T2 + A

⑤ T3：= B * C

⑥ C：= T3 + D

显然四元组③、⑤和四元组①完成相同的运算而且值也相同，为了加快目标代码执行的速度，像③、⑤这些运算都是多余的，应该删除。通过删除多余运算后，此程序段的四元组为：

① T1：= B * C

② A：= T1 + A

③ D：= T1 + A

④ C：= T1 + D

(3)删除无用赋值

合并常量和删除多余运算这两项工作是比较容易做到的，相比较而言，删除无用赋值就困难一点。这是因为，如果孤立地考虑一个基本块，我们常常不能确定一个赋值是否真的无用。通常，无用赋值有以下三种情形：

①对某变量 A 赋值后,A 值在整个程序中未被引用,则变量 A 的赋值为无用赋值;

②对某变量 A 赋值后,在 A 值被引用前又对 A 重新赋值,则前一次赋值为无用赋值;

③对某变量 A 进行递归赋值,如 A:= A + C,而且 A 值在程序中仅在此递归运算中被引用,则此递归赋值为无用赋值。

在一个基本块内,第②种情形的无用赋值容易删除。

例 11.4 设有某程序段对应四元组

① J:= 5

② A:= 3

③ A:= 8 + C

④ B:= A + C

四元组②对变量 A 进行了赋值,但是在 A 被引用之前,四元组③又再次对变量 A 重新赋值,因此,四元组②对变量 A 的赋值是无用的,应该删除。通过删除多余运算后,此程序段的四元组为

① J:= 5

② A:= 8 + C

③ B:= A + C

第①种和第③种无用赋值的删除涉及到对整个程序进行全局分析,比第②种要困难一些。

11.3 控制流分析和循环优化

11.3.1 控制流分析和循环查找

所谓循环,就是程序中那些可能反复执行的代码序列。因为循环中代码可能要反复执行,所以,进行代码优化时应该着重考虑循环的代码优化,这对于提高目标代码的效率将起到更大的作用。

为了进行循环优化,首先要找出程序中的循环。由程序语言的循环语句(如 FORTRAN 语言的 DO 语句,ALGOL 语言的 FOR 语句和 C 语言的 WHILE 语句等)形成的循环,是不难找出的。然而,程序中循环还不仅只来自它们。例如 FORTRAN 和 ALGOL 语言中的条件转移语句和无条件转移语句,它们同样可以形成程序中的循环,而且循环的结构可能更复杂。为了找出程序中的循环,就需要对程序中的控制流进行分析。控制流分析也是进行数据流分析的基础,它们都是进行优化所需要的基础和工具。下面我们用程序的控制流程图对循环给出定义,并介绍怎样从程序的控制流程图找出程序中的循环。

定义 11.3 一个控制流程图就是具有惟一首结点的有向图。从首结点出发,到控制流程图中的任何结点都有一条通路。一个程序可以用一个控制流程图来表示。控制流程图中的结点就是程序的基本块。控制流程图的首结点就是包含程序第一个语句的基本块。假设控制流程图中的结点 I 和结点 J 分别对应于程序的基本块 I 和基本块 J,那么当下述条件 1 或 2 有一

个成立时，从结点 I 就有一条有向边引到结点 J：

①在程序中，基本块 J 紧跟在基本块 I 之后，而且基本块 I 的出口语句不是无条件转移语句 goto(s)或停语句；

②基本块 I 的出口语句是 goto(s)或 if…goto(s)，而且(s)是基本块 J 的入口语句。

例 11.5　构造例 11.1 中程序的控制流程图。

该程序的基本块见图 11.2，其控制流程图如图 11.3 所示。

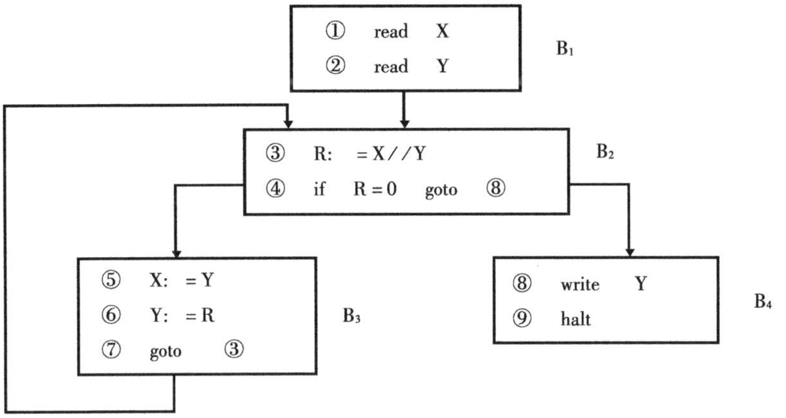

图 11.3　程序的控制流程图

现在，我们从程序的控制流程图出发，对循环结构给出定义，然后再介绍如何查找程序中的循环。

定义 11.4　在程序控制流程图中，把具有下述性质①和②的结点序列称为一个循环：

①这个结点序列是强连通的，也就是说，序列中任意两个结点之间必有一条通路，而且该通路上的每个结点都属于这个结点序列。如果序列中只有一个结点，则必有一条有向边从该结点引到它自身。

②结点序列中有一个而且只有一个入口结点。所谓入口结点，是指序列中具有下述性质的结点：从序列外的某个结点，有一条有向边引到它的结点。此外，程序控制流程图的首结点也是入口结点。

换句话说，循环就是程序的控制流程图中具有惟一入口结点的强连通子图，从循环外要进入循环，必须首先经过循环的入口结点。例如，对图 11.3 中的程序控制流程图，根据上述定义，结点序列{ B_2 , B_3 }是程序中的一个循环。

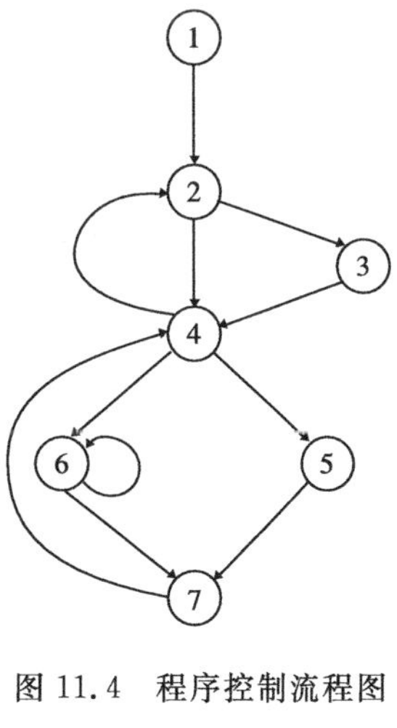

图 11.4　程序控制流程图

例 11.6　图 11.4 是一个程序的控制流程图。

根据定义 11.4 可以找出结点序列{6}、{4,5,6,7}以及{2,3,4,5,6,7}都是上述意义下的循环。可以看到，结点序列{2,4}、{2,3,4}、{4、6、7}以及{4、5、7}也都是强连通的，但是它们的入口结点都不惟一。例如，在结点序列{2,3,4}中，2 和 4 都是入口结点；在结点序列{4、5、7}中，4 和 7 都是入口结点，所以它们都不是上述意义下的循环。

循环定义 11.4 中的性质①是任何一种循环结构必须具备

的。否则,该结点序列所对应的程序必然有一部分不能反复执行。一个循环之所以要具备性质 2,是因为,在进行循环优化时,需要把循环中的某些代码(如不随循环的反复执行而改变的运算)提到循环之外。提到循环外的什么地方呢? 在以后的循环优化中我们将介绍,在我们所定义的循环结构下,可以把代码外提到惟一的入口结点的前面。

11.3.2 循环优化

对循环中的代码,可以进行以下五种优化,即强度削弱、删除基本归纳变量、代码外提、循环展开和循环合并。

(1)强度削弱

强度削弱是指把程序中执行时间较长的运算替换为执行时间较短的运算。例如把循环中的乘法运算替换为递归加法运算。

如果循环中有一个变量 I 的递归赋值

$$I := I \pm C;$$

并且循环中变量 T 的赋值可以归化为

$$T := K * I \pm C_1,$$

其中 C、C_1、K 是循环不变量,即它们的值在循环中不会发生改变。

设第 n 次循环时,T 值为 T_n,即

$$T_n = K * I_n \pm C_1,$$

由于 C、C_1、K 是循环不变量,第 n+1 次循环时,T 值为 T_{n+1},即

$$\begin{aligned} T_{n+1} &= K * I_{n+1} \pm C_1 \\ &= K * (I_n \pm C) \pm C_1 \\ &= K * I_n \pm K * C \pm C_1 \\ &= K * I_n \pm C_1 \pm K * C \\ &= T_n \pm K * C \end{aligned}$$

其中 $K * C$ 为循环不变量,令 $C_2 = K * C$,故可以用

$$T := T \pm C_2$$

来代替

$$T := K * I \pm C_1 。$$

这时,用"+"来替换变量 T 赋值表达式中的"*",从而对 T 的赋值运算进行了强度削弱。

例 11.7 设有某程序的控制流程图如图 11.5 所示:

根据强度削弱的原则,我们可以对四元组⑤和⑥进行优化。其中把

⑤A:= K *I

替换为

⑤′A:= A + K;

把

⑥B:= J * I

替换为

⑥′B:= B + J

就得到优化后的程序控制流程图如图 11.6 所示。

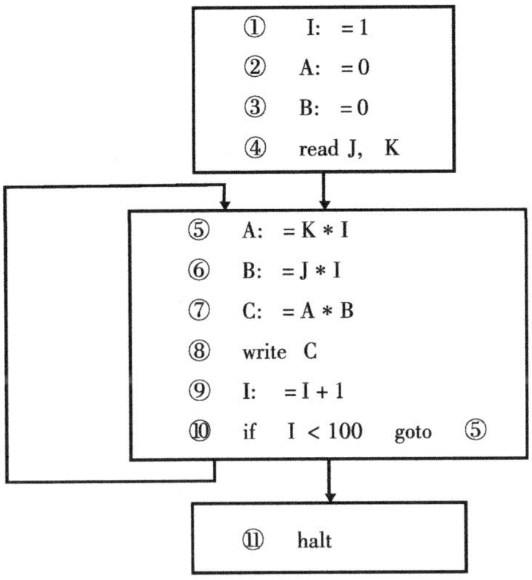

图 11.5

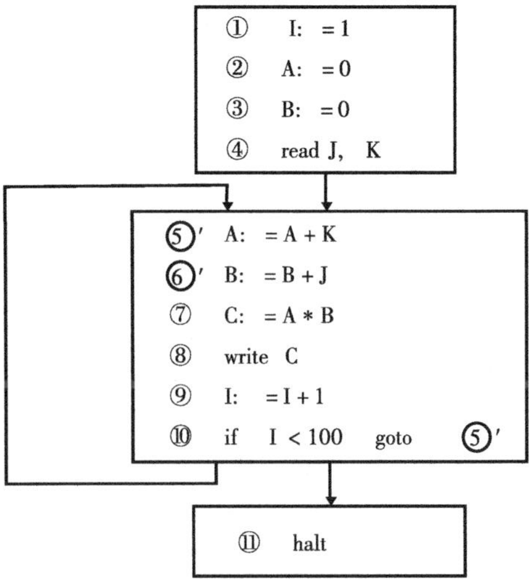

图 11.6　强度削弱

因为加法运算一般比乘法快，所以使用加法可以削弱计算的强度。但是，有时在进行强度削弱后，循环中可能会出现一些新的无用赋值，如果它们在循环出口之后将不再被引用，那么可以将这些无用赋值从循环中删除。在循环中下标变量的地址计算是相当费时的，上面介绍的方法对削弱下标变量地址的计算强度非常有效。对于下标变量的地址计算来说，强度削弱实际上就是实现下标变量地址的递归计算。

(2)删除基本归纳变量

删除基本归纳变量也叫做变换循环控制条件。下面先介绍什么是基本归纳变量和归纳变量。

定义 11.5　如果循环中对变量 I 只有惟一的形如

$$I := I \pm C$$

的赋值，而且 C 为循环不变量，则称 I 为循环中的基本归纳变量。

如果 I 是循环中的一个基本归纳变量，变量 J 与 I 的关系为

$$J := C_1 * I \pm C_2$$

其中 C_1 和 C_2 都是循环不变量，则称 J 为归纳变量。一个基本归纳变量也是一个归纳变量。

一个基本归纳变量除了用于其自身的递归定值外，在循环中往往只用来计算其他归纳变量以及用来控制循环的进行。如在例 11.7 中，由于变量 I 只有 $I := I + 1$ 的赋值，所以 I 是基本归纳变量，A、B 是归纳变量。

当基本归纳变量 I 只用来计算其他归纳变量 J 和作为循环控制变量时，可以用 J 来替换循环控制条件 I，并且把 I 删除，这就是删除基本归纳变量。

例 11.8　对例 11.7 中的程序控制流程图删除基本归纳变量。

在图 11.6 中，I 是基本归纳变量，A、B 是归纳变量，I 除了在⑨中用于其自身的递归定值外，只是惟一地在⑩中用来控制循环的进行，因此我们可以用归纳变量 A 来替换循环控制条件 I。

由于 $A := A + K$ 实际上就是 $A := K * I$，所以 $I < 100$ 和 $A < 100 * K$ 等价，于是我们可用 $A < 100 * K$ 来替换 $I < 100$。为了清晰起见，我们引入一个临时变量 T，把⑩变换为

⑩$_1$T:= 100 * K

⑩$_2$if　A < T　goto　⑤′

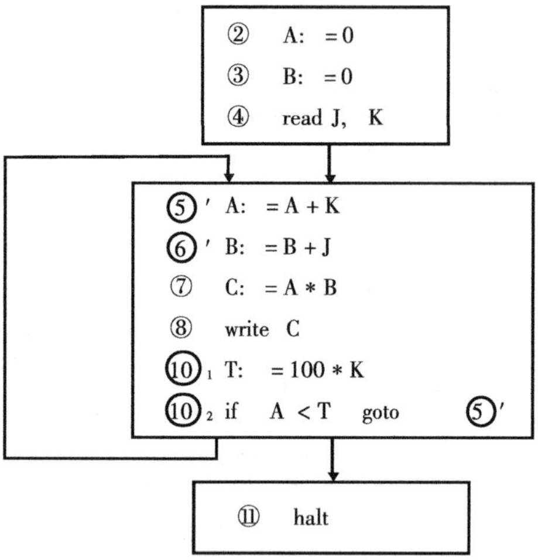

图 11.7　强度削弱与删除基本归纳变量

同时，删除基本归纳变量 I，即删除图 11.6 中的①和⑨，就得到优化后的程序控制流程图如图 11.7 所示。

类似地，我们也可以用归纳变量 B 来替换循环控制条件 I。删除归纳变量一般是在强度削弱以后进行的。

表面上看，删除归纳变量似乎并没有对程序进行优化，但从下面的内容我们可以看出，对图 11.7 中的的程序进行代码外提后，程序确实得到了优化。

(3)代码外提

循环中的代码，要随着循环反复执行，但是其中某些运算的结果往往是不变的。对于这些结果不发生改变的运算，就可以把它外提到循环外。这样，程序的运行结果仍保持不变，而程序的运行速度却提高了。这种优化就叫做代码外提。

在实现代码外提时，首先在循环入口结点的前面建立一个新结点，即新建一个基本块，这个新建的结点叫做循环的前置结点。循环前置结点以循环入口结点作为其惟一的后继，原来控制流程图中从循环外引到循环入口结点的有向边，改为引到循环的前置结点。由于循环的入口结点是惟一的，所以前置结点也是惟一的。循环中外提的代码将全部外提到前置结点中。

例 11.9　对例 11.8 中的程序进行代码外提。

由于在例 11.8 中，T:= 100 * K 在循环内始终不变，因此可以把它提到循环外，得到优化后的程序控制流程图如图 11.8 所示。

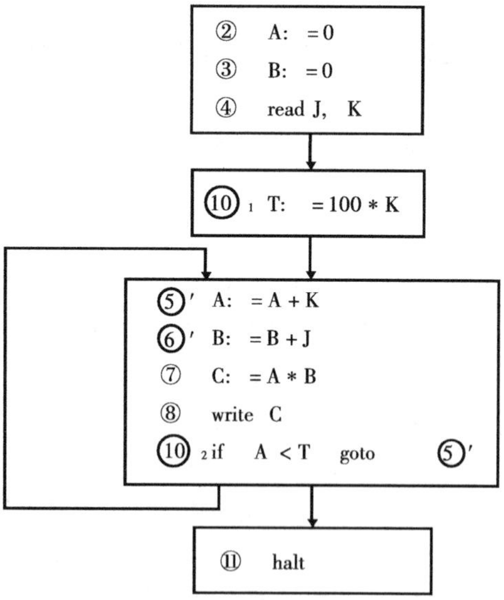

图 11.8　代码外提

(4)循环展开

所谓循环展开是指通过增加循环体中的代码来减少循环执行的次数。

例 11.10　有一个程序段如下所示：

```
        …
for  i:=1  to  100  do
  begin
     A[i]:= B[i] * C[i]
  end;
        …
```

该程序段的 for 循环内主要进行 A[i]:= B[i] * C[i]的计算，我们可以通过增加 for 循环内的计算次数来减少循环的次数。循环展开以后的程序段为：

…

```
for  i:= 1 to  50  do
  begin
      A[i]:= B[i] * C[i];
      A[i + 50]:= B[i + 50] * C[i + 50]
  end;
          …
```

通过循环展开以后，减少了测试循环条件的次数。另外，由于增加了循环中的代码，对于并行计算机来说，便于并行运算。循环展开的不足之处在于它增加了代码的存储空间。

(5)循环合并

循环合并是将两个循环合并为一个循环，这样可以减少因修改循环变量的值和测试所花费的开销。

例 11.11 有一个程序段如下所示：

```
          …
for  i:= 1 to  10  do
  begin
      for  j:= 1 to  50  do
        begin
            A[i,j]:= 0
        end
  end;
for  i:= 1 to  10  do
  begin
      B[i]:= 0
  end;
          …
```

由于程序段中循环变量i在两个循环中执行次数相同，因此可以把它们合并为一个循环。循环合并以后的程序段为：

```
          …
for  i:= 1 to  10  do
  begin
      for  j:= 1 to  50  do
        begin
            A[i,j]:= 0
        end
      B[i]:= 0
  end;
          …
```

循环合并减少了循环的开头部分，增加了循环中的代码，可以进行更多的局部优化。

11.4 数据流分析与全局优化简介

11.4.1 数据流分析

为了进行循环优化和全局优化，我们需要分析程序中所有变量的定值和引用之间的关系，这个工作就称为数据流分析。数据流分析是在控制流分析的基础上进行的。所谓定值，是指变量的输入值或赋给变量的值。在数据流的分析过程中，我们常提到程序中的某一"点"，这是指某个四元组的位置，即该四元组的地址或编号。

在数据流分析时，由于要对所有变量的定值和引用进行分析，因此对于程序中的所有基本块，需求出所有变量到达每一个基本块入口之前的所有定值点集，随后，就可以求出任一变量到达任一基本块中任一点的定值点集。同时，还需要求出所有变量到达每一个基本块出口之后的所有定值点集。所谓变量的定值点集是一个点集合，集合中的点表示变量在这个位置被赋值，该集合中的所有点构成程序控制流程图中的一条通路。

无论是强度削弱、删除归纳变量，还是代码外提，都需要对所有变量进行分析，因此，在进行优化以前，必须先进行数据流分析，即计算变量的各种定值点集。

11.4.2 全局优化

顾名思义，全局优化就是整个程序范围内的优化。全局优化一般有三种，即删除全局多余运算、复写传播和代码提升。

(1)删除全局多余运算

删除全局多余运算，就是在整个程序范围内删除多余运算，有时也被称为删除全局公共子表达式。它和局部优化中的删除多余运算类似，只是优化的范围比局部优化更广。

(2)复写传播

我们把形如 A：= D 这样的赋值叫做复写。在引用变量 A 时，如果除了 A：= D 以外没有再次对 A 和 D 进行赋值，即 A 和 D 的值保持不变，就可以删除 A：= D，并且把引用 A 改为引用 D，这个过程就称为复写传播。

例 11.12 有一个四元组程序如下所示：

① $T_1 := C * B$

② $D := D + T_1$

③ $T_2 := T_1$

④ $A := D + T_2$

⑤ $T_3 := T_1$

⑥ $C := A + T_3$

可以看出，四元组③、⑤中的赋值均为复写，而且四元组④、⑥在引用 T_2 和 T_3 时，T_1、T_2 和 T_3 的值都没有发生改变，因此删除四元组③和⑤，并把四元组④中引用 T_2 改为引用 T_1，把四元组⑥中引用 T_3 改为引用 T_1。优化后的程序如下所示：

① $T_1 := C * B$

② $D:=D+T_1$

③ $A:=D+T_1$

④ $C:=A+T_1$

(3)代码提升

如果从程序中某点 p 开始的任何一条通路上，在对 B 或 C 定值之前，都要计算表达式

B　op　C

则称该表达式在 p 点非常忙。

在图 11.9 中，从点 p 开始的任一通路都要计算表达式 B　op　C，如果再设从 p 到 d_1 以及从 p 到 d_2 的所有通路上都没有对 B 和 C 重新定值，那么，则称 B　op　C 在点 p 非常忙。

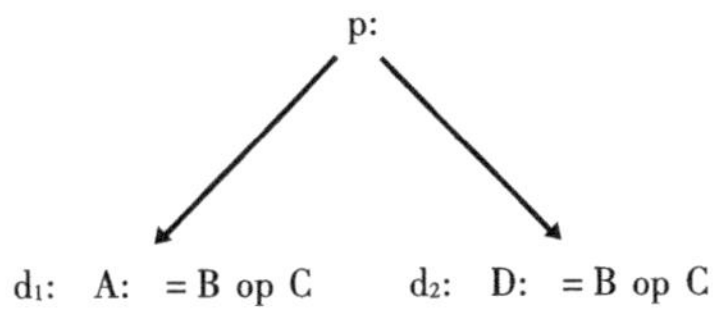

图 11.9

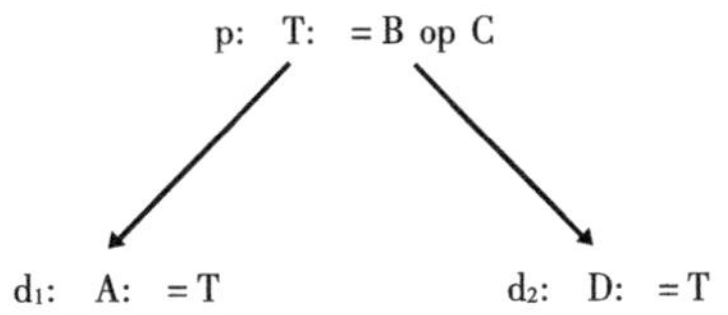

图 11.10

可以对非常忙表达式进行代码提升。在图 11.9 中，我们可以把表达式 B op C 的计算提升到点 p 来进行。为此，在点 p 设置一个四元组 T:= B op C，然后把点 d_1 和 d_2 中 B　op　C 的计算变换为引用 T，如图 11.10 所示。这种变换就是代码提升，它可以节省程序的存储空间。

当进行代码优化时，首先分析控制流和数据流，然后再进行优化。一般而言，先进行循环优化，即进行强度削弱、删除基本归纳变量、代码外提、循环展开和循环合并。接着进行局部优化，即在基本块中合并常量、删除多余运算和删除无用赋值。最后，进行全局性的优化，合并全局常量、删除不必要的复写等。但是，复写传播有时也可能产生新的公共子表达式，所以某些优化可能要重复进行。

习 题 11

11-1　怎样才能得到高质量的目标程序，在这个过程中，优化起到什么作用？

11-2　优化共分为哪几种？

11-3　设有程序段：

```
i:=2;
j:=i * (i + 1);
k:=2 * (i + j)
```

试写出该程序段合并常量后的四元组。

11-4　设有程序段：

```
x:=x + y + z;
y:=x + y + z;
z:=x + y + z
```

试写出该程序段删除多余运算后的四元组。

11-5 试把以下程序划分为基本块并作出其程序控制流程图。

```
      read  A,B
      F:= 1
      C:= A * A
      D:= B * B
      if  C < D  goto  L1
      E:= A * A
      F:= F + 1
      E:= E + F
      write  E
      halt
L1:   E:= B * B
      F:= F + 2
      E:= E + F
      write  E
      if  E > 100  goto  L2
      halt
L2:   F:= F -1
      goto  L1
```

11-6 对以下四元组程序,求出其中的循环并进行循环优化。

```
      I:= 1
      read  J,K
L:    A:= K * I
      B:= J * I
      C:= A * B
      write  C
      I:= I + 1
      if  I < 100  goto  L
      halt
```

11-7 以下程序段是某程序的一个循环,试对它进行循环优化。

```
      A:= 0
      I:= 1
L1:   B:= J + 1
      C:= B + 1
      A:= C + A
      if  I = 100  goto  L2
      I:= I + 1
      goto  L1
L2:
```

11-8 请比较局部优化、循环优化和全局优化三者的区别并指出它们之间的联系。

第12章 目标代码生成

12.1 概　述

编译程序的最终目的是将源程序翻译成目标程序。目标代码生成是编译程序的最后一个工作,它是将前面编译得到的中间代码(如:逆波兰式,四元式等)转换为相应的目标代码。

目标代码生成程序,其输入是源程序的中间表示,输出是目标代码。通常在讨论目标代码生成时假定输入是正确的。另一方面,代码生成总是与某一具体的目标计算机密切相关,这样,目标机器的指令系统的性质决定了指令选择的难易程度,指令系统的一致性和完备性对对应关系的建立有重要影响,一般我们在确定其正确性的前提条件下从两个方面衡量一个目标代码生成程序的优劣:第一,生成的目标代码是否尽可能短?第二,是否能充分发挥目标计算机的资源的效率,即使用指令代码序列的执行代价最小。

12.1.1 目标代码的形式

目标代码生成程序所输出的目标代码可以有不同的形式,通常分为目标机器代码和汇编语言代码两大类。

(1)目标机器代码形式

此时的目标代码生成过程如图 12.1 所示。

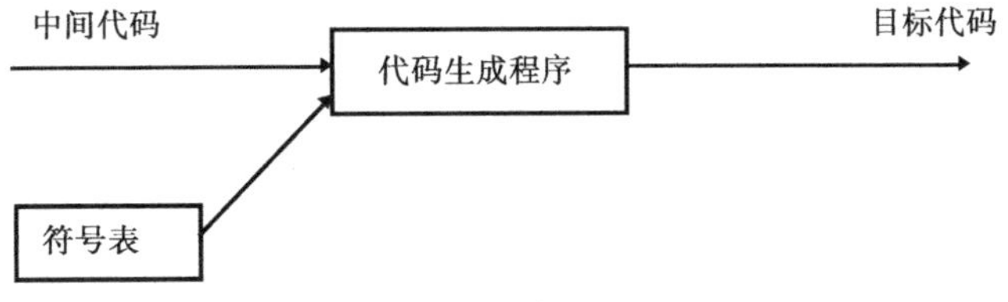

图 12.1　目标机器代码生成过程

这时目标代码又有两种形式:一种是有绝对地址的机器语言代码,这种形式有固定的存储位置,能被机器立即执行,这样对于小程序可快速编译和运行。但这种代码的灵活性较差;在编译过程中不能独立完成源程序各程序块的编译,要把源程序及其子程序一起编译。这种形式适用于程序较短,而调试工作量较大的情况,目前编译程序很少采用这种形式。另一种形式是可浮动的机器语言代码,又称相对目标代码。这种机器语言代码可装入到存储空间的任何位置,在执行前必须用连结程序把目标模块连接装配在一起,确定代码运行时在存储空间的位置，即给代码定位，从而形成可执行代码。这种形式有较大的灵活性，可以分别编译源程序的各段程序，产生若干段可重定位代码，这样就可以从目标模块中调用先前已编译好的其他模块。常用的编译程序都采用这种形式。

(2)汇编语言代码形式

此时代码生成程序输出的是汇编语言代码，目标代码生成过程如图 12.2 所示

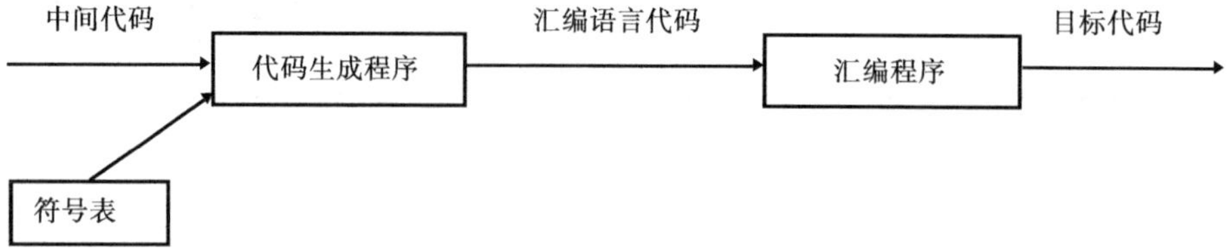

图 12.2　汇编语言代码生成过程

对于汇编语言代码，需要由汇编程序汇编，然后运行。这样做的好处是可以产生符号指令和利用宏机制来帮助生成代码，使得代码生成的过程变得容易，因此这种形式较前两种形式更有灵活性。

12.1.2　目标代码生成

毫无疑问，对一个代码生成程序最重要的评价标准是它能产生正确的代码。在重视正确性的前提下，使设计的代码生成器能够易于实现、调试及维护，这也是重要的设计目标。另外，因为目标代码生成高度依赖于具体的目标计算机，对于中间语言代码，应根据目标机的特性，设计出合理的目标代码。由于指令对寄存器的操作常常要比对存储单元的操作快且指令短，代码生成要考虑的一个重要问题是如何充分利用计算机的寄存器，因此，可以建立一个寄存器使用情况表。随时记录各寄存符存放的内容。

12.2　一个计算机的模型

我们知道目标代码生成程序与目标计算机是紧密相关的，对于不同的计算机，由于其指令系统的不同而导致目标代码生成程序的不同，因此不可能抛开具体的目标机器来讨论目标代码生成的通用性，因此我们这里首先给出一个虚拟的计算机指令系统。在此基础上讨论目标代码生成程序，这样无须花大量时间去了解计算机的指令系统的细节，却可快速掌握代码生成的基本方法。

我们给出的计算机指令系统按字节编址，每个机器字长度为 16bit，有 8 个通用寄存器 R1、R2、……R8。通用寄存器的长度为 16bit，由于具体的计算机的寄存器是有限的，所以寄存器的使用直接关系到目标代码的运行速度，因此寄存器的分配是代码生成的重要问题。

指令系统汇编语言指令形式为：

op　　源，　　目标

为二地址指令，op　为指令的操作码，占 4bit；源和目标分别为源操作数和目的操作数地址；分别占 6bit。每一指令占用一个机器字。功能是对源和目标执行关于操作符 op 的操作。执行结果送入目标所指的单元。汇编语言指令系统的寻址方式如表 12.1 所示：

表 12.1

寻址方式	助记符	寻址结果	执行代价
绝对地址寻址	M	M 的值为操作数	1
寄存器寻址	R	R 为操作数	0
变址寻址	D(R)	D+(R)为操作数地址	2
间接寄存器寻址	* R	(R)为操作数地址	1
间接变址寻址	* D(R)	D+(R)为存放操作数地址的单元地址	2
立即数寻址	#C	C 为常数	1

其中(R)表示由 R 代表的寄存器的内容，其指令有如下几种形式。

```
op    R,  M
op    M,  R
op    R,  R
op    D(R) ,M
op    D(R) ,R
op    #C,  M
op    #C,  R
op    * D(R),  M
op    * D(R),  R
```

我们给出虚拟的目标机器的常用指令如下：

```
MOV     S,T      (S)→T
ADD     S,T      (S)+(T)→T
SUB     S,T      (S)-(T)→T
DIV     S,T      (T)/(S)→T
CMP     S,T      比较(S)和(T)的大小
JMP     T        relop 为 true 则转向 T(relop 为＞、＜、＝、＞＝、＜＝)
GOTO    T        无条件转到 T
RETURN           返回
```

执行代价问题：

为了比较各指令之间的运行速度，我们引入执行代价的概念。对于一条指令，其执行速度，主要是取决于它访问内存的次数，因为从内存存取指令的时间大大超过指令的执行时间，因此我们定义访问一次内存的代价为 1。这样目标代码程序各指令执行代价的总和就可以作为衡量其执行效率的一个指标。因此在产生目标代码时应尽量选用执行代价低的指令。下面我们用一个具体实例说明指令代价的确定：

MOV　R0，　R1

的执行代价为 1，因为是寄存器寻址不涉及访问内存，一条指令本身的执行代价为 1(从内存中取指令本身)。

MOV　R0，　D　　　　(R0)→D

把 R0 中的内容送到存储单元 D 中。由于该指令访问一次内存，加上取指令本身，因此该指令的执行代价为 2。

MOV　4(R0)，　∗3(R3)

(4+(R0))→(3+(R3))

对(4+(R0))取常数4的代价为1，按地址访问(4+(R0))的代价为1，所以4(R0)此项代价为2。同理∗3(R3)代价为2。取指令本身代价为1，所以该指令的执行代码为5。

采用不同的寻址方式，可产生不同的执行代价。由于一个汇编语言指令系统有各种不同的寻址方式，故对一个同样的中间代码(如四元式)而言，就可能产生不同的目标代码，其总的执行代码也可能不同。例如对于a:=b+c；假设a、b与c均为简单变量名，存放在内存单元中，则可由下面不同代码来实现：

①MOV　b，R0

ADD　c，R0

MOV　R0，a

总代价=6

②MOV　b，a

ADD　c，a

总代价=6

③MOV　R1，∗R0

ADD　R2，∗R0

总代价=4

此时假设R0包含a的存储地址，R1和R2包含b与c的值。

④ADD　R2，R1

MOV　R1，a

总代价=3

假设R1和R2分别包含b与c的值。

由上面的例子我们看出，由于寄存器寻址的执行代价最小。所以最好尽可能把变量值放到寄存器中，为产生好的代码，应更好运用指令系统的寻址功能，使得目标代码生成程序的总执行代码最低。

12.3　一个简单的代码生成程序

这节要介绍一个简单的代码生成程序。对于代码生成程序，依次把输入形式为四元式序列的中间代码变换成目标代码。

12.3.1　寄存器的分配

由上节的目标代码生成的例子我们看到当生成计算某变量值的目标代码时，尽可能地让该变量的值保留在寄存器中，直到该寄存器必须用来存放别的变量值或者已到达基本块出口为止；另一方面，后续的目标代码尽可能地引用变量在寄存器中的值，而不访问主存，以减少访问主存的次数，对于在代码生成程序中如何更好地分配寄存器，这是一个较为复杂的问题。由于一个基本块的后继可能有若干个，而每一个后继又可能有若干个前驱，因而各后继基本块不易判断变量的值是否存放在寄存器中，以及存放在哪一个寄存器中。为简单起见，在离开基本块时就把有关变量在寄存器中的现行值存放到主存单元中去。

假定在四元式中的每一个算符都对应一个相应目标语言的算符。对于四元式 a：=b+c，R0 中放 b 的值，R1 中放 c 的值，且 b 值在此语句后不再被引用，那么产生出指令 ADD R1，R0 执行代价为 1，此时若 c 值放在一个存储单元里，则产生指令 ADD c，R0 其执行代价为 2。

另一种形式：

MOV　c，R1

ADD　R1，R0

其执行代价为 3

此时 R1 中的内容为 c 值，尽管此形式的执行代价较前一种高，但如果 c 的值在随后还要被引用的情况下，可降低后面指令的执行代价。因此在考虑寄存器的分配时应结合四元式各算符的上下文的许多情况来综合考虑。

12.3.2　待用信息链表

在一个目标代码生成程序中，为减少访问计算机内存的次数，应尽可能把基本块内存引用的变量放到寄存器中，同时把基本块内不再引用的变量从寄存器中释放。这就提出了基本块中变量何时被引用和释放的问题。如在对四元式 i：A：=B OP C 进行处理时，我们需要知道在本基本块中 A、B、C 三个变量哪个变量在后面的四元式中还要被引用。在基本块中若变量 A 在四元式 i 中被定值，如果在后面的四元式 j 中要引用 A，且在从四元式 i 到四元式 j 之间没有其他四元式给 A 定值，则称 j 是 i 中对变量 A 的待用信息，同时称 A 是活跃的。若 A 多处被引用，则把这样的四元式 j 所构成的集合称为相应的待用信息链与活跃信息链。

可以用从基本块的出口反向扫描的方法来获得每个变量的待用信息与活跃信息。首先必须找到各基本块的入口和出口，把过程调用作为基本块的入口。为稳妥起见，可假设在基本块的出口处所有非临时变量都是活跃的。对于临时变量如不允许在基本块外引用，则认为是不活跃的，否则是活跃的。

下面给出在一个基本块内对变量的待用信息链的计算方法，假设在符号表中，每个变量记录中都包含待用信息和活跃信息栏。算法步骤如下：

第 1 步　基本块各变量在符号表中的"待用信息"置为"无待用"，"活跃信息"栏按变量在出口处的活跃与否分别置为相应的活跃或非活跃。这里假定在初始状态，变量都是活跃的，临时变量都是非活跃的。

第 2 步　从基本块出口到入口反向扫描各四元式，对每个形如 i：A：=B OP C 的四元式作以下处理：

①符号表中各变量 A、B 和 C 的待用信息与活跃信息附加到四元式 i 上。

②把符号表中变量 A 的待用信息和活跃信息分别置为非待用和非活跃。

③把符号表中 B 和 C 的待用信息栏置为"i"，"活跃信息"栏置为"活跃"。

注：以上，②与③顺序不能颠倒。

例 12.1　赋值语句 d：=(a－b)＋(a－c)＋(a－c)可以翻译成如下的四元式序列：

① t：=a－b

② u：=a－c

③ v:=t+u

④ d:=v+u

在上面的四元式中 a,b,c,d 表示变量,t,u,v 表示临时变量,各变量的待用信息和活跃信息如表 12.2,表中用“F”表示“非待用”“非活跃”;用“L”表示“活跃”;①、②、③、④表示四元式的序号。“待用信息链”和“活跃信息链”从左到右每列表示从①～④每向前扫描一个四元式时各变量的信息变化情况,空白处为没有变化。

表 12.2 待用信息链和活跃信息链表

变量名	初值	待用信息链				初值	活跃信息链			
A	F			②	①	L			L	L
B	F				(1)	L				L
C	F			②		L			L	
D	F	F				L	F			
T	F		③		F	F		L		F
U	F	④	③	F		F	L	L	F	
V	F	④	F			F	L	F		

12.3.3 寄存器描述和地址描述

代码生成算法将使用寄存器描述和地址描述来记录寄存器的内容和名字的地址。

(1)寄存器描述

记录每个寄存器的当前内容。每当需要一个新的寄存器时,需首先查看此描述器。假定在初始时寄存器描述器指示所有的寄存器均为空。当对基本块进行代码生成时,每个寄存器在某一时刻将保留零个或多个名字的值。

(2)地址描述

记录在运行时刻一个名字的当前值存放的一个位置或多个位置。它可能是一个寄存器地址、一个栈地址、一个存储单元地址。这一信息可以存放在符号表中,用来确定对一个名字的存取方式。

在上面寄存器和地址描述的基础上,我们给出一个寄存器分配和代码生成的算法。首先假定算法是在一个基本块中进行的,且块中是形如 A:=B OP C 的四元式。

设 GETREG 是一个函数过程,它是以形如 i:A:=B OP C 为实参。每次调用 GETREG (i:A:=B OP C)返回一个寄存器 R 或内存单元 L,用以存放 A 的结果。对每个基本块中的四元式都要调用 GETREG 函数。

代码生成算法:

①分配操作寄存器:调用函数 GETREG(I:A:=B OP C),返回值为 L(寄存器号或内存单元地址用以存放 A 的结果)。

②由地址描述中获得变量 B 和 C 的现行值存放的位置 B′,C′。

③判断 B 和 C 的当前值是在寄存器中还是在内存中:

①B 值在寄存器 R 中:生成目标代码:OP R,C′

②B 值在内存 L 中:生成目标代码:

MOV　B′,L

OP　C′,L

④更新变量 A 的地址描述信息,如 A 在寄存器中,还要更新它的寄存器描述信息。

⑤查变量 B 和 C 附加到四元式 i 上的待用信息及活跃信息表,如在基本块的出口不活跃且 B 和 C 的值在块中不再被引用,且 B 和 C 在寄存器中,则从寄存器中释放相应的变量。

函数 GETRER 执行步骤:

第一步　B 的当前值在某寄存器中,且 R 只包含 B 的值,同时 B 在该四元式后不活跃,或 A 和 B 是同一变量名时,则选取 R 作为所需寄存器,返回。

第二步　若有未分配的寄存器,则从中选取一个作为所需寄存器,返回。

第三步　若以上两步都不成立,则从已分配的寄存器中选择一个 R 作为所需寄存器,此时遵循以下原则之一:

①R 中的值同时也在内存中。

②R 中的值如没在内存中,是在块内最后面才引用的值,此时在选择 R 前应先将 R 的值送入内存。

例 12.2　赋值语句 d:=(a−b)+(a−c)+(a−c)可以翻译成如下的四元式序列:

t:=a−b

u:=a−c

v:=t+u

d:=v+u

假定上面四元式在一个基本块中。a,b 和 c 的值在内存中,假定它们都不活跃,上述代码生成算法对四元式序列产生的目标代码如表 12.3 所示。表中给出了在代码生成过程中寄存器描述和地址描述的值。因为 a,b,c 一直在内存中,所以在地址描述器中没有显示它们。我们还假定作为临时变量的 t,u 和 v 不在存储器中,除非用 MOV 指令将它们的值存放到内存中。

GETREG(t:=a−b)返回 R0 作为存放 t 的当前值的寄存器。由于 a 不在 R0 中,生成指令 MOV a,R0 和 SUB b,R0,然后更新寄存器描述记录 R0 包含 t。

代码生成以此种方式继续进行,直到最后的三元式 d:=u+v 处理完为止。注意,因为这儿的 u 没有下次引用,R1 将被释放。最后,在基本块的出口处生成指令 MOV R0,d,存储活跃变量 d 的值。

表 12.3　代码生成序列

四元式	目标代码	寄存器描述符	地址描述符
t:=a−b	MOV a,R0 SUB b,R0	R0 含有 t	t 在 R0 中
u:=a−c	MOV a,R1 SUB c,R1	R0 含有 t R1 含有 u	t 在 R0 中 u 在 R1 中
v:=t+u	ADD R1, R0	R0 含有 v R1 含有 u	u 在 R1 中 v 在 R0 中
d:=v+u	ADD R1,R0 MOV R0,d	R0 含有 d	d 在 R0 及内存单元中

习 题 12

12-1 对于如下的四元式序列

(1) T1:=A * B

T2:=T1+C

T3:=C * D

T4:=T2-T3

T5:=T4 * T5

(2) T1:=B-C

T2:=A * T1

T3:=D+1

T4:=E-F

T5:=T3 * T4

①假定可用的寄存器仅为 R0 及 R1,试用目标代码生成算法分别生成目标代码;

②列出在执行目标代码生成算法的过程中各寄存器描述符及地址描述符的动态变化情况。

12-2 对于如下的算术表达式,试分别生成最优的目标代码(假定 R0,R1 和 R2 为可用寄存器):

①A+(B+(C * (D+E/F+G) * H))+(I * J)

②(A * (B-C)) * (D * (E * F))+((G+(H * I))+(J * (K+L)))

第13章 错误的诊察和处理

13.1 错误的诊察和处理概述

在编译程序对源程序进行编译的过程中，一般来说，由于程序设计语言编写的源程序往往包含一些错误，其很少能一次在机器上编译通过，并算出预期的结果。用户需要反复检查调试和修改源程序，直到在机器上通过，并算出预期的满意结果。正因为如此，人们总希望编译程序能有较强的错误处理能力，能一次检查出源程序中的各种错误，并准确无误地报告出这些错误的性质和位置。因此对于一个好的编译程序来说，应具有较强的查错和改错能力。

所谓查错，就是指编译程序能在编译时刻，准确而及时地发现源程序中的错误，并能以简明的方式向用户报告这些错误的性质和出现的确切位置。

源程序的错误大体可分两大类：一类是静态错误；另一类是动态错误。

静态错误：在编译时刻能够查出的源程序错误称为静态错误。例如，在源程序中 if 与 then 不配对，begin 与 end 不配对，变量未说明或重定义错误等等。另外，标识符超长、整数超过最大值范围、IF 语句和循环语句超过最大嵌套层数和数组超过最大维数等等。这些错误都是因为违反语言的环境限制造成的。

动态错误：运行时刻才能查出的错误称为动态错误。运行时刻的错误在编译时刻是不可能查出的。例如，运行结果溢出，下标表达式的结果越界，被开方数小于零等等。

所谓改错，是指编译程序在其翻译过程中发现源程序的错误时能适当地对源程序作修正(如添上所遗漏的分隔符，更正关键字的拼写错误等等)，使编译程序不至于在一发现源程序有错就中止工作。相对于发现错误，自动校正错误的难度大得多，其困难在于源程序书写的灵活性、错误发生的随机性和可能校正的多样性。欲使编译程序对所发现的错误进行更正，除了要求它能对错误的性质做准确的分析外，还要求它能对源程序编写者原先的意图作必要的揣测，以便确定如何对该错误进行更正。

编译程序对源程序出错处理的方式也有两种：一种是校正法；另一种是局部分化法。

校正法：对错误进行校正的一种方法。当编译程序发现错误时，对错误进行适当的修补，以使编译程序能继续运行下去。此时，需向用户提供源程序中的错误性质、错误位置和如何校正等方面的信息。一般地，由编译程序对错误进行校正是很困难的。

局部化法：当发现错误时，跳过错误所在的语法单位，不对其进行错误校正，而是继续向下分析，最后给用户一份整个程序的出错信息报告单。这是编译程序常用的一种方法。在使用局部法时,要注意株连信息和重复信息的遏止。

株连信息是指由于源程序中的某个错误而导致的其他错误。如果编译程序对后一个错误发出出错信息报告,则该出错信息可能不是真实的。例如,假定源程序中错把 A 写为 A[e1,e2],查符号表发现标识符 A 不是数组名,编译程序报出一个错误信息,其后由于 A 不是数组名,自然查不到 A 的数组维数,从而认为两者不一致,产生第二个错误,显然后面一个出错信息是不真实的。应该遏止这种株连信息,至少使之尽可能少。

重复信息是指源程序中出现多次性质完全相同的错误信息。这是由于一个错误反映在源程序的多处而产生的。一个典型的例子是如果一个标识将 i 未在某个过程分程序的过程说明中说明,那么,在这个过程分程序的语句部分中每次引用 i 时都将发出出错信息:标识符 i 无定义。显然,如果仅在过程说明的末尾处发出出错信息:XX 过程说明中标识符 i 无定义,这将简明得多。

遏止这种重复信息一般采用的方法是:

①设立一个出错信息表,其中给出一切可能的出错信息的性质和编号。

②每当发现一个错误,查出错信息表,若表中有此出错信息,表示该出错信息为重复性错误,否则便把相应的(编号,关联信息)添加入该出错信息集合中。最后,编译结束时,把出错信息集合中的元素按某种次序输出,便得到了无重复的出错信息。

13.2 词法分析阶段的查错处理

词法分析程序的基本任务是读入源程序的字符序列,识别出具有独立意义的最小语法单位(单词或符号),并把它们变换成等价的内部属性字序列。由于在词法分析阶段还不能收集到足够的源程序信息,试图让词法分析程序担负起校正单词错误的工作,一般说来是不太恰当的,事实上还没有一种适合于对各种词法错误的校正方法,不过词法分析阶段的错误 80%以上是单词拼写错误。拼写错误有如下四种类型:

①写错了一个字符;例如,then 错写成 them

②少写了一个字符;例如,while 错写成 whil

③多写了一个字符;例如,repeat 错写成 reapeate

④相邻的两个字符颠倒了位置。例如,until 错写成 untli

在这些情况下,我们能予以校正。通常可采用一种“最小海明距离法”来纠正单词中的错误。简言之,也就是当发现源程序中的一个单词错误时,就试图把组成该错误单词的字符串修改为一个合法的单词,但修改的方式可能有多种,我们总是采用使插入、删除和改变的字符个数最小的那种修改方式。

基于上面对词法的四种错误类型的分析,对词法错误的校正如下:

①从符号表中选取一个子集,使得此子集包含所有那些可能被拼错的符号;

②分别检查子集中的每个符号,看它能否按上述四种变换之一变为拼错的符号。

第①步的目的是限制必须检查的符号的数量。为此,可以利用拼错单词所在的上下文。一种明显的检查方法是按单词中的字符个数进行检查,若拼错的单词有 n 个字符,那么,只须检查长度为 n−1、n 或 n+1 个字符的符号。当 n<2 时,检查拼写错误是不值得的。

13.3 语法分析阶段的查错处理

编译过程中的大部分查错和改错工作都集中在语法分析阶段。语法分析就是检查源程序的语法结构是否符合源程序的语法规则。由于程序语言的语法一般可用某一前后文无关文法来描述，而且此语言可通过某种分析器得到准确的识别，因此，用以前所述的各种语法分析方法都能有效地发现源程序中的各种语法错误。

语法分析阶段的错误检测工作主要有以下三个方面：

①向用户准确地报告和准确地确定出错的位置和性质；

②对当前的语法错误进行校正；

③跳过当前存在错误的语句，向下继续检查，以便检查出源程序中所有语法错误。

虽然上述要求一般而言可以达到，但却不能保证错误校正总会获得成功。至于校正错误的方法，则因编译程序所采用的语法分析方法的不同而不同。

13.3.1 自顶向下分析方法中的错误处理

自顶向下对源程序进行语法分析的过程中，程序总有下面形式：

xTt

其中，x表示已被加工的部分，T是正要扫描的下一符号：t是源程序的其余部分。假设出现错误，这意味着：已建立的覆盖x的那一棵部分语法树不能再扩大使之进一步覆盖T了。如按自底向上方法，由于所用的分析方法不同，分别意味着：或者在x的尾符号和T之间不存在优先关系；或者x的尾符号不形成句柄；或者其他类似的情况。

此时，我们如何去校正这个程序，以“修补”这种错误呢？一般，用下面的方法之一来处理这个程序：

①去掉T，再进行分析。

②在x和T之间，插进终结符号串q（得到xqT），并由qTt的头部开始分析。当又一个错误发生前，用这种插进终结符的办法允许我们加工整个qT。

③在x和T之间插入一符号串q得到xqTt，但从T开始分析（在自底向上分析中，q应放在栈中）。

④从x的尾删除一些符号。

方法③和④是效果极差的办法，最好不要采用。因为x已经加工过，所以，可能有语义信息和它有关。把q加到x上，或从x中删去一部分，就意味着：我们必须适当地改变它的语义信息，但这是难以做到的。如果我们不用方法③和④去改变栈，那么，我们就不必改变任何语义。于是，方法①和②将是我们所用的主要方法。

例如，源程序中有错误赋值语句：

i：＝i＋）

在自顶向下语法分析过程中，当语法分析未完成时，我们得到的语法树也是不完全的。上述语句当扫描到“＋”时发现错误，此时，对照当前语法树与其未完成的分支部分组成的符号串，则可得到出错位置后应该出现的符号。采用上面的方法①和②可以把i：＝i＋）修改为i：

=i+i。

13.3.2 自底向上分析方法中的错误处理

自底向上分析方法主要包括简单优先法、算符优先法和 LR 分析技术。这里以 LR 分析技术为例说明自底向上分析中语法错误的处理。

我们知道，在 LR 分析技术中，总是根据 LR 分析表的 ACTION 部分确定当前各个分析动作。当栈顶状态 S 与当前输入符号 a 配对(S,a)查 LR 分析表的 ACTION[S,a]时，如果是“空”元素，则表明发现一个语法错误，即当前输入符号有错。为了处理语法错误，LR 分析程序就调用相应的错误处理程序，因此，这就需要我们根据出错情况，事先在 ACTION 表中的各个空白项中填入相应的错误处理子程序名，并设计该出错处理子程序。

例如：源程序中有错误赋值语句：

k：= * kk)

设扫描到上述语句的符号 * 时，进入状态 S0。查 ACTION 表，ACTION[S0，*]=e1，表明“出错”且此时的出错处理子程序是 e1，则此时调用子程序 e1。而此出错处理子程序的功能为：将假想的 k 压入分析栈并报告出错信息：“不合法的操作符 * ”。出错处理子程序处理完后，将扫描下一个符号继续分析下去，即读入符号“ * ”，且执行 ACTION[Si，*]所指示的动作：将“ * ”压入分析栈；然后读入符号“k”，执行 ACTION[Sj，k]所指示的动作：将“k”压入分析栈；进入状态 Sk，因 ACTION[Sk，k]=e2，则出错，此时的出错处理子程序 e2 的功能为：将假想的运算符“+”压入分析栈并报告出错信息：“不合法的操作数 k”，然后读下一符号“k”，执行 ACTION[Sl，k]所指示的动作：将“k”压入分析栈，进入状态 Sm，又因 ACTION(Sm，))=e3，为出错，此时的出错处理子程序 e3 的功能为：删除输入符号“)”并报告出错信息：“不合法的括号)”。到这里，所有输入符号处理完毕，最终，上面语句处理为：

k：=k * k+k

其他各类分析技术，可以参照上述实现思想进行源程序语法错误的校正。

一般而言，各出错处理程序所要完成的校正操作是：从分析栈或余留输入符号串中，插入、删除或修改一些符号。由于 LR 分析程序的各个归约动作总是正确的(因为在每次归约之后，分析栈中的内容必然是文法的一个活前缀，此活前缀即代表已被成功分析的那一部分输入)，故在设计出错处理子程序时，应避免将那些与非终结符号相对应的状态从栈中逐出。

13.4 语义错误的处理

所谓语义错误是指程序结构不符合语义规则或超越具体计算机系统的限制。

对于语义错误，有的可能在编译时发现，而有的则要在运行时才能发现。所以语义错误可分为静态语义错误和动态语义错误。

静态语义错误：可能由数据结构引起，有运算符不合法和运算分量类型不相容等，例如，对数组变量进行加法运算，又如某一标识符在同一分程序中被说明两次，某一变量未经说明就引用，形参与实参不匹配等等。这些错误可能在编译时查出。显然，静态语义错误是容易准确地定位和确定错误之性质的。

动态语义错误：是在运行目标代码时才能发现的源程序错误。最常见的动态语义错误有：运算过程中的数据溢出；动态数组中的下标值越界等。

语义错误处理应遵循的原则是，能在编译时判断出来的错误不要放到运行时再去判断，否则浪费大量时间，而且很难准确地报告出错位置。由于语义错误往往涉及算法，而语义描述还不存在一种广泛接受的形式化定义，因此，对于语义错误至今还没有一种较为有效的方法来发现和校正。但在语义分析时采用语法制导的翻译，通过语法制导定义或翻译方案实现类型一致性检查和某些控制流静态语义检查等，可以发现源程序中运算符不合法和运算分量类型不相容以及控制流方面的静态语义错误。对于源于未对变量置初值而导致的动态语义错误，可以通过在语义分析时查看变量是否被赋初值而避免错误。

习 题 13

13-1　编译程序对源程序出错的处理方式有哪两种？分别叙述之。

13-2　标识符的拼写错误一般有哪四种情形？对标识符的拼写错误如何处理？

13-3　各语法分析阶段的错误检测工作主要有哪三个方面？

13-4　已知文法 G[S]：

⓪S→E

①E→E+E

②E→E*E

③E→(E)

④E→i

对于如下的输入符号串，设采用 LR 分析法，试分别写出查错和校正错误的过程：

①i+i)i

②i*((ii

③(i+(*i)

④*+i)+(i*

附录　TINY 编译器

Ⅰ　TINY 程序设计语言简介

Ⅰ.1　概述

所有关于编译结构的书都会用一些实例来描述编译器的各个部分是如何协调一致工作的，但这远远不够。有时还需要编写一个完整的编译器并对其操作进行注释，以便使读者能更全面、深入地了解一个完整的编译器的构成及各大模块之间的信息交换关系。

但是，描述真实的编译器非常困难。一方面，人们日常编程所用的“真正的”编译器由于内容太复杂而不易在教材中被掌握。另一方面，一种很小的语言(其列表包括 10 页左右的文本)的编译也不可能准确地描述出“真正的”编译器所需的所有特征。

为了解决上述问题，人们在(ANSl)C 中为小型语言提供了完整的源代码，一旦能明白编译技术，就能够很容易地理解这种小型语言的编译器了，这种语言称作 TINY，载有其源代码的网址将在后面给出。

最后一个需要解决的问题是：选择哪一种机器语言作为 TINY 编译器的目标语言？若选择真正的机器代码为目标语言，则由于其过于复杂而不可能。一种解决方法是将目标代码简化为一个假定的简单处理器的汇编语言，这个处理器称为 TM 机(Tiny machine)。在与本书配套的《编译技术课程设计与上机指导》中附录有用 C 语言编写的 TM 模拟程序列表。

Ⅰ.2　TlNY 语言

TINY 的程序结构很简单，它在语法上与 Ada 或 Pascal 的语法相似：仅是一个由分号分隔开的语句序列。另外，它既无过程也无声明。所有的变量都是整型变量，通过对其赋值可轻易地声明变量(类似 FORTRAN 或 BASIC)。它只有两个控制语句：if 句和 repeat 语句，这两个控制语句本身也可包含语句序列。If 句有一个可选的 else 部分且必须由关键字 end 结束。除此之外，read 语句和 write 语句完成输入/输出。在花括号中可以有注释，但注释不能嵌套。

TINY 的表达式也局限于布尔表达式和整型算术表达式。布尔表达式由对两个算术表达式的比较组成，该比较使用“＜”与“＝”比较算符。算术表达式可以包括整型常数、变量、参数以及 4 个整型算符“＋、－、＊、/”，此外还有一般的数学属性。布尔表达式只作为测试出现在控制语句中，TINY 语言没有布尔型变量、布尔型变量的赋值或 I/O。

附录表 1 是该语言中的一个阶乘函数的简单编程示例。

附录表 1　一个输出其输入阶乘的 TINY 语言程序

```
{  Sample program
   in Tiny language -
   Computes factorial
}
read x; {input an integer}
if x>0 then{don' t compute if x<=0}
   fact:=1;
   repeat
      fact :=fact * x;
      x:=x-1;
   until x=0
   write fact {output factorial of x}
end
```

虽然 TINY 缺少真正程序设计语言所需要的许多特征，如没有过程、数组及浮点数等，但它足可以用来描述编译器的主要特征了。

Ⅱ　TINY 语言的文法规则

附录表 2 列出了 TINY 用 BNF 表示的文法。从中可看到：TINY 程序只是一个语句序列，它共有 5 种语句：if 语句、repeat 语句、read 语句、write 语句和 assignment 语句。

除了 if 语句使用 end 作为括号关键字以及 if 语句和 repeat 语句允许语句序列作为主体之外，它们都具有类似于 Pascal 的语法，所以也就不需要括号或 begin-end 对。输入/输出语句由保留字 read 和 write 实现。read 语句一次只读出一个变量，而 write 语句一次只写出一个表达式。

TINY 表达式有两类：

①布尔表达式　在 if 语句和 repeat 语句中使用比较算符"＝"和"＜"构成的表达式。

②算术表达式　由标准整型算符＋、－、* 和/(它代表整型除法，有时也写作 div)构成的表达式。由文法中的 simple-exp 定义。

算术运算是左结合并有通常的优先关系。相反地，比较运算却是非结合的：每个没有括号的表达式只允许一种比较运算。比较运算比其他算术运算的优先权都低。

TINY 中的标识符指的是简单整型变量，它没有诸如数组或记录构成的变量。TINY 中也没有变量声明：它只是通过出现在赋值语句左边来隐式地声明一个变量。另外，它只有一个(全局)作用域，且没有过程或函数(因此也就没有调用)。

附录表 2　BNF 中的 TINY 的文法

```
Program→ stmt-sequence;
stmt-sequence→stmt-sequenc;statement | statement
statement→ if-stmt|repeat-stmt|assign-stmt|read-stmt|write-stmt
if-stmt→ if exp then stmt-sequence end
                              | if exp then stmt-sequence else stmt-sequence end
repeat-stmt→ repeat stmt-sequence until exp
assign-stmt→ identifier := exp
read-stmt→ read identifier
write-stmt→ write exp
exp→ simple-exp comparison-op simple-exp |simple-exp
comparison-op→ < | =
simple-exp→ simple-exp addop term | term
addop→ + | -
term→ term mulop factor |factor
mulop→ * |/
factor→ (exp) |number |identifier
identifier→identifier letter|identifier number|letter
letter→a|b|…|z|A|B|…|Z
number→0|1|…|9
```

还要注意 TINY 的最后一个方面。语句序列必须包括将语句分隔开来的分号，且不能将分号放在语句序列的最后一个语句之后。这是因为 TINY 没有空语句(不同于 Pascal 和 C)。另外，我们将 stmt-sequence 的 BNF 规则也写作一个左递归规则，但却并不真正在意语句序列的结合性，只需按顺序执行就行了。因此，只要将 stmt-sequence 编写成右递归即可。

Ⅲ　TINY 语言的编译技术

Ⅲ.1　为样本语言 TINY 实现一个扫描程序

第Ⅰ节只是非常简要地介绍了 TINY 语言，现在将完整地指出 TINY 的词法结构，TINY 的记号和记号类都列在附录表 3 中。

TINY 的记号分为 3 个典型类型：保留字、特殊符号和“其他”记号。保留字一共有 8 个，它们的含义类似。特殊符号共有 10 种：分别是 4 种基本的整数运算符号、2 种比较符号(等号和小于号)，以及括号、分号和赋值符号。除了赋值符号是两个字符的长度之外，其余均为一个字符。其他记号是数，它们是一个或多个数字以及标识符的序列，而标识符又是一个或多个字母的序列。

除了记号之外，TINY 还要遵循以下的词法惯例：注释应放在花括号{...}中，且不可嵌套；代码应是自由格式；空白格由空格、制表位和新行组成；最长子串原则上后面须接识别记号。

在为该语言设计扫描程序时，可以从正则表达式出发来构造 NFA 和 DFA。TINY 扫描程序的 DFA 如附录图 1 所示。

附录表 3　TINY 语言的记号

保留字	特殊符号	其　他
if	+	数
then	−	(1 个或更多的数字)
else	*	
end	/	
repeat	=	
until	<	标识符
read	(	(1 个或更多的字母)
write	)	
	;	
	:=	

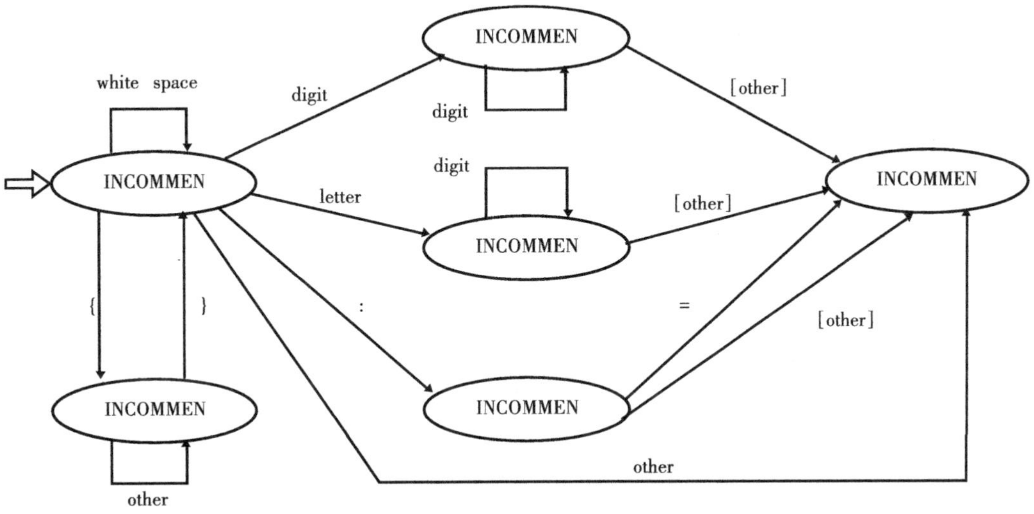

附录图 1

实现这个 DFA 的代码在文件 scan. h 和 scan. c 中，其中最主要的过程是 gettoken，它消耗输入字符并根据附录图 1 中的 DFA 返回下一个被识别的记号。记号本身被定义成 globals. h 中的枚举类型。扫描程序的状态也被定义成枚举类型。标识符的长度不能超过 40 个字符。TINY对保留字的识别是通过首先将它看做标识符，之后再在保留字表中查找它们来完成的。

Ⅲ.2　TINY 语言的递归下降分析程序

此程序包含两个代码文件：parse. h 和 parse. c。

parse. h 定义了主分析例程 parse，parse 返回一个指向由分析程序构造的语法树的指针。

parse. c，它由 11 个相互调用的过程组成，这些过程与第Ⅰ节给出的附录表 1 等价的 EBNF 文法直接对应。这里没有过程与 program 相对应，这是因为一个程序就是一个语句序列，所以parse仅调用 stmt-sequence。

分析程序代码还包括了一个向前看记号的静态变量 token 以及一个查找特殊记号的 match 过程，此外还有三个包含在 util. c 中的递归分析程序使用的实用过程，分别为：

①newstmtnode，它取用一个语句种类的参数，它还在分配该类的新语句节点的同时返回一个指向新分配的节点的指针。

②newexpnode，它取用一个表达式种类的参数，它还在分配该类的新表达式节点的同时返回一个指向新分配的节点的指针。

③copystring，取用一个串参数，为拷贝分配足够的空间，并拷贝串，同时返回一个指向新分配的拷贝指针。

util. c 也包括了过程 printtree，util. c 将语法树的线性版本写在了列表中，这样就能看到分析结果了。

Ⅲ.3 TINY 语言的语义分析

TINY 语言在其静态语义要求方面特别简单，语义分析程序也将反映这种简单性。在 TINY中，没有明确的说明，也没有命名的常量、数据类型或过程；名字只引用变量。变量在使用时隐含地说明，所有的变量都是整数数据类型。也没有嵌套作用域，因此变量名在整个程序有相同的含义，符号表也不需要保存任何作用域信息。

在 TINY 中类型检查也特别简单。只有两种简单类型：整型和布尔型。仅有的布尔型值是两个整数值的比较结果。布尔值只出现在 IF 和 REPEAT 语句的测试表达式中，不能作为操作符的操作数或赋值的值。最后，布尔值不能使用 WRITE 语句输出。

对 TINY 语义分析程序的讨论可分为两部分：符号表的结构及其相关的操作。

符号表的代码包含在 symtab. h 和 symtab. c 中，符号表使用的结构是如下图所示的分离的链式杂凑表：

假定插入了 4 个标识符(i，j，size，temp)，并且 j 和 size 有相同的杂凑值(设为 1)，则分离链接的杂凑表如附录图 2 所以：

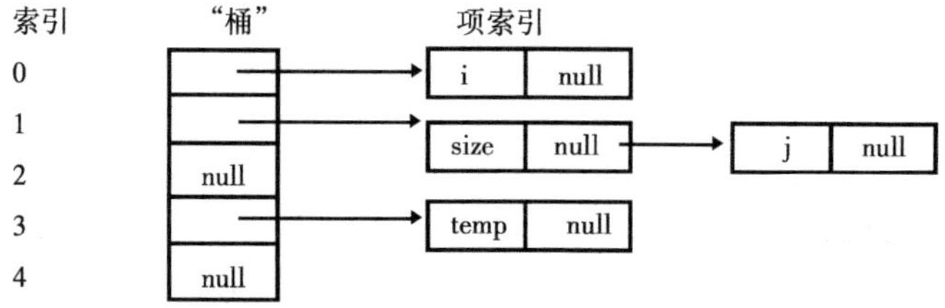

附录图 2

在 symtab. h 中相关的实现代码使用了一个动态分配链表，类型名为 linelist，存储记录在杂凑表中每个标识符记录的相关行号。

符号表可以通过对语法树的前序遍历建立，类型检查通过后序遍历完成。语义分析与编译器其他部分的接口，放在文件 analyze. h 中，由两个过程组成：buildsymtab、typecheck。这两个过程及其辅助过程的代码包含在 analyze. c 中。

Ⅲ.4 TINY 语言的运行环境

TINY 所需的环境很简单。TINY 没有过程，而且它的所有变量都是全局的，因此也就不需要活动记录栈了，而惟一所需的动态存储是在表达式赋值期间临时所用的。TINY 环境是将变量放在程序存储器底部的绝对地址中，并将临时栈分配到顶部。

Ⅲ.5 TINY 语言的代码生成器

(1)TINY 代码生成器的 TM 接口

一些代码生成器需要知道的有关 TM 的信息已封装在文件 code.h 和 code.c 中。此外还在文件中放入了代码发行函数。

(2)TINY 代码生成器

TINY 代码生成器在文件 cgen.c 中，其中提供给TINY编译器的惟一接口是 codegen，函数codegen所做的事极少：产生一些注释和指令、设置启动时的运行环境，然后在语法树上调用 cgen，最后产生 HALT 指令终止程序。

(3)用 TINY 编译器产生和使用 TM 代码文件

TINY 代码生成器可以和谐地与 TM 模拟器一起工作。当主程序标志 NO-PARSE、NO-ANALYZE和NO-CODE都置为假时，编译器创建.tm 后缀的代码文件并将 TM 指令以 TM 模拟器要求的格式写入该文件。

Ⅲ.6 TlNY 编译器

由上述几部分构成的 TINY 编译器主要包括以下的 C 文件和头文件：

globals.h	main.c
util.h	util.c
scan.h	scan.c
parse.h	parse.c
symtab.h	symtab.c
analyse.h	analyze.c
code.h	code.c
cgen.h	cgen.c

每一个代码文件都包含了 globals.h 头文件，它包括了数据类型的定义和整个编译器均使用的全程变量。Main.c 文件包括运行编译器的主程序，它还分配和初始化全程变量。其他的文件则包含了头/代码文件对、在头文件中给出了外部可用的函数原型以及在相关代码文件中的实现(包括静态局部函数)。scan、parse、analyze 和 cgen 文件分别与扫描程序、分析程序、语义分析程序和代码生成器各阶段相对应。util 文件包括了实用程序函数，这些函数主要用于生成源代码(语法树)的内部表示和显示列表与出错信息。symtab 文件包括执行与 TINY 应用相对应的符号表之杂凑表。code 文件包括一些实用程序，它们用于生成依赖目标机器(将其描述为 TM 机)的代码。另外，符号表只与语义分析程序和代码生成器交互。

TINY 编译器由 4 遍构成：第 1 遍由构造语法树的扫描程序和语法分析程序组成；第 2 遍和第 3 遍执行语义分析。其中第 2 遍构造符号表而第 3 遍完成类型检查；第 4 遍是代码生成器。

在 main.c 中驱动这些遍的代码十分简单。当忽略了标记和编辑时，它的中心代码如下：

```
syntaxTree=parse();
buildSymtab (syntaxTree );
```

typeCheck (syntaxTree);

codeGen (syntaxTree,codefile);

为了灵活起见,还编写了条件编译标志,以使得有可能创建出所需的一部分编译器;如附录表 4 是该标志及其相应效果:

附录表 4

标　志	设置效果	编译所需文件(附加)
NO_PARSE	创建只扫描的编译器	globals. h　main. c　util. h
NO_ANALYZE	创建只分析和扫描的编译器	util. c　scan. h　scan. c
NO_CODE	创建执行语义分析	symtab. h　symtab. c
	但不生成代码的编译器	analyze. h　analyze. c

尽管这个 TINY 编译器设计得有些不太实际,但却有单个文件与编译器各阶段基本一致的好处。

任何一个 ANSI C 编译器都可编译 T1NY 编译器。假定可执行文件是 tiny,通过使用以下命令:

tiny sample. tny

就可用它编译文本文件 sample. tny 中的 TINY 源程序。(如果省略了. tny,则编译器会自己添加. tny 后缀)。屏幕上将会出现一个程序列表(它可被重定向到一个文件之上)并且(如当代码生成是被激活的)生成目标代码文件 sample. tm(在下面将谈到的 TM 机中使用)。

Ⅲ.7　TM 机

我们用 TM 机的汇编语言作为 TINY 编译器的目标语言。TM 机的指令仅够作为诸如 TINY这样的小型语言的目标。实际上,TM 具有精减指令集计算机(RISC)的一些特性。在 RISC中,所有的算法和测试均须在寄存器中进行,而且地址模式极为有限。为了使读者了解到该机的简便之处,我们将下面 C 表达式的代码

a [index] = 6

翻译成 TM 汇编语言:(下面指令假设 index 在存储器地址 10 中,假设 a 在存储器地址 20 中)

```
① LDC   1, 0  ( 0 )     load  0  into reg  1
② LD    0,10 ( 1 )      load  val  at  (10+R1)  into  R0
③ LDC   1,2 ( 0 )       load  2  into  reg  1
④ MUL   0,1,0           put R1 * R0  into  R0
⑤ LDC   1,0 ( 0 )       load  0  into  reg  1
⑥ LDA   1,20  ( 1 )     load  20+R1  into R1
⑦ ADD   0,1,0           putR1 + R0  into  R0
⑧ LDC   1,6 ( 0 )       load  6  into  reg  1
⑨ ST1,0 ( 0 )           store R1  at 0 + R0
```

上述①至④句是计算出数组 a 的下标 index 代表的物理地址,⑤至⑥是计算出数组 a 的首址,第⑦句是计算 a[index]的物理地址,⑧至⑨是将数值 6 存入第⑦句计算出的物理地址中。

在装入操作中有 3 个地址模式并且是由不同的指令给出的:LDC 是“装入常量”,LD 是“由存储器装入”,而 LDA 是“装入地址”。另外,该地址通常必须给成“寄存器十偏差”值。例如“10(1)”(上面代码的第 2 条指令),它代表在将偏差 10 加到寄存器 1 的内容中计算该地址。(因为在前面的指令中,0 已被装入到寄存器 1 中,这实际是指绝对位置 10)。此外算术指令 MUL 和 ADD 可以是“三元”指令且只有寄存器操作数,其中可以单独确定结果的目标寄存器,其操作是二元的。

TM 机的模拟程序直接从一个文件中读取汇编代码并执行它。但是,这个模拟程序并非是一个真正的汇编程序,它没有符号地址或标号。因此,TINY 编译器必须计算跳转的绝对地址。此外为了避免与外部的输入/输出例程连接的复杂性,TM 机有内部整型的 I/O 设备;在模拟时,它们都对标准设备读写。

通过使用任何一个 ANSI C 编译器,都可将 tm. c 源代码编译成 TM 模拟程序。假定它的可执行文件名为 tm,通过命令

tm sample. tm

就可使用它。其中,sample. tm 是通过 TINY 编译器将 sample. tny 源文件编译生成的代码文件。该命令将代码文件汇编和装入,接着就可交互地运行 TM 模拟程序了。例如,设 sample. tny是附录表 1 中的范例程序,则按以下计算就可得到 7 的阶乘:

```
tm sample. tm
TM simulation (enter h for help)
Enter command: go
Enter value for IN instruction: 7
OUT instruction prints: 5040
HALT: 0,0,0
Halted
Enter command: quit
Simulation done.
```

Ⅳ 关于 TINY 编译器的源程序文本

由于版权关系,本书未列出 TINY 编译器的源程序。读者可以从下面的网址下载 TINY 编译器的源程序文本:

网址:http://www. mathcs. sjsu. edu/faculty/louden/cmptext/

文件:loucomp. zip

或 loucomp. tar. z

以上两个压缩文件,内容相同,只是采用的压缩工具不同。它们都含有 TINY 编译器的 16 个文件:

globals. h	main. c
util. h	util. c
scan. h	scan. c

parse. h　　parse. c
symtab. h　　symtab. c
analyse. h　　analyze. c
code. h　　code. c
cgen. h　　cgen. c

以及 TINY 的模拟目标机的 C 语言源代码 tm. c、TINY 编译器和 TM 机的执行程序、一个 TINY 语言的示范源程序 sample. tiny 及其编译后可在 TM 机上运行的目标程序 sample. tm。此外，还包括两个子目录 Lex 和 Yacc，它们分别包含 TINY 编译器的词法分析程序和语法分析程序的 LEX 版本和 YACC 版本。

参考文献

1 陈火旺,钱家骅,孙永强.编译原理.北京:国防工业出版社,1984.

2 蒋立源等.计算机编译理论.西安:西北工业大学出版社,1993.

3 胡笔蕊,杜永建.编译方法.北京:测绘出版社,1983.

4 钱焕延.编译技术.南京:东南大学出版社,1995.

5 高仲仪,金茂忠.编译原理及编译程序构造.北京:北京航空航天大学出版社,1990.

6 冯博琴等译.编译原理及实践.北京:机械工业出版社,2000.

7 张幸儿.计算机编译理论.南京:南京大学出版社,1987.

吕映芝,张素琴,蒋维杜.编译原理.北京:清华大学出版社,1998.